Gute Begutachtung?

Monika Bobbert · Gregor Scherzinger
(Hrsg.)

Gute Begutachtung?

Ethische Perspektiven der
Evaluation von Ethikkommissionen
zur medizinischen Forschung am
Menschen

 Springer VS

Hrsg.
Monika Bobbert
Münster, Deutschland

Gregor Scherzinger
Luzern, Schweiz

ISBN 978-3-658-24757-7   ISBN 978-3-658-24758-4   (eBook)
https://doi.org/10.1007/978-3-658-24758-4

Die Deutsche Nationalbibliothek verzeichnet diese Publikation in der Deutschen Nationalbibliografie; detaillierte bibliografische Daten sind im Internet über http://dnb.d-nb.de abrufbar.

Springer VS

Springer VS ist ein Imprint der eingetragenen Gesellschaft Springer Fachmedien Wiesbaden GmbH und ist ein Teil von Springer Nature
Die Anschrift der Gesellschaft ist: Abraham-Lincoln-Str. 46, 65189 Wiesbaden, Germany

Vorwort

Dank

Ausgangspunkt der Beiträge des vorliegenden Bandes war ein von den beiden Herausgebern konzipiertes Forschungskolloquium am Institut für Sozialethik der Theologischen Fakultät der Universität Luzern im Oktober 2015. Den Referent(inn)en des Kolloquiums danken wir für ihre Vorträge und Diskussionsbeiträge. Einige der Beiträge sind in diesem Band enthalten. *Prof. Dr. phil. Matthias Kettner*, Universität Witten-Herdecke, und *Prof. Dr. phil. Micha Werner*, Universität Greifswald, danken wir für wichtige Impulse und systematische Überlegungen, die das Kolloquium bereichert haben. Der Theologischen Fakultät und der Universität Luzern gilt unser Dank für die finanzielle Unterstützung des Kolloquiums.

Der Beitrag von *Monika Bobbert* und *Gregor Scherzinger* entstand im Rahmen des vom Schweizerischen Nationalfonds (SNF) unterstützten Projekts *An Ethical Evaluation of Oversight Tools of Research Ethics Committees*. Er enthält die Hauptergebnisse des Forschungsprojekts. Dem SNF danken wir für die Förderung des Projekts. *Lucia Sidler*, der administrativen Mitarbeiterin des Instituts für Sozialethik der Universität Luzern, danken wir herzlich für die umsichtige Unterstützung bei der Vorbereitung und Durchführung des Forschungsprojekts und des Kolloquiums. *Martin Bornemeier* und *Raina Schreitz* vom Seminar für Moraltheologie der Katholisch-Theologischen Fakultät der Universität Münster danken wir für die gute Unterstützung bei der Fertigstellung des Sammelbands.

Nur dann, wenn wir als Bürgerinnen und Bürger und ebenso als Patientinnen und Patienten auf eine kompetente und aus ethischer Sicht richtige und gerechte Medizin und Forschung vertrauen können, werden gesunde und kranke Menschen bereit sein, sich als Versuchspersonen zur Verfügung zu stellen. Wir hoffen, dass dieser Band zum verantwortungsvollen Umgang mit Versuchspersonen und zur wissenschaftlich guten medizinischen Forschung beitragen wird.

Münster und Luzern   Monika Bobbert
im Mai 2018   Gregor Scherzinger

Inhaltsverzeichnis

Herausgeber- und Autorenverzeichnis

Über die Herausgeber

Monika Bobbert, Prof. Dr. theol., Dipl.-Psych., Seminar für Moraltheologie, Katholisch-Theologische Fakultät, Westfälische Wilhelms-Universität Münster, Johannisstr. Münster.

Gregor Scherzinger, Dr. theol., Institut für Sozialethik, Universität Luzern, Frohburgstr. Luzern; Caritas St. Gallen-Appenzell, Langgasse St. Gallen.

Autorenverzeichnis

Joachim Boldt, PD Dr. phil., Institut für Ethik und Geschichte der Medizin, Albert-Ludwigs-Universität Freiburg, Stefan-Meier-Str. Freiburg.

Susanne Driessen, Dr. med., Präsidentin, swissethics, Laupenstr. Bern.

Bert Heinrichs, Prof. Dr. phil., Institut für Wissenschaft und Ethik (IWE), Rheinische Friedrich-Wilhelms-Universität Bonn, Bonner Talweg Bonn.

Christoph Jenni, Dr. iur., Ethikkommission des Kantons Bern, Neubrückstr. Bern.

Georg Marckmann, Prof. Dr. med., Institut für Ethik, Geschichte und Theorie der Medizin, Ludwig-Maximilians-Universität München, Lessingstr. München.

Gregor Schubiger, Prof. Dr. med., Vizepräsident EKNZ, Rischstr. Ebikon.

Ethikkommissionen im rechtlichen und ethischen Diskurs – ein Problemaufriss

1

Monika Bobbert und Gregor Scherzinger

1.1 Qualitätsanforderungen an Ethikkommissionen zur Forschung am Menschen

Die Bedeutung von Ethikkommissionen für die Begutachtung medizinischer Forschung ist weithin anerkannt. Seit ihrer Etablierung in den 1960er Jahren sind diese Kommissionen zu einem unverzichtbaren Element berufsethischer Kodizes, aber auch zum Gegenstand nationalen und internationalen Rechts geworden. Die unabhängige Begutachtung eines medizinischen Studienplans soll die Würde, die Rechte und das Wohl der Probandinnen und Probanden garantieren und verhindern, dass Versuchspersonen um der Generierung medizinischen Fortschritts willen verletzt werden. Trotz einer allgemeinen Anerkennung der Notwendigkeit von Ethikkommissionen kommt es gerade im Zuge neuer rechtlicher Vorgaben zur medizinischen Forschung am Menschen immer wieder zu kontroversen Debatten, wie solche Ethikkommissionen zu regulieren sind und welche Rolle ihnen in der Beratung und Beaufsichtigung medizinischer Forschung zukommen soll. Dies ließ sich z. B. im Zusammenhang mit dem Humanforschungsgesetz in

M. Bobbert (✉)
Westfälische Wilhelms-Universität Münster, Münster, Deutschland
E-Mail: m.bobbert@uni-muenster.de

G. Scherzinger
Universität Luzern, Luzern, Schweiz
E-Mail: g.scherzinger@caritas-stgallen.ch

© Springer Fachmedien Wiesbaden GmbH, ein Teil von Springer Nature 2019
M. Bobbert und G. Scherzinger (Hrsg.), *Gute Begutachtung?*,
https://doi.org/10.1007/978-3-658-24758-4_1

1

der Schweiz,[1] den Änderungen des Arzneimittelgesetzes in Deutschland[2] oder der Ablösung der EU-Richtlinie 2001/20/EG[3] durch die EU-Verordnung 536/2014 über klinische Prüfungen mit Humanarzneimitteln[4] beobachten. Der Tenor dieser Diskussionen ist mehr oder weniger derselbe: Die Tätigkeit der Forschungsethikkommissionen müsse verbessert, die Qualität ihrer Arbeit erhöht werden. Wenn auch ein solches Streben nach Qualitätsverbesserung zu begrüßen ist, so bleibt bei genauerem Hinsehen doch undeutlich, was unter einer qualitativ guten Kommissionsarbeit zu verstehen ist und mit welchen Maßnahmen sie sich realisieren lässt.

Der vorliegende Sammelband setzt an diesem Punkt der Diskussion an und möchte durch Beiträge aus unterschiedlichen Perspektiven dazu beitragen, dass das Konzept einer qualitätsvollen Begutachtung durch Ethikkommissionen greifbarer wird und dass etwaige Veränderungen der Begutachtungspraxis auf eine reflektierte Grundlage gestellt werden können. Ziel der Beiträge aus der Medizinethik und der Rechtswissenschaft ist es, die Diskussion um adäquate Qualitätskriterien für Ethikkommissionen in der medizinischen Forschung zu ergänzen und bereits angelaufene Prozesse zur Umsetzung eines Qualitätsmanagements zu unterstützen.

1.2 Rechtliche Rahmenbedingungen und ethische Fragen in der Schweiz und der Europäischen Union

Während für die Mitgliedsstaaten der Europäischen Union durch die EU-Verordnung 536/2014 nur ein einheitlicher rechtlicher Rahmen vorgegeben ist, soweit es um Arzneimittelprüfungen am Menschen geht, ist die Schweiz einen eigenständigen Weg gegangen[5], indem sie mit dem Humanforschungsgesetz

---

[1]Schweizer Bundestag, Humanforschungsgesetz (HFG) vom 30. September 2011 über die Forschung am Menschen.

[2]Deutscher Bundestag, Gesetz über den Verkehr mit Arzneimitteln 1976, letzte Novelle vom 18. Juli 2017.

[3]Europäisches Parlament und Rat (2001/20/EG), Richtlinie zur Angleichung der Rechts- und Verwaltungsvorschriften der Mitgliedstaaten über die Anwendung der guten klinischen Praxis bei der Durchführung von klinischen Prüfungen mit Humanarzneimitteln.

[4]Europäisches Parlament und Rat (536/2014), EU-Verordnung über klinische Prüfungen mit Humanarzneimitteln.

[5]Vgl. auch Eidgenössisches Departement des Innern (EDI) (2006). Bundesgesetz über die Forschung am Menschen. Erläuternder Bericht zum Vorentwurf.

(HGF) eine verbindliche Teilrechtskodifikation mit detaillierten Regelungen eingeführt hat.

Deshalb wird in den ersten beiden Beiträgen auf die Qualität der Entscheidungen von Ethikkommissionen und die rechtlichen Rahmenbedingungen in der Schweiz, insbesondere auf die organisatorischen und prozeduralen Qualitätskriterien, eingegangen. Für die bereits zwei Dekaden lang geführte Debatte zu Struktur, Organisation und Finanzierung von Ethikkommissionen in Deutschland ist es interessant, wenn einschlägige Schweizer Expert(inn)en die neue Schweizerische Rechtslage unter Qualitätsaspekten kommentieren. So fällt beispielsweise auf, dass das Kriterium der Unabhängigkeit dadurch abgesichert wurde, dass jede Ethikkommission, gleichwohl eine Milizstruktur mit Sachverständigen aus Medizin, Ethik und Recht, heute Teil der kantonalen Behördenstruktur ist. Anders in Deutschland: Hier sind Ethikkommissionen zur medizinischen Forschung am Menschen an Medizinischen Fakultäten, an Landesärztekammern oder auch als Ethikkommissionen zur Forschung am Menschen allgemein an Universitäten angesiedelt. Ein weiterer Unterschied besteht darin, dass das Schweizer Humanforschungsgesetz alle Arten von Forschungsprojekten, die sich auf Krankheiten oder den Aufbau und die Funktionen des menschlichen Körpers beziehen. In Deutschland und im EU-Recht sind lediglich Forschungsprojekte zu Arzneimitteln und Medizinprodukten genauer rechtlich geregelt. Die so genannten sonstigen Studien, mit denen durchaus schwerwiegende Belastungen und Risiken der Versuchspersonen einhergehen können, unterliegen berufsethischen Vorgaben; Ethikkommissionen sind hier nach wie vor nur beratend tätig.

Nun ist es nicht Sinn und Zweck des vorliegenden Bandes, eine Rechtsvergleichung zwischen Deutschland und der Schweiz durchzuführen. Vielmehr will der vorliegende Band vor allem Qualitätsprobleme von Ethikkommissionen behandeln, die sich aus ethischer Sicht stellen.

Daher schließen sich an die Schweizer Ausführungen Beiträge zu ethischen Grundsatzproblemen an, die Ethikkommissionen in Deutschland aufweisen. Allerdings sind die von Expert(inn)en der Medizinethik analysierten und diskutierten Probleme in weiten Zügen auch für die Arbeit von Ethikkommissionen anderer Nationen, die Schweiz eingeschlossen, relevant: Die ethischen Grundsatzprobleme reichen von dem Spannungsfeld zwischen Forschung und Therapie über die spezifischen Aufgaben von Ethikkommission, die in erster Linie als Patientenschutzkommissionen fungieren sollten, bis hin zur Frage ethischer Kriterien zur Evaluation der Ethikkommissionen. Abschließend werden aus ethischer Sicht zentrale Forderungen im Hinblick auf die Struktur und Arbeitsweise von Ethikkommissionen ausgeführt, deren Umsetzung nach wie vor ein Desiderat ist, wenn der Grundsatz der Achtung und des Schutzes derer, die sich für Forschungsprojekte zur Verfügung stellen, an oberster Stelle steht.

1.3 „Gute" Arbeit von Ethikkommissionen: auf der Suche nach einem Qualitätsbegriff

Sicherlich kann Ethikkommissionen *en gros* zugestanden werden, dass sie gute Arbeit leisten. Beispielsweise ist es in der Schweiz seit der VanTax-Affäre im Jahr 1999 zu keinem größeren Forschungsskandal mehr gekommen.[6] Allerdings wirft bereits dieser Hinweis die Frage auf, wann Ethikkommissionen eigentlich „gute" Arbeit leisten: Weist allein schon die Tatsache, dass keine Skandale vorkommen, eine gute Qualität der Ethikkommissionen aus? Sicherlich nicht, denn Faktoren wie eine Verschwiegenheitskultur, der Mangel an Transparenz oder das Fehlen eines investigativen Journalismus tragen dazu bei, dass problematische Praktiken und Missstände nicht öffentlich werden.[7] Des Weiteren lässt sich fragen: Stellen nur schwere Gesundheitsschäden bei Probandinnen oder Probanden eine Verletzung dar? Und sind die Folgen medizinischer Studien für die beteiligten Versuchspersonen überhaupt ein adäquates Kriterium für eine gute Qualität der Arbeit von Ethikkommissionen angesichts der Tatsache, dass medizinische Forschung bis zu einem gewissen Grad unvermeidlich Unsicherheiten und Risiken in sich birgt?

Versuche, die Leistung von Ethikkommissionen zu bewerten, laufen Gefahr, mit einem impliziten Qualitätsbegriff zu arbeiten. Denn häufig werden Kriterien herangezogen, ohne zu begründen, warum sie geeignet sind, die Tätigkeit von Ethikkommissionen zu bewerten und vor allem, auf welchen Zweck dieser Tätigkeit sie fokussieren. So wäre beispielsweise auszuweisen, weshalb das strukturelle Kriterium einer interdisziplinären Zusammensetzung einer Kommission oder das prozedurale Kriterium eines vorgegebenen Zeitfensters für die Begutachtung passende Parameter darstellen.

Ein impliziter Begriff von Qualität – oder in Anlehnung an Garvin: ein „transzendentes" Verständnis von Qualität[8] – ist für die Praxis weder hilfreich noch angemessen. Expertinnen und Experten des Qualitätsmanagements – gerade auch im Gesundheitsbereich – stimmen darin überein, dass ein solches Verständnis sogar schädlich sein kann, weil es höhere Objektivität und Sicherheit suggeriert, als

---

[6]Vgl. hierzu Junod (2005, S. 25 f.); Sprumont (2003).

[7]Vgl. dazu Junod (2005, S. 5 f; 26–34).

[8]Vgl. Garvin (1988, S. 40 f.).

es in der Realität zu erzeugen vermag.[9] Ein implizites Verständnis hängt in größerem Ausmaß als ein explizit gemachtes Verständnis von subjektiven Ansichten über Sinn und Zweck der Arbeit von Ethikkommissionen ab.

1.4 „Gute" Qualität von Ethikkommissionen aus ethischer Sicht: ein Desiderat

„Gute" Qualität kann in diesen Fällen in vielerlei Hinsicht gemeint sein: Zeitlich effizient, rechtlich zulässig, verwaltungstechnisch angemessen, im Interesse der Mitglieder oder der Antragssteller – es lassen sich zahlreiche Kriterien für eine „gute" Qualität in Anschlag bringen. In erster Linie jedoch sollte eine Ethikkommission, die Studien und Forschungsprojekte, die Menschen als Versuchspersonen einbeziehen, aus ethischer Sicht „gut und richtig" sein. Eine verlässliche Qualitätskonzeption sollte sich auf explizite Kriterien stützen, deren ethischer Anspruch gegenüber Dritten gerechtfertigt und rational nachvollzogen werden kann.

Aufgrund dieser Überlegungen ist es zu begrüßen, dass die Tätigkeit der Ethikkommissionen im Verlaufe der letzten beiden Jahrzehnte immer stärker in das Zentrum wissenschaftlicher Aufmerksamkeit gerückt wurde. Dieses Interesse an Ethikkommissionen in der medizinischen Forschung hat zum einen mit dem allgemeinen Bewusstsein der wichtigen Rolle dieser Institutionen gerade in der Arzneimittelforschung zu tun, aber auch mit einem gewissen Unbehagen. Denn es ist nur begrenzt bekannt, wie solche Ethikkommissionen bei ihrer Begutachtungstätigkeit eigentlich vorgehen und insbesondere, ob sie darin „erfolgreich" sind. Gerade im Zuge von Neuregulierungen der medizinischen Forschung werden diese Fragen virulent. Dies zeigte schon das Gutachten „Ethikkommissionen in der medizinischen Forschung" für die Enquête-Kommission des Deutschen Bundestages aus dem Jahre 2004.[10]

Im angelsächsischen Sprachraum war für die letzten 20 Jahre ein ungleich größeres wissenschaftliches Interesse an der Arbeit von Ethikkommissionen zu verzeichnen. Speziell für die USA ist dieses Interesse mit der heftigen öffentlichen und akademischen Kritik zu erklären, mit der das dortige „Independent

---

[9]Vgl. Herrmann und Fritz (2011, S. 27 ff.); Schrappe (2010).
[10]Vgl. Dewitz et al. (2004).

Review Board"-System nach Forschungsskandalen[11] konfrontiert wurde.[12] Den Ethikkommissionen wurde nicht nur Ineffektivität, sondern außerdem Intransparenz, Inkonsistenz und Inkompetenz vorgeworfen, sodass es zu einer breiten wissenschaftsinternen wie auch öffentlichen Debatte mit unterschiedlichen Reformvorschlägen zur Prüfung medizinischer Forschungsvorhaben kam.[13] Für die Fragestellung des vorliegenden Bandes besonders relevant ist der Umstand, dass im Zuge der Debatte in den USA der Qualitätsbegriff für die Tätigkeit von Ethikkommissionen expliziert wurde.[14]

1.5 Die Beiträge im Einzelnen: eine Hinführung

Den Auftakt des Bandes bilden zwei einschlägige Beiträge zur Schweizer Situation. Das Humanforschungsgesetz gibt den rechtlichen Rahmen der Ethikkommissionen vor, und inzwischen wurden auch erste Erfahrungen mit seiner Umsetzung gemacht. Es ist sicherlich nicht einfach, sich unmittelbar im Anschluss an eine Phase intensiver Implementierungsarbeit erneut Fragen der Qualitätsüberprüfung und Qualitätsverbesserung zuzuwenden. Die Autorin und Autoren der Beiträge zu den Ethikkommissionen in der Schweiz haben sich dieser Herausforderung gewidmet.

Zunächst informiert *Christoph Jenni* über die rechtlichen Rahmenbedingungen von Ethikkommissionen in der Schweiz. Des Weiteren zeigt er in seinem Beitrag auf, warum aus juristischer Sicht eine Evaluation anhand organisatorischer und prozeduraler Qualitätskriterien wichtig wäre. Christoph Jenni schlägt in diesem Zusammenhang mögliche Indikatoren vor, die sich für eine solche Evaluation eignen würden.

Susanne Driessen und *Gregor Schubiger* beschreiben, wie Ethikkommissionen in der Schweiz arbeiten und warum aus Sicht der übergeordneten Begutachtung

---

[11]Vgl. insbesondere den Fall des tödlich verlaufenen Versuchs an Jesse Gelsinger Dettweiler und Simon (2001); Steinbrook (2002b).

[12]Vgl. zu dieser Kritik Steinbrook (2002a); Fost und Levine (2007, S. 2196); Gunsalus et al. (2006); Hohmann und Woodson (2005); Beh (2002, S. 34 ff.); Randal (2001); Bledsoe et al. (2007); Hyman (2007).

[13]Vgl. die Verbesserungsvorschläge bei Emanuel et al. (2004); Shamoo und Schwartz (2008); Emanuel und Menikoff (2011); Silberman und Kahn (2011); Koenig (2013).

[14]Vgl. insbesondere Speers (2008); Taylor (2007); Grady (2010); Abbott und Grady (2011).

von Ethikkommissionen eine Evaluation der Qualität aus ethischer Sicht sinnvoll ist. Zudem zeigen sie auf, wie ein in der Schweiz gangbarer Weg aussehen könnte.

Wenn auch Ethikkommissionen für medizinische Forschung am Menschen ihren Ursprung eher in einem berufsethischen Interesse der Selbstregulierung von Ärzten und Forschungsinstitutionen haben, so sind sie in der Europäischen Union doch spätestens durch die EU-Richtlinie von 2001 flächendeckend fester Bestandteil der rechtlichen Regulierung klinischer Forschung, um als notwendig erachtete Institutionen den Schutz von Versuchspersonen zu garantieren. Dieser rechtliche „Zugriff" auf die Ethikkommissionen wird durchaus auch kritisch gesehen.[15] Außerdem führt die feste Einbettung der Kommissionen in das rechtliche Rahmenwerk unvermeidlich zu Debatten darüber, welche Rolle Ethik und Recht in der Begutachtungspraxis spielen sollten.[16]

Bert Heinrichs zeigt in seinem Beitrag auf, was in diesen Debatten auf dem Spiel steht, und führt Argumente dafür an, weshalb es für Ethikkommissionen im Bereich der medizinischen Forschung am Menschen sinnvoll sein könnte, auf das Label „Ethik" in ihrer Bezeichnung zu verzichten und die Kommissionen stattdessen in „Patientenschutzkommissionen" umzubenennen. So könnte gängigen Missverständnissen, die der Begriff „Ethikkommission" mit sich bringt, entgegengewirkt werden. Um der Hauptaufgabe des Probandenschutzes gerecht zu werden, müssen Ethikkommissionen die Aufklärungs- und Einwilligungsprozedur überprüfen, die Risiken und Belastungen der Probanden einschätzen und Gerechtigkeitserwägungen im Hinblick auf die Rekrutierung und Auswahl von Proband(inn)en anstellen. Bert Heinrichs geht außerdem darauf ein, warum es eine irreführende Reduktion darstellen würde, Ethikkommissionen für die Forschung am Menschen als reine Rechtsanwendungsbehörden zu verstehen. Auch die weitgehendste Integration ethischer Normen in das rechtliche Rahmenwerk belasse unausweichlich Spielraum für Prozesse der ethischen Bewertung.[17]

---

[15]Vgl. dazu z. B. Kettner (2005, S. 78).

[16]Vgl. zuletzt die konträren Positionen von Moore und Donnelly (2015) und Rhodes (2016).

[17]Vgl. zu diesem Punkt auch Vöneky (2010, S. 606 ff.). Eine andere Perspektive nehmen Fateh-Moghadan und Atzeni (2009, S. 117 ff.) ein. Bedenkenswert ist die Überlegung, inwiefern ein Verzicht auf die Kategorie des Ethischen nicht einen voreiligen und unreifen Abbruch der Suche nach Antworten für schwierige normative Fragen darstellt. Vgl. dazu Zimmermann (2010).

Dementsprechend hebt *Joachim Boldt* in seinen Vorschlägen zur Verbesserung der Begutachtungspraxis hervor, dass die Prüfung von Forschungsvorhaben durch Ethikkommissionen als ein Abwägungsprozess verstanden werden muss, und zeigt auf, warum es fragwürdig wäre, die Beratungsfunktion der Kommissionen ad acta zu legen. Joachim Boldt sieht die übergeordnete Aufgabe der Ethikkommissionen darin, gerade im Spannungsfeld von Therapie und Forschung den Schutz von Patientinnen und Patienten in einem möglichst hohen Maß zu gewährleisten. Der Abwägungsprozess einer Ethikkommission müsse daher das Ziel verfolgen, in der Forschung die Risiken für Studienteilnehmende zu minimieren und den potenziellen Nutzen für Patient(inn)en, die von den Forschungsergebnissen profitieren können, sicherzustellen. Joachim Boldt spricht anschaulich von einer „Zähmung" der naturwissenschaftlichen Forschungsmethodik angesichts der therapeutischen Tätigkeit der Medizin.

Vorbehalte gegenüber ethischen Perspektiven bei der Entscheidungsfindung werden gern mit dem Verweis auf deren Beliebigkeit und konzeptionelle Vielfältigkeit artikuliert.[18] Dass der ethische Methodenpluralismus allerdings für die Begutachtungspraxis von Ethikkommissionen kein unüberwindbares Problem darstellen muss, sondern die Rechtfertigungsgrundlage für ihre normative Autorität gerade aus der Pluralität moralischer Überzeugungssysteme in einer Gesellschaft hervorgeht, zeigt *Georg Marckmann* auf. Er beschreibt, wie sich im Bereich der Medizinethik mit dem Kohärentismus ein Begründungsverfahren etabliert hat, das für die den Ethikkommissionen zugesprochenen Aufgaben der Spezifizierung und Abwägung normativer Prinzipien die adäquate Methodik bietet.

Monika Bobbert und *Gregor Scherzinger* greifen in ihrem Beitrag die Debatte der Qualitätssicherung auf. Sie schlagen jedoch – anders als viele Beiträge zu Qualitätsfragen – eine Konzeptualisierung des Qualitätsbegriffs vor, die die ethisch-normative Natur der Tätigkeit von Ethikkommissionen ins Zentrum rückt. Nicht der Grad der „Compliance", d. h. der Befolgung formaler Vorgaben, sondern die deliberative Aufgabe des multidisziplinären Begutachtungsprozesses aus ethischer Sicht sollte Gegenstand der Evaluation von Ethikkommissionen sein. Des Weiteren schlagen sie ein System von Evaluationskriterien vor, das sie aus einer kritischen Reflexion der Erkenntnisse empirischer Studien zur Begutachtungspraxis von Ethikkommissionen entwickelt haben.

---

[18]Beispielhaft wären hier die Vorbehalte gegenüber der Ethik in der Argumentation von Moore und Donnelly (2015).

Den Schluss bildet ein Beitrag von *Monika Bobbert,* in dem sie zentrale Eckpunkte für die Struktur und Arbeitsweise von Ethikkommissionen aufzeigt, die angesichts ethisch-normativer und auch rechtlicher Pflichten gegenüber Versuchspersonen beachtet werden müssen. Diese Eckpunkte sind derzeit in der Struktur und Praxis der Ethikkommissionen noch nicht oder nicht ausreichend berücksichtigt. Es wäre im Sinne des Probandenschutzes, aber auch im Sinne der Transparenz und Nachvollziehbarkeit für alle Beteiligten sinnvoll, insbesondere diese Eckpunkte international durchgängig zu gewährleisten. So sollte z. B. jede FEK durch Eingangsvoraussetzungen oder entsprechende Fortbildungen ein gutes Niveau ethischer Reflexionskompetenz ihrer Mitglieder sichern. Weiterhin sollte es – und dies ist derzeit in keiner FEK üblich – zu jedem Forschungsantrag ein schriftliches Protokoll mit den für die Entscheidung relevanten ethischen und rechtlichen Gründen geben – und zwar nicht nur bei ablehnenden, sondern gerade auch bei befürwortenden Entscheidungen.

1.6 Ethische Reflexion als Kernaufgabe von Ethikkommissionen

In der Zusammenschau machen die unterschiedlichen Perspektiven dieses Bandes deutlich, was fehlen würde, wenn die Aufgabe der Ethikkommissionen zur Forschung am Menschen lediglich aus einer Kontrolle der Umsetzung rechtlicher Anforderungen bestünde. Ethikkommissionen ohne ethische Reflexion, Bewertung und Begründung würden einen wesentlichen Bestandteil ihrer Qualität einbüßen.

Die Deliberationsprozesse aus ethischer Sicht sind keine Selbstverständlichkeit. Vielmehr liegt hier die Kernaufgabe jeder Studienbegutachtung, die sich nicht allein durch rechtliche und verwaltungstechnische Vorgaben lösen lässt. Gerade bei der Evaluation der Tätigkeit von Ethikkommissionen müssen Rahmenbedingungen und Prozesse besondere Berücksichtigung finden, die für die beiden obersten Ziele – den Probandenschutz und die gesicherte medizinische Erkenntnis für künftige Patientinnen und Patienten – unmittelbar relevant sind.

Literatur

Abbott, Laura und Christine Grady. 2011. A systematic review of the empirical literature evaluating IRBs: what we know and what we still need to learn. *Journal of Empirical Research on Human Research Ethics* 6 (1): 3–19. https://doi.org/10.1525/jer.2011.6.1.3.

Beh, Hazel Glenn. 2002. The role of institutional review boards in protecting human subjects: are we really ready to fix a broken system? *Law and psychology review* 26 (1): 1–47.

Bledsoe, Caroline H., Bruce Sherin, Adam G. Galinsky, Nathalia M. Headley, Carol A. Heimer, Erik Kjeldgaard, James Lindgren, Jon D. Miller, Michael E. Roloff und David H. Uttal. 2007. Regulating Creativity: Research and Survival in the IRB Iron Cage. *Northwestern University Law Review* 101 (2): 593–641.

Dettweiler, Ulrich und Perikles Simon. 2001. Points to Consider for Ethics Committees in Human Gene Therapy Trials. *Bioethics* 15 (5/6): 491–500.

Dewitz, Christian von, Friedrich Luft und Christian Pestalozzi. 2004. *Ethikkommissionen in der medizinischen Forschung*. Gutachten im Auftrag der Bundesrepublik Deutschland für die Enquête-Kommission „Ethik und Recht der modernen Medizin" des Deutschen Bundestages, 15. Legislaturperiode.

Eidgenössisches Departement des Innern (EDI). 2006. Bundesgesetz über die Forschung am Menschen. Erläuternder Bericht zum Vorentwurf (Februar 2006). https://www.admin.ch/ch/d/gg/pc/documents/1266/HFG_Erlaeuterungen_d.pdf. Zugegriffen: 31. Juli 2018.

Emanuel, Ezekiel J. und Jerry Menikoff. 2011. Reforming the regulations governing research with human subjects. *New England Journal of Medicine* 365 (12): 1145–1150. https://doi.org/10.1056/nejmsb1106942.

Emanuel, Ezekiel J., Anne Wood, Alan Fleischman, Angela J. Bowen, Kenneth A. Getz, Christine Grady, Carol Levine, Dale E. Hammerschmidt, Ruth Faden, Lisa A. Eckenwiler, Carianne Tucker Muse und Jeremy Sugarmann. 2004. Oversight of Human Participants Research: Identifying Problems To Evaluate Reform Proposals. *Annals of internal medicine* 141 (4): 282–291.

Fateh-Moghadan, Bijan und Gina Atzeni. 2009. Ethisch vertretbar im Sinne des Gesetzes. Zum Verhältnis von Ethik und Recht am Beispiel der Praxis von Forschungs-Ethikkommissionen. In *Legitimation ethischer Entscheidungen im Recht*, hrsg. Silja Vöneky, Miriam Clados, Jelena Achenbach und Cornelia Hagedorn, 115–143. Berlin, Heidelberg: Springer.

Fost, Norman und Robert J. Levine. 2007. The Dysregulation of Human Subjects Research. *Journal of the American Medical Association* 298 (18): 2196–2198. https://doi.org/10.1001/jama.298.18.2196.

Garvin, David A. 1988. *Managing quality*. The strategic and competitive edge. New York, London: Free Press; Collier Macmillan.

Grady, Christine. 2010. Do IRBs protect human research participants? *Journal of the American Medical Association* 304 (10): 1122–1123. https://doi.org/10.1001/jama.2010.1304.

Gunsalus, C. K., Edward M. Bruner, Nicholas C. Burbules, Leon Dash, Matthew Finkin, Joseph P. Goldberg, William T. Greenough, Gregory A. Miller und Michael G. Pratt. 2006. Mission Creep in the IRB World. *Science* 312 (5779): 1441. https://doi.org/10.2307/3846275.

Herrmann, Joachim und Holger Fritz. 2011. *Qualitätsmanagement*. Grundlagen, Prinzipien, Beispiele. München: Hanser, Carl.

Hohmann, Elizabeth und Jonathan Woodson. 2005. „Inefficient, arbitrary, inconsistent": a frank look at how some investigators view IRBs and a few suggestions for improvement. *Protecting human subjects* (12): 12–14.

Hyman, David A. 2007. Institutional Review Boards. Is this the least worst we can do? *Northwestern University Law Review* 101 (2): 749–773.

Junod, Valérie. 2005. *Clinical drug trials*. Studying the safety and efficacy of new pharmaceuticals. Genève, Zurich, Bâle, Genève, Bruxelles: Schulthess.

Kettner, Matthias. 2005. Research Ethics Committees in Germany. In *Research Ethics Committees, Data Protection and Medical Research in European Countries*, hrsg. D. Beyleveld, D. Townend und J. Wright, 69–80. Aldershot: Ashgate.

Koenig, Barbara A. 2013. Fixing Research Subjects Protection in the United States: Moving Beyond Consent. *Mayo Clinic Proceedings* 88 (5): 428–430. https://doi.org/10.1016/j.mayocp.2013.03.010.

Moore, Andrew und Andrew Donnelly. 2015. The job of ‚ethics committees'. *Journal of Medical Ethics*. https://doi.org/10.1136/medethics-2015-102688.

Randal, J. 2001. Examining IRBs: are review boards fulfilling their duties? *Journal of the National Cancer Institute* 93 (19): 1440–1441.

Rhodes, Rosamond. 2016. The goodness of ethics in research ethics review. *Journal of Medical Ethics*. https://doi.org/10.1136/medethics-2016-103870.

Schrappe, Matthias. 2010. *Qualitätsmanagement*. Indikatoren. In Gesundheitsökonomie, Management und Evidence-based medicine, hrsg. Karl W. Lauterbach, 329–347. Stuttgart: Schattauer.

Shamoo, Adil E. und Jack Schwartz. 2008. Universal and uniform protections of human subjects in research. *The American journal of bioethics* 8 (11): 3–5. https://doi.org/10.1080/15265160802513077.

Silberman, George und Katherine L. Kahn. 2011. Burdens on research imposed by institutional review boards: the state of the evidence and its implications for regulatory reform. *Milbank Quarterly* 89 (4): 599–627. https://doi.org/10.1111/j.1468-0009.2011.00644.x.

Speers, Marjorie A. 2008. Evaluating the Effectiveness of Institutional Review Boards. In *The Oxford Textbook of Clinical Research Ethics*, hrsg. Ezekiel J. Emanuel, Christine Grady, Robert Crouch, Reidar K. Lie, Franklin G. Miller und David Wendler, 560–568. Oxford, New York: Oxford University Press.

Sprumont, Dominique. 2003. Les principaux modèles de réglementation de la recherche impliquant des êtres humains. *Schweizerische Zeitschrift für Gesundheitsrecht* (1): 39–46.

Steinbrook, Robert. 2002a. Improving Protection for Research Subjects. *New England Journal of Medicine* 346 (18): 1425–1430. https://doi.org/10.1056/nejm200205023461828.

Steinbrook, Robert. 2002b. Protecting Research Subjects. The Crisis at Johns Hopkins. *New England Journal of Medicine* 346 (9): 716–720. https://doi.org/10.1056/nejm200202283460924.

Taylor, Holly A. 2007. Moving beyond compliance: measuring ethical quality to enhance the oversight of human subjects research. *IRB: Ethics & Human Research* 29 (5): 9–14.

Vöneky, Silja. 2010. *Recht, Moral und Ethik*. Grundlagen und Grenzen demokratischer Legitimation für Ethikgremien. Tübingen: Mohr Siebeck.

Zimmermann, Markus. 2010. Verlust der Ethik? Bioethik zwischen Institutionalisierung und Ideologiekritik. Bioethica Forum 3 (1): 12–16.

Rechtliche Rahmenbedingungen von Ethikkommissionen in der Schweiz und die Frage organisatorischer und prozeduraler Qualitätskriterien

2

Christoph Jenni

2.1 Einleitung[1]

Die rechtlichen Rahmenbedingungen für die Tätigkeit von Ethikkommissionen im Bereich der Forschung am Menschen werden in der Schweiz durch das Bundesgesetz über die Humanforschung festgelegt (im Folgenden Humanforschungsgesetz, HFG[2]). Das Gesetz regelt sowohl prospektive Forschung mit Personen (z. B. klinische Versuche mit Arzneimitteln) als auch retrospektive Studien mit bereits vorhandenem biologischem Material oder gesundheitsbezogenen Personendaten. Das Humanforschungsgesetz bezweckt in erster Linie, die Würde, Persönlichkeit und Gesundheit der teilnehmenden Personen zu schützen. Sodann soll es günstige Rahmenbedingungen für die Forschung am Menschen schaffen, einen Beitrag an die Qualität der Forschung leisten und die Transparenz gewährleisten.[3]

Die kantonalen Ethikkommissionen für die Forschung – so ihre offizielle Bezeichnung – nehmen dabei eine zentrale Rolle ein: Ihnen obliegt der Vollzug des Gesetzes und damit die Umsetzung der vorgenannten Zielvorgaben im Einzelfall.

---

[1]Ich danke PD Dr. iur. Mirjam Baldegger, Fürsprecherin sowie Andri Christen, Ph.D. herzlich für die kritische Durchsicht dieses Beitrages und die wertvollen Hinweise.

[2]Die Fundstellen der Rechtstexte finden sich im Anschluss an das Literaturverzeichnis.

[3]Art. 1 HFG.

C. Jenni (✉)
Ethikkommission des Kantons Bern, Bern, Schweiz
E-Mail: christoph.jenni@gmx.ch

© Springer Fachmedien Wiesbaden GmbH, ein Teil von Springer Nature 2019
M. Bobbert und G. Scherzinger (Hrsg.), *Gute Begutachtung?*,
https://doi.org/10.1007/978-3-658-24758-4_2

Ihr primäres Handlungsinstrument bildet die Bewilligung, mit welcher sie über die Zulässigkeit der Durchführung eines konkreten Forschungsprojektes abschließend entscheiden. Sodann obliegt ihnen die Überwachung der Durchführung der bewilligten Forschungsprojekte.

Das Humanforschungsgesetz schreibt zunächst die grundlegenden materiellen Kriterien an Forschungsprojekte vor. Dazu gehören überblicksweise der Vorrang der Interessen des Menschen,[4] die Anforderungen an die Aufklärung und Einwilligung der teilnehmenden Personen,[5] eine wissenschaftlich relevante Fragestellung,[6] die Einhaltung der wissenschaftlichen Anforderungen,[7] der Subsidiaritätsgrundsatz,[8] die Pflicht der Forschenden, die Risiken und Belastungen zu minimieren[9] und den Schutz der teilnehmenden Personen zu gewährleisten.[10] Weitere Grundsätze und allgemeine Anforderungen finden sich in Art. 4–15 HFG.

Die materiellen Anforderungen lassen teilweise große Wertungsspielräume zugunsten der Ethikkommissionen offen. Dies zeigt sich beispielhaft an der Risiko-Nutzenabwägung: Ob die voraussichtlichen Risiken in einem Missverhältnis zum erwarteten Nutzen des Forschungsprojektes stehen, lässt sich nicht exakt bestimmen, zumal es sich dabei auch stets um eine Prognose bei unvollständiger Informationslage handelt. Für eine Behörde, die an die Grundrechte gebunden ist,[11] und somit u. a. eine rechtsgleiche und willkürfreie Gesuchprüfung gewährleisten muss, liegt darin eine große Herausforderung. Zur Kompensation der Wertungsspielräume und zur Verwirklichung des schweizweit einheitlichen Vollzugs hat der Gesetzgeber detaillierte Verfahrens- und Organisationsbestimmungen erlassen. Deren Einhaltung bewirkt für sich alleine zwar noch nicht, dass die Qualität der behördlichen Tätigkeit gewährleistet ist. Umgekehrt kann die Verletzung von Verfahrens- und Organisationsvorschriften zumindest ein Indiz dafür bilden, dass der materielle Entscheid qualitativ mangelhaft sein könnte.

Dieser Beitrag beschreibt in geraffter Weise[12] die rechtlichen Anforderungen an die Aufgabenerfüllung der Ethikkommissionen (Abschn. 2.2) in organisatorischer

---

[4]Art. 4 HFG.

[5]Art. 7 HFG.

[6]Art. 5 HFG.

[7]Art. 10 HFG.

[8]Art. 11 HFG.

[9]Art. 12 Abs. 1 HFG.

[10]Art. 15 HFG.

[11]Art. 35 Abs. 2 Bundesverfassung.

[12]Für eine umfassende Darstellung der rechtlichen Anforderungen an die Tätigkeit der Ethikkommission vgl. Rütsche (2015).

Hinsicht (Abschn. 2.3) und prozeduraler Hinsicht (Abschn. 2.4). Den materiellen ethischen, wissenschaftlichen und rechtlichen Anforderungen an Forschungsprojekte und deren Vollzug durch die Ethikkommissionen widmet sich demgegenüber der Beitrag von Susanne Driessen und Gregor Schubiger in diesem Band. Sodann werden die Notwendigkeit der Qualitätsüberprüfung der Kommissionstätigkeit sowie das hierzu verfügbare bzw. wünschbare Instrumentarium beschrieben (Abschn. 2.5 und 2.6). Schließlich wird beispielhaft dargelegt, welche Qualitätskriterien bzw. Indikatoren sich den gesetzlichen Vorgaben entnehmen lassen (Abschn. 2.7).

2.2 Aufgaben der Ethikkommissionen für die Forschung

Schutz- und Lenkungsaufgabe

Die hauptsächliche Aufgabe der Ethikkommissionen besteht in der Bewilligung (d. h. Genehmigung) von Forschungsprojekten im Geltungsbereich des Humanforschungsgesetzes. Sie prüfen dabei, ob das Forschungsprojekt den „ethischen, rechtlichen und wissenschaftlichen Anforderungen" des Humanforschungsgesetzes entspricht, wobei das hauptsächliche Augenmerk auf den Schutz der Würde, Persönlichkeit und Gesundheit der Studienteilnehmerinnen und –teilnehmer gerichtet ist.[13] Als mit dem Vollzug des Humanforschungsgesetzes betraute Stellen nehmen sie *hoheitliche, gesundheitspolizeiliche Aufgaben* wahr und treten dabei als Bewilligungs- und Überwachungsbehörden vom Typ Behördenkommission in Erscheinung.[14]

Die Ethikkommissionen überprüfen zudem, ob die gesetzlichen Qualitätsvorgaben an die Forschung (Relevanz der Fragestellung, Anforderungen an die Wissenschaftlichkeit) und die Transparenzvorschriften eingehalten werden. Kommt die Ethikkommission beispielsweise zum Schluss, dass das vorgeschlagene Studiendesign ungeeignet ist, um verlässliche Ergebnisse zu erzielen, so kann das Forschungsprojekt nicht bewilligt werden. Die Ethikkommissionen machen in diesem Fall häufig sog. Auflagen, mit welchen beispielsweise Anpassungen am Studiendesign verlangt werden. Insofern entfaltet die Prüftätigkeit der Ethikkommissionen auch *Lenkungswirkung.*

---

[13]Art. 51 Abs. 1 und 45 Abs. 1 HFG.

[14]Urteil Bundesgericht 2A.450/2002 vom 4.7.2002 E. 3.2.

Zuständigkeit

Die Ethikkommissionen sind sachlich zuständig für die Bewilligung von Forschungsprojekten im Geltungsbereich des Humanforschungsgesetzes, die in der Schweiz durchgeführt werden. Bewilligungspflichtig sind, vereinfacht gesagt, Forschungsprojekte zu Krankheiten oder zum Aufbau oder zur Funktion des menschlichen Körpers, die prospektiv mit Personen oder retrospektiv mit Daten oder biologischem Material durchgeführt werden.[15] Die Ethikkommissionen sind somit zuständig für klinische Studien wie auch Beobachtungsstudien aus einem sehr breiten Spektrum an Forschungsbereichen: Arzneimittel, Medizinprodukte, Transplantation, Chirurgie, Pflege, Psychiatrie, Forschung an verstorbenen Personen, Embryonen oder Föten, Forschung mit menschlichem biologischem Material wie Blut oder Gewebe sowie Forschung mit gesundheitsbezogenen Personendaten. Nicht bewilligungspflichtig sind retrospektive Studien mit anonymisiertem biologischem Material sowie mit anonym erhobenen oder anonymisierten gesundheitsbezogenen Daten.[16]

Die *örtliche Zuständigkeit* der Ethikkommissionen orientiert sich am Ort der Durchführung eines Forschungsprojektes bzw. bei multizentrischen Studien am Ort der Tätigkeit der das Forschungsprojekt koordinierenden Person.[17] Mit dieser Ordnung soll insbesondere unerwünschtes „Forum Shopping" unterbunden werden. Bei multizentrischen Forschungsprojekten fällt die sog. „Leitkommission" den Bewilligungsentscheid mit Wirkung für alle Durchführungsorte. Sie holt zuvor zur Beurteilung der fachlichen und der betrieblichen Voraussetzungen an den einzelnen Durchführungsorten die Stellungnahme der lokalen Ethikkommissionen ein. Damit werden widersprüchliche Beurteilungen desselben Forschungsprojektes durch mehrere Ethikkommissionen ausgeschlossen.

Beschränkte Verantwortlichkeit

Die Aufgabe der Ethikkommissionen lässt sich in zwei Phasen gliedern: Die *Bewilligungsphase* einerseits und die *Überwachungsphase* andererseits. Das Besondere an der ersten Phase besteht darin, dass die Prüfung durch die Ethikkommission im abstrakten Rahmen stattfindet: Noch ist kein Patient rekrutiert, noch besteht keine konkrete Gefährdungssituation. Das Handeln der Ethikkommissionen hat in dieser Phase also keinen *un*mittelbaren Einfluss auf den

---

[15]Art. 2 Abs. 1 HFG, dazu eingehend van Spyk (2015, S. 103 ff.).
[16]Art. 2 Abs. 2 HFG.
[17]Art. 47 HFG.

Schutz der Würde, Persönlichkeit oder Gesundheit der teilnehmenden Personen. Unmittelbare Wirkungen entfalten die Tätigkeiten der Ethikkommissionen im Bewilligungsverfahren freilich auf die Sphäre der Forschenden, etwa wenn die Ethikkommission inhaltliche Anpassungen am geplanten Projekt verlangt, der Studienstart zeitlich verzögert oder dem Gesuchsteller Kosten auferlegt werden (Bewilligungsgebühren). Dies ist mit Blick auf die Effekte des Handelns der Ethikkommissionen und ihrer Kausalität von Bedeutung: Unmittelbar wirkt sich eine Anordnung im Rahmen des Bewilligungsverfahrens nicht auf die Sphäre der teilnehmenden Personen aus. Die Verantwortung für die Durchführung des Forschungsprojektes und damit für die unmittelbare Gewährleistung der Sicherheit der teilnehmenden Personen liegt primär beim gesuchstellenden Forscher.[18]

Erst im Rahmen der Überwachung der Studiendurchführung haben die Ethikkommissionen die Aufgabe, die Sicherheit in konkreten Anwendungsfällen zu beurteilen bzw. die zur Gewährleistung der Sicherheit und Gesundheit erforderlichen Maßnahmen zu ergreifen.[19] Doch auch hier sind sie nicht am „Bett des Patienten" anwesend: Das Gesetz verpflichtet die Forschenden, den Ethikkommissionen Meldungen über unerwünschte Ereignisse (z. B. Gefährdung der Gesundheit, Todesfälle) sowie Berichte über den Fortgang der Studie (Jahresberichte, Schlussbericht) zu erstatten.[20] Sie können zudem Auskünfte und Unterlagen von den Forschenden einfordern, wenn die Sicherheit oder Gesundheit der teilnehmenden Personen gefährdet erscheint.[21] Nicht vorgesehen ist demgegenüber, dass die Ethikkommissionen die Durchführung aktiv begleiten,[22] z. B. im Rahmen von Audits oder Inspektionen. Mit Zustimmung der forschenden Person können ohne weiteres Besuche vor Ort usw. vereinbart werden. Eine gesetzliche Ermächtigung zum Betreten von Räumen, für Durchsuchungen, Beschlagnahmung und Befragung von Personen unabhängig vom Einverständnis der Forschenden,

---

[18]Botschaft HFG, S. 8137. Dies wird zunächst deutlich aus dem Wortlaut von Artikel 51 Absatz 1 HFG („Die Ethikkommissionen überprüfen, ob der Schutz der betroffenen Personen gewährleistet ist"). Wären primär die Ethikkommissionen für den Schutz der Studienteilnehmer verantwortlich, müsste die Bestimmung bspw. lauten: „Sie gewährleisten den Schutz der teilnehmenden Personen". Diese Verantwortung weist das Gesetz indessen ausdrücklich den Forschenden zu (vgl. Art. 15 HFG).

[19]Art. 48 HFG.

[20]Art. 46 Abs. 1 HFG sowie die Ausführungsbestimmungen in Art. 37 ff. Verordnung über klinische Versuche (KlinV).

[21]Art. 48 Abs. 2 HFG.

[22]Botschaft HFG, S. 8134.

wie dies beispielsweise die Heilmittelbehörde Swissmedic im Bereich der Heilmittelforschung zukommt,[23] besteht jedoch nicht. Die Maßnahmen im Rahmen der Überwachung von laufenden Forschungsprojekten sind zudem auf die Abwehr von Gefahren für die Sicherheit und Gesundheit der betroffenen Personen gerichtet, während die Einhaltung der wissenschaftlichen Qualitätsanforderungen sowie der Transparenzvorgaben nicht dazugehören.[24]

Sofern die zuständige Ethikkommission aufgrund der ihr zugetragenen Informationen zum Schluss kommt, dass die Sicherheit oder die Gesundheit der teilnehmenden Personen gefährdet ist, kann sie die Rechtswirksamkeit der erteilten Bewilligung sistieren oder diese widerrufen. Sie kann jedoch keine konkreten Maßnahmen gegen Forschende oder Sponsoren[25] verfügen (z. B. ein Verbot einer bestimmten Tätigkeit).[26] Hierfür zuständig sind die kantonalen Gesundheitsbehörden. Die Aufsicht der Ethikkommissionen ist somit in mehrfacher Hinsicht beschränkt – ein Umstand, der in der Literatur zu Recht kritisiert wird.[27]

Aufgabenerfüllung im Verbund mit anderen staatlichen Akteuren
Die Ethikkommissionen nehmen zwar eine zentrale Rolle beim Vollzug des HFG ein, doch gilt es im Auge zu behalten, dass weitere Behörden eine aktive Rolle spielen. Für potenziell risikoreiche klinische Versuche mit Arzneimitteln und Medizinprodukten ist eine zusätzliche Bewilligung des Schweizerischen Heilmittelinstituts Swissmedic erforderlich. Als risikoreich gelten insbesondere Studien mit noch nicht zugelassenen Arzneimitteln.[28] Ähnliches gilt für risikoreiche Transplantationsstudien, welche einer zusätzlichen Bewilligungspflicht durch das Bundesamt für Gesundheit unterliegen,[29] sowie beim Umgang mit radioaktiven

---

[23]Vgl. Art. 54 Abs. 5 Heilmittelgesetz (HMG), Art. 46 ff. KlinV.

[24]Vgl. kritisch Jenni (2015, S. 674 ff.).

[25]Als Sponsor wird die Person oder Institution mit Sitz oder Vertretung in der Schweiz bezeichnet, die für die Veranlassung eines Forschungsprojektes, namentlich für dessen Einleitung, Management und Finanzierung in der Schweiz die Verantwortung übernimmt (Art. 3 Bst. d KlinV, Art. 3 Abs. 1 Humanforschungsverordnung [HFV]). Oftmals handelt es sich dabei um eine pharmazeutische Unternehmung.

[26]Zur wechselvollen Entstehungsgeschichte der beschränkten Aufsichtsaufgabe vgl. Jenni (2015, S. 670 f.).

[27]Rütsche (2010, S. 409).

[28]Art. 54 HMG i. V. m. Art. 19 KlinV.

[29]Art. 36 Transplantationsgesetz; Art. 52 und 49 KlinV.

Strahlenquellen.[30] Kurz: Die Ethikkommissionen sind in ein komplexes Geflecht behördlicher Zuständigkeiten und Abhängigkeiten eingebunden. Diese Einbettung führt zu einer Verteilung der Verantwortlichkeiten und dies wiederum erschwert die Bewertung der Kausalität zwischen der Aufgabenerfüllung durch die verschiedenen Akteure.

Weitere Aufgaben

Neben der Hauptaufgabe der Ethikkommissionen, einzelne Forschungsprojekte zu bewilligen, sieht das Humanforschungsgesetz zwei Zusatzaufgaben vor: Zunächst kann die zuständige Ethikkommission auf Antrag einer Forscherin oder eines Forschers eine Ausnahmebewilligung für die Offenbarung des Berufsgeheimnisses von Ärztinnen und Ärzten erteilen (Art. 321bis StGB), um die Weiterverwendung von Gesundheitsdaten oder Proben zu Forschungszwecken ohne aufgeklärte Einwilligung der betroffenen Personen zu erlauben (Art. 34 und 45 HFG). Sodann können die Ethikkommissionen Forschungsprojekte im Rahmen von informellen Stellungnahmen begutachten, die nicht in den Geltungsbereich des Gesetzes fallen. Auch können sie Forschende auf Anfrage in ethischen Fragen beraten (Art. 51 Abs. 2 HFG). Dies kann beispielsweise zu Studien erfolgen, die im Ausland durchgeführt werden.

Schließlich sind die Ethikkommissionen für die Beurteilung von Forschungsprojekten mit embryonalen Stammzellen zuständig.[31] In einzelnen Kantonen nehmen sie zudem gestützt auf das kantonale Recht weitere Aufgaben wahr, beispielsweise im Transplantationswesen.[32]

Abgrenzung von namensverwandten Gremien

Anhand des Kriteriums der gesetzlichen Aufgabenübertragung lassen sich die hier interessierenden kantonalen Ethikkommissionen für die Forschung von ähnlich bezeichneten, insofern „namensverwandten" Gremien wie beispielsweise der „Zentralen Ethikkommission (ZEK)" der Schweizerischen Akademie

---

[30]Je nach Dosis ist eine zusätzliche Stellungnahme des Bundesamtes für Gesundheit an die Ethikkommission erforderlich, vgl. Art. 28 KlinV.

[31]Art. 11 Stammzellenforschungsgesetz (StFG).

[32]So ist die Ethikkommission des Kantons Zürich als unabhängige Instanz für die Zustimmung zur Entnahme regenerierbarer Gewebe oder Zellen urteilsunfähiger oder minderjähriger Personen zuständig, vgl. Art. 21a Patientinnen- und Patientengesetz des Kantons Zürich.

der medizinischen Wissenschaften (SAMW)[33] abgrenzen. Die hier interessierenden Ethikkommissionen nehmen (auf Stufe Bund) auch keine Aufgaben im Bereich der Rechtsetzung wahr; anders als beispielsweise die „Nationale Ethikkommission im Humanbereich (NEK)".[34]

2.3 Organisation der Ethikkommissionen für die Forschung

Unabhängige kantonale Behörden

Das HFG widmet der organisatorischen Einbettung der Ethikkommissionen in das Gemeinwesen große Aufmerksamkeit, indem dieser Aspekt in einem eigenen Kapitel ausführlich festgelegt wird (vgl. Artikel 52–55). Die Ethikkommissionen sind als *kantonale Behörden* eingerichtet. Die Einsetzung der Ethikkommissionen sowie die Wahl ihrer Mitglieder obliegt den Kantonen (Art. 54 HFG); sie erfolgt i. d. R. durch die Kantonsregierungen. Insofern weisen die Ethikkommissionen eine hohe demokratische Legitimation auf.

Das Völkerrecht, die Bundesverfassung und das Humanforschungsgesetz legen Gewicht auf die *Unabhängigkeit der Gesuchprüfung*[35] durch die Ethikkommissionen, ebenso wie die Deklaration von Helsinki oder die ICH-GCP-Richtlinie.[36] Artikel 52 HFG gewährt daher den Ethikkommissionen weitgehende *Entscheidautonomie*. Demnach üben sie ihre Aufgabe fachlich unabhängig aus, ohne diesbezüglich Weisungen der Aufsichtsbehörde in Bezug auf die ethische, wissenschaftliche und rechtliche Beurteilung einzelner Gesuche zu unterliegen. Die Entscheidautonomie dient dem Schutz vor politisch motivierten Einflussnahmen,

---

[33]Die Schweizerische Akademie der medizinischen Wissenschaften (SAMW) unterhält seit 1977 die „Zentrale Ethikkommission (ZEK)". Ihre Aufgabe besteht in der Erarbeitung von Richtlinien bzw. Empfehlungen zuhanden der medizinischen Wissenschaft, so bspw. betreffend die Forschung am Menschen, aber auch zu Fragen der Sterbehilfe, der Organspende oder zu Zwangsmaßnahmen in der Medizin. Hingegen nimmt die ZEK nicht Stellung zu konkreten Forschungsprojekten. Zur Geschichte und Aufgabe der ZEK vgl. Vallotton (2004, S. 1939).

[34]Die NEK ist gestützt auf Art. 28 Abs. 3 FMedG beauftragt, ergänzende Richtlinien zum FMedG zu erarbeiten sowie Lücken in der Gesetzgebung aufzuzeigen.

[35]Vgl. Art. 16 Abs. 3 Übereinkommen über Menschenrechte und Biomedizin; Art. 118b Abs. 2 Bst. d BV, Art. 52 Abs. 1 HFG; dazu ausführlicher Rütsche (2004, S. 408).

[36]Vgl. Ziff. 23 Helsinki Deklaration; Ziff. 1.27 bzw. 1.31 ICH-GCP-Richtlinie.

ist aber auch historisch motiviert.[37] Die eingeschränkte Aufsicht durch die Politik und letztlich der Öffentlichkeit führt umgekehrt zu einer Schwächung der demokratischen Legitimationskette, indem das rechtliche Band zwischen dem Gemeinwesen und der autonomen Behörde ein Stück weit durchtrennt wird.[38] Dies ruft nach einem Korrektiv. Nicht zuletzt aus diesem Grund müssen die Kommissionen die *Interessenbindungen* ihrer Mitglieder veröffentlichen (z. B. Zugehörigkeit zu forschenden Institutionen, Forschungsförderungsorganisationen oder pharmazeutischen Unternehmen).[39] Zudem müssen Mitglieder, die befangen sind, bei der Beurteilung und beim Entscheid über einzelne Gesuche in den Ausstand treten.[40] Schließlich müssen die Ethikkommissionen ihr Geschäftsreglement veröffentlichen.[41]

Das Humanforschungsgesetz verpflichtet die Kantone, maximal eine Ethikkommission für ihr Territorium einzusetzen.[42] Der Gesetzgeber bezweckte mit dem Erlass des HFG unter anderem eine Reduktion der Anzahl Ethikkommissionen, um die Qualität und die Effizienz der Begutachtungspraxis zu gewährleisten.[43] Interkantonale Kooperationen sind daher ausdrücklich zulässig. Im Jahr 2012 existierten in der Schweiz 13 (über)kantonale Ethikkommissionen. Per Mitte 2016 reduzierte sich deren Anzahl auf nunmehr sieben Gremien.[44] Von der höheren Geschäftslast pro Ethikkommission erhofft man sich eine größere Routine, von der Reduktion der Ethikkommissionen eine verbesserte Harmonisierung der Entscheide. Die verbleibenden Ethikkommissionen sind mehrheitlich an den Standortkantonen von medizinischen Fakultäten angesiedelt.[45]

---

[37]Zur Abschottungsfunktion der historischen Ethikkommissionen gegenüber der Öffentlichkeit vgl. etwa Sprumont (1993, S. 185); ferner Jenni (2015, S. 768), je mit weiteren Hinweisen.

[38]Vgl. dazu Tschannen et al. (2014, S. 36) oder Vogel (2008, S. 162).

[39]Art. 52 Abs. 2 HFG.

[40]Art. 52 Abs. 3 HFG.

[41]Art. 54 Abs. 4 HFG.

[42]Art. 54 Abs. 1 HFG.

[43]Botschaft HFG, S. 8085.

[44]Vgl. Faktenblatt über das Humanforschungsgesetz und die Ethikkommissionen für die Forschung der Koordinationsstelle des Bundesamtes für Gesundheit, S. 8 (abrufbar unter www.kofam.ch).

[45]Es sind dies die Kantonale Ethikkommission Bern (KEK-BE), die Kantonale Ethikkommission Genf (CCER), die Kantonale Ethikkommission Waadt (CER-VD), die Kantonale Ethikkommission Zürich (KEK-ZH), die Ethikkommission Nordwest- und Zentralschweiz (EKNZ), die Ethikkommission Ostschweiz (EKOS), sowie die Kantonale Ethikkommission Tessin (CE-TI). Für weitere Informationen vgl. www.kofam.ch.

Die *Aufsicht über die Ethikkommissionen* liegt bei den Kantonen. Sie sind verantwortlich für die Einhaltung der bundesrechtlichen Vorgaben an die Organisation und die Zusammensetzung. Für die Kontrolle der Zweck- und der Rechtmäßigkeit der einzelnen Kommissionsentscheide gilt dies jedoch nur eingeschränkt. Darauf ist noch zurückzukommen. Die Kantone sind überdies für die *Finanzierung* ihrer Ethikkommissionen zuständig.

Interdisziplinarität und Expertencharakter

Die *Zusammensetzung* der Ethikkommissionen ist bundesrechtlich festgelegt. Auch in dieser Hinsicht wird deutlich, wie gewichtig dem Gesetzgeber das Qualitätsanliegen war: Artikel 53 HFG verlangt, dass den Ethikkommissionen „Sachverständige verschiedener Bereiche, insbesondere der Medizin, der Ethik und des Rechts, angehören" müssen.[46] Die Ethikkommissionen sind somit von Gesetzes wegen *interdisziplinär* zusammengesetzt. Sodann handelt es sich bei den Ethikkommissionen um ein *Expertengremium* („Sachverständige") und nicht etwa um eine Zusammenkunft von dezidierten Interessenvertretern der Ärzteschaft, der forschenden Industrie usw.[47] Eine Ausnahme hiervon besteht zugunsten der Patientenvertretungen, welche die Kantone vorsehen können.[48] Mit dieser Ordnung bezweckt der Gesetzgeber, ein der Vielschichtigkeit und Komplexität der Forschung am Menschen adäquates Prüfgremium zu bilden, um eine gesamtheitliche, ausgewogene und fachübergreifende Kontrolltätigkeit sicherzustellen. Dieses Modell hat zudem den Vorteil, dass allfällige Wissenslücken des einen Mitgliedes durch das Wissen anderer Mitglieder ausgeglichen werden kann. Sodann bezweckt die interdisziplinäre Zusammensetzung, eine einseitig naturwissenschaftlich-medizinische oder aber eine übermäßig forschungskritische Ausrichtung der Kommission zu verhindern.[49]

---

[46]In Ausführung von Artikel 53 HFG legt Artikel 1 der Organisationsverordnung zum Humanforschungsgesetz (OV-HFG) folgende Bereiche fest: Medizin, Psychologie, Pflege, Pharmazie/Pharmazeutische Medizin, Biologie, Biostatistik, Ethik und Recht (einschließlich Datenschutz).

[47]Ein Gegenbeispiel bildet die Eidgenössische Arzneimittelkommission, deren Mitglieder gestützt auf Artikel 37e der Verordnung über die Krankenversicherung (KVV) die Ärzteschaft, die Spitäler, die Krankenversicherer, die Pharmaindustrie usw. vertreten.

[48]Art. 53 Abs. 1 HFG.

[49]Jenni (2015, S. 787).

Milizbehörde

Ein weiteres Spezifikum bildet der *„Milizcharakter"* der Ethikkommissionen: Ihre Mitglieder üben das Kommissionsamt in aller Regel nebenamtlich aus; im Hauptberuf sind sie in ihrem angestammten Beruf als wissenschaftlich und praktisch tätige Ärzte, Psychologinnen, Ethiker, Statistikerinnen oder Juristen tätig, um nur einige Berufsgruppen zu nennen. Eine staatliche Institution, welche von „Bürgern im Amt" geführt wird, stellt die Gegenthese zum sonst üblichen „Bürokratiemodell" der Verwaltung dar[50] – und ist entsprechend begründungsbedürftig. Der Gesetzgeber verspricht sich vom Milizmodell einen Beitrag zu einer höheren Entscheidqualität und –akzeptanz:[51] Die Kommissionsmitglieder sollen ihr Praxiswissen aus der hauptberuflichen Tätigkeit in die Behörde einbringen und damit im Idealfall eine vergleichsweise effiziente Wissensbeschaffung sowie praxisnahe Ergebnisse ermöglichen.

Bei so viel Licht darf freilich die Gefahr nicht übersehen werden, dass die Kommissionsmitglieder die erforderliche Distanz zum Kontrollgegenstand verlieren können oder die Sichtweise der Gesuchsteller direkt übernehmen. Auch können unerwünschte Synergieeffekte (z. B. Einsicht in die Forschungstätigkeiten von Konkurrenten, Durchsetzung von standes- oder institutionspolitischen Anliegen) oder auch schädliche „Kameraderie" auftreten. Diese Gefahren werden minimiert durch die Ausstandsbestimmungen sowie ggf. durch die interdisziplinäre Zusammensetzung, durch einen zweckmäßigen Berufungsprozess, der eine transparente und neutrale Prüfung der Kandidierenden gewährleistet, namentlich hinsichtlich fachlicher Kompetenzen sowie Art und Umfang der Interessenbindungen.[52]

Die nebenamtliche Tätigkeit bringt zudem eine begrenzte zeitliche Verfügbarkeit der Mitglieder mit sich, was sich u. U. negativ auf die Dauer der Begutachtung auswirken kann. Zur Unterstützung der Ethikkommissionen müssen diese daher über ein *wissenschaftliches Sekretariat* verfügen, das die Verfügbarkeit für die Gesuchsteller und die Einhaltung der Verfahrensfristen gewährleistet.[53] Auch in internationalen Richtlinien wird ein wissenschaftliches Sekretariat als notwendige Voraussetzung für ein qualitativ gut funktionierendes Ethikgremium betrachtet.[54]

---

[50]Vgl. Vogel (2008, S. 112) mit weiteren Hinweisen.

[51]Botschaft HFG, S. 8138.

[52]Zu den Chancen und Risiken des Milizmodells vgl. Vogel (2008, S. 265); Jenni (2010, S. 171).

[53]Art. 54 Abs. 4 HFG, Art. 3 Abs. 2 OV-HFG.

[54]Zaugg (2015, S. 800), mit Hinweis auf Standard 9 sowie Annex 2 WHO-Richtlinie „Ethics Review".

Fachliche Voraussetzungen an die Mitglieder

Artikel 53 HFG schreibt vor, dass die Mitglieder über die erforderlichen *Fachkompetenzen und Erfahrungen* verfügen. Von den Medizinerinnen, Psychologen und Pharmazeutinnen verlangt das Ausführungsrecht zusätzlich Erfahrungen in der Durchführung von Forschungsprojekten.[55] In aller Regel verfügen die Kommissionsmitglieder dann auch über einen (Fach-) Hochschulabschluss. Daraus resultiert, dass die Ethikkommissionen „akademisch" geprägte Gremien sind. Demgegenüber ist keine Beteiligung von „Laien" vorgesehen, verstanden als Personen, die keine der für die Aufgabenerfüllung der Ethikkommissionen erforderlichen Fachkenntnisse mitbringen. Diese Bestimmungen bezwecken auf abstrakter Ebene, die Qualität der Gesuchsbeurteilung und damit zusammenhängend den Schutz der teilnehmenden Personen, aber auch die Akzeptanz der Ethikkommissionsentscheidungen bei den Forschenden, zu gewährleisten.[56]

2.4 Verfahren der Ethikkommissionen für die Forschung

Das Humanforschungsgesetz und seine Ausführungserlasse regeln das Bewilligungsverfahren in detaillierter Weise, um den einheitlichen Vollzug sowie die Umsetzung nationaler und internationaler Regelungen sicherzustellen.[57] Von der umfangreichen Regulierung sind folgende Punkte hinsichtlich der Qualität der Beurteilungspraxis besonders hervorzuheben:

Das Gesetz und das Ausführungsrecht teilen die Forschungsprojekte in verschiedene Risikokategorien ein. Beispielsweise fallen klinische Versuche mit nicht zugelassenen Arzneimitteln in die höchste Risikokategorie, während solche mit bereits zugelassenen Arzneimitteln in die tiefste Kategorie gehören.[58] Je nach Risikopotenzial der geplanten Studien muss der Forscher mehr oder weniger Informationen bei der zuständigen Ethikkommission einreichen. Im Heilmittelbereich sind überdies die klinischen Versuche mit tiefem Risikopotenzial i. d. R. von der zusätzlichen Bewilligungspflicht bei der Arzneimittelbehörde Swissmedic

---

[55]Art. 2 Abs. 2 OV-HFG.

[56]Botschaft HFG, S. 8138.

[57]Botschaft HFG, S. 8047.

[58]Vgl. 54 HMG sowie Art. 19 KlinV.

ausgenommen.[59] Die Entscheidverantwortung über die Risikokategorie liegt dabei allein bei der zuständigen Ethikkommission. Der Entscheid hat weitreichende Auswirkungen, z. B. auf die Versicherungspflicht, das anzuwendende Verfahren und das Ausmaß der Meldepflichten bei Ereignissen während der Studiendurchführung.[60]

Die *Fristen für die Bewilligungserteilung* sind im Verordnungsrecht festgelegt.[61] Die Bewilligung für ein multizentrisches Forschungsprojekt muss innerhalb von 52 Tagen vorliegen. Für monozentrische Forschungsprojekte sind 37 Tage vorgesehen. Dabei steht die Frist während Rückfragen beim Gesuchsteller still („clock-stop"-Prinzip).[62] Für die Forschenden ist es wichtig, dass das Bewilligungsverfahren rasch abgewickelt und die Fristen eingehalten werden.

Am Bewilligungsentscheid über Studien mit hohem Risikopotenzial müssen mindestens *sieben Mitglieder* mitwirken, i. d. R. im Rahmen einer *mündlichen Beratung*. Auf dem Schriftweg ist kein direkter Meinungsaustausch möglich, womit ein wesentlicher Vorteil des Kollegialsystems sowie der Interdisziplinarität verloren ginge. Die Ethikkommissionen entscheiden mit der Mehrheit der abgegebenen Stimmen (ordentliches Verfahren nach Art. 5 OV-HFG).[63]

Sofern das Gesuch die ethischen, wissenschaftlichen und rechtlichen Anforderungen des Humanforschungsgesetzes erfüllt, fällt die Ethikkommission einen positiven *Bewilligungsentscheid*.[64] Der Forscher kann nunmehr mit der Durchführung der Studie beginnen, d. h. Patienten rekrutieren, aufklären, um deren Einwilligung bitten, die zu untersuchende Handlung durchführen und die gewonnenen Daten auswerten. In zahlreichen Fällen erkennen die Ethikkommissionen allerdings, dass die geplante Studie in einzelnen Punkten nicht

---

[59]Art. 54 Abs. 2 HMG. Im Einzelfall kann auch eine „Höherstufung" erfolgen, wenn dies mit Bezug auf die Arzneimittelsicherheit oder die Gewährleistung von Sicherheit und Gesundheit der teilnehmenden Personen erforderlich ist, vgl. Art. 19 Abs. 4 KlinV.

[60] Eine schematische Übersicht bietet das Faktenblatt über das Humanforschungsgesetz und die Ethikkommissionen für die Forschung der Koordinationsstelle des Bundesamtes für Gesundheit, S. 6 (abrufbar unter www.kofam.ch).

[61] Die maximale Bearbeitungsfrist legt Art. 45 Abs. 2 HFG auf zwei Monate fest.

[62] Vgl. Art. 26 und 27 KlinV.

[63]Für weniger risikobehaftete Studien kann die Prüfung durch drei Mitglieder (sog. vereinfachtes Verfahren) erfolgen. Schriftliche Verfahren sind hier möglich, sofern kein Mitglied die mündliche Beratung verlangt, vgl. Art. 6 OV-HFG.

[64]Zu den ethischen und wissenschaftlichen Anforderungen vgl. den Beitrag von Susanne Driessen und Gregor Schubiger in diesem Band.

den Voraussetzungen entspricht. Sie verbinden dann die Bewilligung mit *Neben-bestimmungen* (Auflagen sowie Bedingungen), mit welchen beispielsweise Anpassungen am wissenschaftlichen Konzept, bezüglich der Ein- und Ausschlusskriterien für die zukünftigen Teilnehmerschaft oder an den Aufklärungsunterlagen verlangen. Im Umfang der Nebenbedingungen gilt das Gesuch als abgewiesen und kann, wie auch bei den seltenen Fällen der vollständigen Abweisung, vom Gesuchsteller in einem *Beschwerdeverfahren* von den Gerichten überprüft werden lassen (zum Rechtsschutz und dessen Einschränkungen siehe S. 28).

Für die Forscherinnen und Forscher von zentraler Bedeutung ist der *einheitliche Vollzug des Gesetzes* durch die Ethikkommissionen. Dies fließt aus dem Grundrecht der Rechtsgleichheit.[65] Vereinfachend lassen sich zwei Aspekte hervorheben: Zunächst ist sicherzustellen, dass die zuständige Ethikkommission das zu beurteilende Gesuch gleich behandelt wie vergleichbare Gesuche in der Vergangenheit. Dies bedingt letztlich, dass die Ethikkommissionen ihre eigene Spruchpraxis in geeigneter Weise systematisieren und aufbereiten. Der zweite Aspekt betrifft die territoriale Rechtsgleichheit: Vergleichbare Sachverhalte sollen von Kanton zu Kanton in rechtlicher Hinsicht gleich behandelt werden.

Aufgrund des föderal organisierten Vollzugs durch kantonale Milizbehörden ist die Gefahr von nicht einheitlichen Entscheiden evident. Indessen wirken auf normativer Ebene zahlreiche Verfahrensbestimmungen[66] sowie die Koordinationsstelle des Bundes[67] diesem unerwünschten Effekt entgegen. Hinzu kommt die Publikation von Gesuchsvorlagen („Templates") sowie Checklisten durch den Dachverband der Schweizerischen Ethikkommissionen swissethics.[68] In rechtlicher Hinsicht sind den Koordinationsmöglichkeiten von swissethics allerdings enge Grenzen gesetzt. Die einzelnen Ethikkommissionen sind an das Bundes- und das kantonale Recht gebunden, derweil weder auf Bundes- noch Kantonsebene eine Rechtsetzungsdelegation an swissethics vorliegt. Den von ihr publizierten Texten kommt daher, formal betrachtet, keine normative Verbindlichkeit zu.

---

[65]Art. 8 Abs. 1 BV.

[66]Vgl. Art. 49 Abs. 1 HFG.

[67]Vgl. Art. 55 Abs. 1 HFG.

[68]Zur Tätigkeit von swissethics vgl. den Beitrag von Susanne Driessen und Gregor Schubiger in diesem Band.

2.5 Notwendigkeit der Qualitätsüberprüfung

Die Qualitätsprüfung der Tätigkeit einer Behörde erfolgt im Regelfall im Rechtsmittelverfahren, d. h. aufgrund einer Beschwerde des unterlegenen und insofern unzufriedenen Gesuchstellers bei einem unabhängigen Gericht. Der Qualitätssicherung dient zudem die Aufsicht durch die vorgesetzte Behörde, welcher in der Regel umfassende Weisungsmöglichkeiten im Rahmen der Dienstaufsicht zukommt. Aus den folgenden Gründen kommen diese „klassischen" Instrumente für die Überprüfung der Aufgabenerfüllung der Ethikkommissionen jedoch nicht oder nur beschränkt infrage.

Faktische und rechtliche Beschwerdehindernisse
Entscheide der Ethikkommissionen können zwar mit Beschwerde bei den kantonalen Rechtsmittelinstanzen und schließlich vor Bundesgericht angefochten werden (Art. 50 Abs. 1 HFG). Allerdings zeigt sich in der Praxis, dass Forschende selten bis nie von ihrem Beschwerderecht Gebrauch machen. Das mag angesichts der Tatsache erstaunen, dass ein namhafter Anteil der Gesuche nur in abgeänderter Form gutgeheißen wird. Spricht dies für die hohe Akzeptanz der Kommissionsentscheide bei den Forscherinnen und Forschern? Oder haben die unterlegenen Forscherinnen und Forscher schlicht keine Zeit für langwierige Rechtsstreitigkeiten, oder fürchten sie die hohen Kosten, den ungewissen Ausgang sowie die Reputationsrisiken?

Über die Gründe für die bemerkenswerte Zurückhaltung der Forschenden besteht keine abschließende Klarheit. Im Resultat führt dies freilich dazu, dass die Deutungshoheit in Sachen Humanforschung praktisch ausschließlich auf der Stufe der kantonalen Ethikkommissionen konzentriert ist. Dies entspricht, historisch betrachtet, durchaus ihrem ursprünglichen Sinn, erscheint jedoch unter gewaltenteiligen Aspekten nicht unbedenklich.[69] Aus rechtspolitischer Hinsicht wäre jedenfalls eine häufigere Beschreitung des Rechtsmittelweges von Gewinn, insbesondere, weil dadurch der Rechtsfortbildung und der Rechtsvereinheitlichung Vorschub geleistet würde. Oder anders gesagt: Weil eine unabhängige Überprüfung der Tätigkeit der Ethikkommissionen faktisch ausbleibt, sollte umso mehr über alternative Qualitätssicherungsinstrumente nachgedacht werden.

---

[69]Jenni (2015, S. 730).

Eingeschränkter Rechtsschutz

Das Gesetz beschränkt die gerichtliche Überprüfung der Ethikkommissions-entscheide, indem die Rüge der Unangemessenheit ausgeschlossen ist (Art. 50 Abs. 2 HFG). Demzufolge besteht keine Überprüfungsmöglichkeit für Ermessensbereiche – hier hat der Gesetzgeber den Ethikkommissionen eine abschließende Entscheidkompetenz zugewiesen.

Gerichtlich überprüft werden können Sachverhalts- und Rechtsfragen. Allerdings legen sich die Gerichte im Allgemeinen bei der Überprüfung von fachlich und technisch komplexen Sachverhalten große Zurückhaltung auf, insbesondere, wenn der Richter nichts Gleichwertiges entgegenzusetzen hat.[70] Im Resultat führt dies dazu, dass sich der Rechtsschutz in erster Linie auf formale Aspekte wie die Einhaltung der Fristen oder die Zusammensetzung des Spruchkörpers beschränken dürfte, während die ethischen und wissenschaftlichen Aspekte eines Forschungsprojektes nur schwerlich infrage gestellt werden können. Das rechtstaatlich zentrale Postulat auf *wirksamen* Rechtsschutz wird im Bereich der Kontrolltätigkeit durch Ethikkommissionen somit nur eingeschränkt verwirklicht. Dass Verwaltungsrechtspflegeorgane, denen praktisch ausschließlich Juristen angehören, nicht unbedingt die besten Voraussetzungen für die fachliche Überprüfung der Entscheide von interdisziplinär zusammengesetzten Expertengremien mitbringen, soll freilich nicht unerwähnt bleiben. Ihnen bliebe kaum etwas Anderes übrig, als ihrerseits Gerichtsexperten zu bestellen und sich auf deren Gutachten zu stützen, um inhaltliche Fragestellungen mit derselben Fachkompetenz wie die erstverfügende Ethikkommission beantworten zu können.

Eingeschränkte Aufsicht

Das Gesetz gewährt den Ethikkommissionen, wie hiervor bereits angesprochen, weitreichende Autonomie im Verhältnis zu den Aufsichtsbehörden. Letztere dürfen den Ethikkommissionen keine Weisungen im Einzelfall erteilen (Art. 52 Abs. 1 HFG). Die Weisungsungebundenheit bezieht sich auf das Bewilligungsverfahren, die Überwachung der laufenden Forschungsprojekte sowie die Maßnahmen bei Gefahren für die Sicherheit der teilnehmenden Personen (funktionelle Unabhängigkeit). Darin besteht ein bedeutender Unterschied zum sonst üblichen Hierarchiemodell der Zentralverwaltung, welches der obersten Ebene uneingeschränkte Weisungsbefugnisse gegenüber allen tieferen Ebenen zuweist.

---

[70]BGE 139 I 72 E. 4.5 S. 83; Tschannen et al. (2014, S. 229).

Artikel 52 HFG bringt die Unabhängigkeit sowohl auf der Tätigkeitsebene (unabhängige Aufgabenerfüllung) wie auch der Strukturebene zum Ausdruck, indem die Ethikkommissionen organisatorisch als eigenständige Behörden aus der Zentralverwaltung ausgegliedert sind (sog. weisungsfreie Verwaltungseinheiten). Die Aufsicht ist allerdings nicht vollständig aufgehoben, die Ethikkommission sind keine vollständig losgelösten und von allen Rechtspflichten freigestellten Gewalten: Die Kantone beaufsichtigen sie in administrativer, organisatorischer und finanzieller Hinsicht,[71] z. B. mittels Genehmigung von Geschäftsreglementen oder durch die Überprüfung der Einhaltung der Ausstandsvorschriften. Insofern besteht eine Ähnlichkeit zu Gerichten.

Zwischenfazit
Die Ethikkommissionen unterliegen nur einer beschränkten Kontrolle durch Gerichte und Aufsichtsbehörden. Eine umfassende Qualitätskontrolle der Tätigkeiten der Ethikkommissionen ist damit nicht gewährleistet. Dies ist für (teil)autonome Behörden durchaus nichts Ungewöhnliches, ruft jedoch nach alternativen Qualitätssicherungsmaßnahmen.

2.6 Instrumente zur Sicherstellung der Qualität der Beurteilungspraxis der Ethikkommissionen

Die Qualität der Beurteilungspraxis einer Behörde lässt sich durch verschiedene Instrumente sicherstellen. Gewisse Instrumente schreibt das Gesetz vor, andere können nach Ermessen der Ethikkommissionen bei Bedarf ergriffen werden. Die nachfolgende Darstellung zeigt exemplarisch, welche Instrumente infrage kommen, allerdings ohne Anspruch auf Vollständigkeit.

Selbstevaluation durch die Ethikkommissionen
Die Ethikkommissionen sind frei, ihre eigene Tätigkeit im Sinn der Selbstevaluation zu überprüfen oder von einer unabhängigen externen Organisation (z. B. universitäres Institut, privates Büro) überprüfen zu lassen. Die Selbstevaluation kann den Anstoß für einen Lernprozess innerhalb der Organisation

---

[71]Zaugg (2015, S. 798).

bilden. Das Gesetz enthält keine diesbezüglichen Einschränkungen, aber auch keine ausdrückliche Verpflichtung. Die Selbstevaluation kann anschließend zu Maßnahmen führen, beispielsweise zur Optimierung von Abläufen oder zum Antrag für zusätzliche Ressourcen beim zuständigen Gemeinwesen. Während die Überprüfung der eigenen Qualität ohne weiteres erlaubt ist, müssen allfällige Korrekturmaßnahmen jedoch stets mit dem übergeordneten Recht in Einklang stehen.

Aus- und Weiterbildung der Kommissionsmitglieder

Die Qualität behördlicher Arbeit sowie deren Akzeptanz hängen unmittelbar von den Kompetenzen und Erfahrungen der Behördenmitglieder ab. Ein Teil der erforderlichen Fachkenntnisse bringen die Kommissionsmitglieder aus ihrer hauptberuflichen Tätigkeit mit. Weil jedoch Expertenwissen im eigenen Fachbereich alleine nicht ausreicht für die kompetente, qualitativ hochstehende und effiziente Aufgabenerfüllung, müssen die Kommissionsmitglieder über zusätzliche Kenntnisse betreffend die Aufgaben der Ethikkommissionen sowie die Grundlagen der Beurteilung von Forschungsprojekten verfügen. Deshalb schreibt das Gesetz und das Ausführungsrecht den Besuch von Ausbildungskursen sowie regelmäßige Weiterbildung für die Mitglieder vor.[72] Der Ausbildungskurs für die Kommissionsmitglieder vermittelt die notwendigen Grundlagen in ethischer, rechtlicher und wissenschaftlicher Hinsicht. Für die Aus- und Weiterbildung sind die Kantone bzw. die Kommissionspräsidien verantwortlich.[73]

Erfahrungsaustausch unter den Ethikkommissionen

Die Ethikkommissionen sind als kantonale Behörden eingerichtet. Die föderale Vollzugsorganisation hat, bei allen Vorteilen, zum Nachteil, dass die bundesweit harmonisierte Umsetzung des Gesetzes erschwert ist. Der Grad der einheitlichen Rechtsanwendung kann einen Indikator für die Qualität der behördlichen Praxis insgesamt darstellen. Um die Einheitlichkeit zu messen, können die Ethikkommissionen untereinander Vergleiche anstellen. Ein Mittel hierzu sind Ringversuche. Dabei wird dasselbe (fiktive) Gesuch gleichzeitig an alle Ethikkommissionen eingereicht und im Anschluss die jeweiligen Entscheide verglichen. Der Ringversuch sollte dabei nicht im Sinn einer unangekündigten

---

[72]Art. 2 Abs. 1 OV-HFG.
[73]Erläuternder Bericht VO HFG (2013, S. 81).

Inspektion oder als „Prüfungsaufgabe" für die Kommissionsmitglieder, sondern als Gelegenheit für die Reflexion der eigenen Wertmaßstäbe antizipiert werden.

Denkbar sind auch gegenseitige Besuche im Sinn von Peer-Reviews, bei welchen beispielsweise bestimmte Dossier selbstkritisch aufbereitet und den Kolleginnen und Kollegen der besuchenden Ethikkommission präsentiert werden. Im medizinischen Bereich sind derartige Initiativen bereits verbreitet anzutreffen. Die Lancierung und Durchführung des Erfahrungsaustauschs im horizontalen Verhältnis zwischen den einzelnen Ethikkommissionen liegt in deren Verantwortung bzw. könnte durch deren Dachorganisation swissethics moderiert werden.

Allerdings ist die gegenseitige Bekanntgabe von Daten aufgrund des für die Ethikkommissionsmitglieder geltenden *Amtsgeheimnisses* eingeschränkt. Der Erfahrungsaustausch zu Qualitätssicherungszwecken ist nicht ausdrücklich im Gesetz vorgesehen. Unproblematisch erscheint die Bekanntgabe von anonymisierten Gesuchsunterlagen oder die Bekanntgabe mit der Einwilligung der betroffenen Forschenden (vgl. Art. 59 Abs. 4 HFG). Die Bekanntgabe von personenbezogenen Daten *ohne Einwilligung* der Forschenden an andere Ethikkommissionen erscheint demgegenüber kaum begründbar, da die Evaluation problemlos auch mit anonymisierten Daten oder mit Einwilligung der betroffenen Gesuchsteller erfolgen kann (fehlende Erforderlichkeit, vgl. Art. 59 Abs. 1 Bst. a HFG).

Aktive Informationstätigkeit der Ethikkommissionen

Die Ethikkommissionen informieren die Öffentlichkeit über die Interessenbindungen ihrer Mitglieder, über das Geschäftsreglement (Art. 54 HFG) sowie über ihre Tätigkeiten.[74] Die aktive Information und die damit erreichte Transparenz dienen u. a. dem Schutz des Vertrauens der Öffentlichkeit in die Qualität und Rechtmäßigkeit der Tätigkeit der Ethikkommissionen und stellen insoweit ein Korrektiv für die eingeräumte Entscheidautonomie dar.

Für die Zukunft drängt sich die Frage auf, ob die Ethikkommissionen Entscheide von allgemeinem Interesse, unter Einhaltung der Datenschutzvorgaben, veröffentlichen sollen.[75] Mit mehr Transparenz ließe sich die Nachvollziehbarkeit

---

[74]Die kofam erstellt zu diesem Zweck eine Zusammenfassung der Jahresberichte der Ethikkommissionen, vgl. www.kofam.ch sowie Art. 10 OV-HFG.

[75]Die Bekanntgabe kann sich auf Art. 59 Abs. 3 HFG stützen.

der Arbeit der Ethikkommission positiv beeinflussen. Sodann würde die Publikation von Leitentscheiden der Harmonisierung der Entscheidpraxis unter den Ethikkommissionen Vorschub leisten und den Gesuchstellern als Orientierungshilfe für zukünftige Eingaben dienen.

Einrichtung eines effizienten und niederschwelligen Beschwerdeverfahrens

Die Entscheide der einzelnen Ethikkommissionen werden aus verschiedenen praktischen und rechtlichen Gründen kaum je gerichtlich angefochten. Dabei wäre, wie bereits erwähnt, ein häufiger beschrittener Rechtsmittelweg für die Qualitätssicherung der Tätigkeit der Ethikkommissionen durchaus förderlich. Daher sollte die Einrichtung eines effizienten und niederschwelligen Beschwerdeverfahrens geprüft werden. In der Literatur wird die Schaffung einer *speziellen Rechtsmittelbehörde* auf übergeordneter Ebene vorgeschlagen, welche einerseits von den kantonalen Zentralverwaltungen unabhängig ist und andererseits das notwendige fachtechnische Wissen mitbringt.[76] Die Kompetenz für die Gestaltung des Rechtsmittelweges liegt zunächst bei den Kantonen.[77] Im Sinn einer skizzenhaften Lösung könnte dies in etwa wie folgt aussehen: Die Kantone vereinbaren untereinander, eine „interkantonale Kommission" (Rekurskommission für Humanforschung) als erste Instanz für Beschwerden gegen Entscheide ihrer Ethikkommissionen einzusetzen. Diese Kontrollinstanz wäre in vergleichbarer Weise zusammengesetzt wie die erstverfügende Ethikkommission, damit das nötige Fachwissen bereitsteht. Der weitere Beschwerdeweg an die ordentlichen Gerichte von Kanton und Bund stünde danach offen. Damit ließe sich der Rechtsschutz für die Forschenden verbessern und zusätzlich die Harmonisierung der Entscheidpraxis unter den Ethikkommissionen verbessern. Vorbild könnten die interkantonalen Rekurskommissionen im Lotteriewesen sein.[78]

Koordinationstätigkeit des Bundesamtes für Gesundheit

Der Qualitätssicherung dient, jedenfalls auf einer übergeordneten Ebene, die Koordinationstätigkeit des Bundesamtes für Gesundheit (BAG). Dieses stellt gestützt auf Artikel 55 Absatz 1 HFG die Koordination zwischen den Ethikkommissionen sowie mit dem Heilmittelinstitut und weiteren Prüfbehörden sicher

---

[76]Junod (2005, S. 306 f.); Amstad et al. (2003, S. 1736); Jenni (2010, S. 287). Der Bundesrat hat diese Variante verworfen, da die Anzahl der Beschwerden aller Voraussicht nach sehr gering bleiben werde und die bisherige Erfahrung gezeigt hätte, dass überwiegend formale Aspekte mittels Beschwerde gerügt würden, vgl. Botschaft HFG, S. 8136.

[77]Vgl. Art. 50 Abs. 1 HFG.

[78]Vgl. www.rekolot.ch.

(vertikale Koordination). Dazu hat das Amt die Koordinationsstelle *kofam* eingerichtet, welche u. a. als Austauschplattform dient.[79] Das BAG kann zudem Empfehlungen zur angemessenen Harmonisierung der Verfahren und der Beurteilungspraxis nach Rücksprache mit den Ethikkommissionen und weiteren Prüfbehörden erlassen.[80] Von dieser Kompetenz wurde allerdings bis heute noch nicht Gebrauch gemacht. Schließlich sind die Ethikkommissionen verpflichtet, dem BAG jährlich Bericht über ihre Tätigkeit, insbesondere über Art und Anzahl der beurteilten Forschungsprojekte sowie die Bearbeitungszeiten zu erstatten. Die Zusammenfassung der Jahresberichte wird durch die Koordinationsstelle des BAG veröffentlicht.[81]

Evaluation des Gesetzes durch die Bundesverwaltung

Die Evaluation des Gesetzes ist in Art. 61 HFG ausdrücklich vorgeschrieben. Sie bildet die Grundlage für den *legislatorischen Lernprozess*.[82] Sie macht die Selbstevaluation durch die Ethikkommissionen somit nicht überflüssig. Gegenstand der Gesetzesevaluation ist der Wirkungszusammenhang zwischen dem Humanforschungsgesetz und Veränderungen seitens der Behörden (Ethikkommissionen), der Forschenden oder der teilnehmenden Personen.[83] Gefragt wird zunächst nach der Wirksamkeit und den Effekten des Gesetzes („Werden die gesetzlichen Ziele – Schutz der teilnehmenden Personen, günstige Rahmenbedingungen für die Forschung, Qualität der Forschung, Transparenz – erreicht?"). Ein zweiter Aspekt der Evaluation bildet des Weiteren die Effizienz (d. h. das Verhältnis zwischen Aufwand und Nutzen).

Verantwortlich für die Evaluation ist das Bundesamt für Gesundheit. Es kann dazu verwaltungsexterne Experten im Rahmen von Ressortforschungsprojekten beiziehen. Erste Ergebnisse, z. B. für den Bereich der Haftung und Sicherstellung im Schadensfall, sind bereits publiziert.[84] Die gewonnenen Erkenntnisse

---

[79]Zu den Aufgaben der kofam vgl. Art. 10 OV-HFG.

[80]Art. 55 Abs. 4 HFG.

[81]www.kofam.ch.

[82]Mader (2015, S. 877).

[83]Vgl. Mader (2015, S. 874).

[84]Vgl. www.bag.admin.ch > Medizin + Forschung > Forschung am Menschen > Evaluation HFG.

fließen in den Evaluationsbericht zuhanden des Bundesrats ein und bilden die Grundlage für mögliche Empfehlungen zur Verbesserung der Gesetzgebung. Im Zentrum steht dabei, ob der Schutz der teilnehmenden Personen, günstige Rahmenbedingungen für die Forschung, die Qualität und die Transparenz erfüllt werden. Der Tätigkeit der Ethikkommissionen wird dabei eine zentrale Rolle zukommen. Geplant ist der Abschluss der Evaluation im Jahr 2019.

2.7   Mögliche Qualitätsindikatoren

Die Tätigkeit der Ethikkommissionen wirkt sich auf verschiedenen Ebenen aus. Im Zentrum des Interesses stehen die teilnehmenden Personen, für deren Schutz sie in erster Linie sorgen sollen. Allerdings wirkt sich die Tätigkeit der Ethikkommissionen nur mittelbar auf die Ebene der Forschungsteilnehmenden aus. Unmittelbar betroffen sind die Forschenden. Je nach Ebene treten dabei unterschiedliche Qualitätsindikatoren in den Vordergrund, wobei auch Überschneidungen möglich sind.

Ebene der teilnehmenden Personen

Aus Sicht der teilnehmenden Personen beurteilt sich die Qualität der Tätigkeit der Ethikkommission daran, ob ihre Würde, Persönlichkeit und Gesundheit in der Forschung geschützt sind. Die Schwierigkeit bei der Evaluation besteht dabei in der verketteten Kausalität zwischen der Begutachtungspraxis der Ethikkommissionen, der Umsetzung durch die Forscherinnen und Forscher und der Auswirkung auf die Sphäre der Teilnehmerinnen und Teilnehmer. Der Schutz der teilnehmenden Personen wird von den Ethikkommissionen, jedenfalls in der Phase des Bewilligungsverfahrens, nur auf abstrakter Ebene bewirkt, denn für die zeitlich nachgelagerte Umsetzung des Forschungsprojektes sind allein die Forschenden verantwortlich. Immerhin lässt sich fragen, ob die Ethikkommissionen die gesetzlichen Vorgaben zum Schutz der Gesundheit, des Selbstbestimmungsrechts (Aufklärung und Einwilligung) und zur Haftung (Versicherungsschutz) anhand der Gesuchsunterlagen und unter allfälligem Bezug weiterer Informationsquellen (Gutachten, Literaturanalysen, Hearings) rechtmäßig und sachgerecht beurteilt wurden.

Von besonderem Belang ist dabei die Frage, wie die Nutzen-Risiko-Analyse erfolgt ist. An diesem Punkt spitzen sich die ethischen, rechtlichen und wissenschaftlichen Probleme auf das Grundproblem zu, welche Schadensrisiken für die teilnehmenden Personen gegen welche Nutzenchancen des Forschungsprojektes aufzuwiegen sind. Hervorzuheben sind zudem die Fragen, inwiefern der Nutzen durch das Forschungsdesign gewährleistet wird und ob der Entscheid über die Risikokategorie korrekt erfolgt ist, namentlich, weil davon auch die Überwachungsintensität während der Durchführung des Forschungsprojektes abhängt.

Hinsichtlich der Überwachung der Durchführung der Forschungsprojekte lässt sich namentlich danach fragen, welche Vorkehrungen die Ethikkommissionen getroffen haben, um ihre Aufsichtsaufgaben zu erfüllen. Insbesondere interessiert, wie die Entgegennahme und Bewertung der Meldungen über Vorkommnisse sowie die Berichterstattung organisiert ist, sowie welche Maßnahmen im Fall eines Verdachts auf eine konkrete Gefährdung ergriffen wurden. Ebenfalls ist von Interesse, wie die Information und Koordination mit anderen Aufsichtsbehörden von Bund (z. B. Swissmedic) und Kantonen (z. B. Kantonsarzt, aber auch Strafverfolgungsbehörden) funktioniert.

Ebene der Forscherinnen und Forscher
Die Tätigkeit der Ethikkommissionen wirkt sich unmittelbar auf die Ebene der Forschenden aus. Diese sind auf günstige Rahmenbedingungen für die Forschung angewiesen. Diesem Anliegen dienen zahlreiche prozedurale und organisatorische Bestimmungen des HFG, aus welchen sich beispielsweise die folgenden Qualitätsindikatoren ableiten lassen:

- personelle Zusammensetzung der Ethikkommissionen, namentlich die Einhaltung der Vorgaben an die Zusammensetzung, die vertretenen Fachkompetenzen, die praktischen Erfahrungen der Mitglieder mit eigenen Forschungsprojekten sowie die Aus- und Weiterbildung;
- Modalitäten der Mitgliederwahl, namentlich zur Prüfung von Kandidatinnen und Kandidaten hinsichtlich ihrer fachlichen Eignung;
- finanzielle und personelle Ausstattung der Ethikkommissionen, Entscheidgebühren, Kostenstruktur;
- Art und Ausmaß der Interessenbindungen der Kommissionsmitglieder;
- Ausstandspraxis der Ethikkommission;
- Häufigkeit des Beiziehens von externen Gutachterinnen bzw. Gutachtern;
- Austausch mit anderen Ethikkommissionen zur Harmonisierung der Entscheidpraxis;
- Qualifikation der Mitarbeitenden des wissenschaftlichen Sekretariats;
- Einhaltung der Verfahrensfristen;
- Art und Anzahl der eingereichten Gesuche, Bewirtschaftung der Geschäftslast;
- Ausgestaltung des Verfahrensablaufs (Referentensystem, allenfalls Ko-Referat, Mündlichkeit, Anhörung von Gesuchstellern);

- Qualität der Entscheidbegründung, insbesondere Begründungsdichte bei ablehnenden Entscheiden;
- Angabe der am Entscheid mitwirkenden Kommissionsmitglieder;
- Publikation von Leitentscheiden;
- Akzeptanz der Entscheide bei den Forschenden;
- Quote von Ablehnungen.

Die prozeduralen und organisatorischen Bestimmungen dienen der Verwirklichung des materiellen Rechts. Sie helfen, die großen Wertungsspielräume der Ethikkommissionen zu kompensieren (z. B. bei der Nutzen-Risikoabwägung). Die „Legitimation durch Verfahren"[85] vermag allerdings nur dann als Korrektiv zu dienen, wenn die prozeduralen Vorgaben zweckmäßig sind und in der Praxis auch effektiv eingehalten werden. Ansonsten besteht die Gefahr, dass sich die allgemeine Unbestimmtheit der normativen Vorgaben in die Unbestimmtheit des Verfahrens verschiebt.[86] Hinzu kommt, dass die Einhaltung von Verfahrens- oder Organisationsbestimmungen für sich alleine noch nicht bewirkt, dass die Qualität der behördlichen Tätigkeit gewährleistet ist. So ist beispielsweise die Fristeinhaltung mit Blick auf die gesetzliche Vorgabe, günstige Rahmenbedingungen für die Forschung zu schaffen, ein Indikator für die Qualität der Tätigkeit der Ethikkommissionen. Allerdings darf dabei der Schutz der teilnehmenden Personen nicht leiden, weil deren Interessen in jedem Fall vorgehen. Die organisatorischen und prozeduralen Qualitätsindikatoren mögen zwar einfacher und präziser messbar sein, für die gesamthafte Beurteilung der Qualität der Tätigkeit der Ethikkommissionen sind sie aber letztlich sekundär.

Gesellschaftliche Ebene

Die Tätigkeit der Ethikkommissionen dient in verschiedener Hinsicht auch gemeinschaftlichen Interessen. Dies wird bereits aus dem Zweckartikel deutlich, wonach die Qualität der Forschung am Menschen wie auch die Transparenz gewährleistet sein sollen. Von besonderem Belang ist dabei etwa die Frage, wie und anhand welcher Informationen die Ethikkommission die wissenschaftliche Relevanz des Forschungsprojektes sowie die Einhaltung der wissenschaftlichen Anforderungen prüft (z. B. Prüfung von Interessenkonflikten der

---

[85]So bspw. aus der älteren deutschen Literatur Czwalinna (1987, passim), unter Rückgriff auf die Verfahrenstheorie von Luhmann.

[86]Wölk (2004, S. 234).

Forschenden und weiterer Integritätsanforderungen, methodische Anforderungen an Forschungsprojekte, Einhaltung der Guten klinischen Praxis usw.). Gleiches gilt für die Vorkehrungen für die Gewährleistung der Transparenzvorgaben (z. B. Kontrolle der Registereinträge).

Bezüglich der gesellschaftlichen Ebene gelten freilich ähnliche Einschränkungen wie für die Ebene der teilnehmenden Personen, da sich die Tätigkeit der Ethikkommissionen weitgehend im abstrakten Rahmen entfaltet und nur mittelbare Auswirkungen auf die Gemeinschaft zeitigt. Hinzu kommt, dass die Ethikkommissionen nur sehr beschränkt auf die Ausgestaltung eines Forschungsprojektes Einfluss nehmen können. Insbesondere ist es nicht ihre Aufgabe, aus einem schlechten Projekt ein Gutes zu formen, sondern die Durchführung von mangelhaft geplanten Forschungsprojekten zu verhindern.

2.8   Fazit

Die Ethikkommissionen nehmen eine zentrale Rolle bei der Umsetzung des HFG wahr, indem sie die Einhaltung der ethischen, wissenschaftlichen und rechtlichen Anforderungen des Gesetzes überprüfen. Ihre Tätigkeit dient primär dem Schutz der teilnehmenden Personen. Weitere Anliegen bilden die Qualität der Forschung, die Transparenz und günstige Rahmenbedingungen für die Forschung. Die Sicherstellung der Qualität der Beurteilungspraxis der Ethikkommissionen ist ein wichtiges Anliegen des Gesetzes. In erster Linie obliegt die Verantwortung hierfür den Ethikkommissionen. Dies gilt umso mehr, als der Rechtsschutz durch Gerichte und die Aufsicht der politisch verantwortlichen Behörden faktisch und rechtlich nur beschränkt funktioniert. Als Instrumente für die Qualitätssicherung kommen beispielsweise die Selbstevaluation der Ethikkommissionen infrage, zudem die konsequente Aus- und Weiterbildung der Kommissionsmitglieder sowie der regelmäßige horizontale Erfahrungsaustausch unter den Ethikkommissionen, wobei namentlich an Ringversuche oder auch an Peer Reviews zu denken ist. Die Kantone könnten auf institutioneller Ebene einen Beitrag an die Qualitätssicherung leisten, indem sie eine interkantonale Beschwerdeinstanz einrichten, die als interdisziplinär zusammengesetzte „Rekurskommission für Humanforschung" eine fachlich hochstehende, unabhängige, schnelle und kostengünstige Überprüfung und Harmonisierung der Praxis der Ethikkommissionen ermöglicht. Der Qualitätssicherung dient, jedenfalls auf einer übergeordneten Ebene, die Koordinationstätigkeit des Bundesamtes für Gesundheit (BAG). Schließlich bildet die Evaluation des Gesetzes, welche ebenfalls dem BAG obliegt, die Grundlage für den legislatorischen Lernprozess. Dabei wird der Frage, wie die bestehenden prozeduralen und organisatorischen Vorgaben die Qualität der Beurteilungspraxis der Ethikkommission beeinflussen, besondere Aufmerksamkeit zu widmen sein.

Literatur

Amstad, Hermann, Michel Hess, Christoph Rehmann-Sutter. 2003. Die Schweizer Ethik-kommissionen reden miteinander. *Schweizerische Ärztezeitung* 84 (34): 1733–1736.

Czwalinna, Joachim. 1987. *Ethik-Kommissionen*: Forschungslegitimation durch Verfahren. Frankfurt a. M.: Peter Lang.

Jenni, Christoph. 2010. *Forschungskontrolle durch Ethikkommissionen aus verwaltungs-rechtlicher Sicht*. Geschichte, Aufgaben, Verfahren. St. Gallen: Dike.

Jenni, Christoph. 2015. Artikel 45–53 HFG. In *Kommentar zum Humanforschungsgesetz*, hrsg. B. Rütsche, 574–794. Bern: Stämpfli.

Junod, Valérie. 2005. *Clinical drug trials*. Studying the safety and efficacy of new pharma-ceuticals. Genf: Schulthess.

Mader, Luzius. 2015. Artikel 61 HFG. In *Kommentar zum Humanforschungsgesetz*, hrsg. B. Rütsche, 873–877. Bern: Stämpfli.

Rütsche, Bernhard. 2010. Die Neuordnung des schweizerischen Humanforschungsrechts: Normgenese als kritische Rezeption internationaler Vorgaben. *Zeitschrift für Schweize-risches Recht* 129 (I): 391–411.

Rütsche, Bernhard (Hrsg.). 2015. *Kommentar Humanforschungsgesetz* (HFG). Bern: Stämpfli.

Sprumont, Dominique. 1993. *La protection des sujets de recherche*. Bern: Stämpfli.

Tschannen, Pierre, Ulrich Zimmerli, Markus Müller. 2014. *Allgemeines Verwaltungsrecht*. Bern: Stämpfli.

Vallotton, Michel. 2004. Die Zentrale Ethikkommission: glaubwürdig, effizient und flexi-bel. *Schweizerische Ärztezeitung* 85 (37): 1939–1942.

van Spyk, Benedikt. 2015. Artikel 2 HFG. In *Kommentar zum Humanforschungsgesetz*, hrsg. B. Rütsche, 101–111. Bern: Stämpfli.

Vogel, Stefan. 2008. *Einheit der Verwaltung*. Verwaltungseinheiten, Grundprobleme der Verwaltungsorganisation, rechtliche Rahmenbedingungen, Konzepte, Strukturen und Formen für die Organisation von Aufgabenträgern der öffentlichen Verwaltung. Zürich: Schulthess.

Wölk, Florian. 2004. *Risikovorsorge und Autonomieschutz im Recht des medizinischen Erprobungshandelns*. Baden-Baden: Nomos.

Zaugg, Helena. 2015. Artikel 54 HFG. In *Kommentar zum Humanforschungsgesetz*, hrsg. B. Rütsche, 795–802. Bern: Stämpfli.

Rechtsquellen und Materialien

Botschaft zum Bundesgesetz über die Forschung am Menschen vom 21. Oktober 2009, BBl 2009 8045 (Botschaft HFG).

Bundesgesetz vom 15. Dezember 2000 über Arzneimittel und Medizinprodukte (Heilmittelgesetz, HMG, SR 812.21).

Bundesgesetz vom 19. Dezember 2003 über die Forschung an embryonalen Stammzellen (Stammzellenforschungsgesetz, StFG, SR 810.31).

Bundesgesetz vom 30. September 2011 über die Forschung am Menschen (Humanforschungsgesetz, HFG, SR 810.30).

Bundesgesetz vom 8. Oktober 2004 über die Transplantation von Organen, Geweben und Zellen (Transplantationsgesetz, SR 810.21).

Bundesverfassung der Schweizerischen Eidgenossenschaft vom 18. April 1999 (BV, SR 101).

Erläuternder Bericht des Eidgenössischen Departements des Innern vom 21. August 2013 über die Verordnungen zum Humanforschungsgesetz (Erläuternder Bericht VO HFG).

Harmonised tripartite Guidelines for Good Clinical Practice of the International Conference on Harmonisation of Technical Requirements for Registration of Pharmaceuticals for Human Use (ICH-GCP) vom 10. Juni 1996.

Organisationsverordnung zum Humanforschungsgesetz (Organisationsverordnung HFG, OV-HFG, SR 810.308).

Patientinnen- und Patientengesetz des Kantons Zürich vom 5. April 2004 (LS 813.13).

Übereinkommen zum Schutz der Menschenrechte und der Menschenwürde im Hinblick auf die Anwendung von Biologie und Medizin (Übereinkommen über Menschenrechte und Biomedizin, SR 0.810.2).

Verordnung über die Humanforschung mit Ausnahme der klinischen Versuche (Humanforschungsverordnung, HFV, SR 810.301).

Verordnung vom 20. September 2013 über klinische Versuche in der Humanforschung (Verordnung über klinische Versuche; KlinV, SR 810).

Forschungs-Ethikkommissionen in der Schweiz: Qualität der ethischen Bewertung und ihre Evaluation

3

Gregor Schubiger und Susanne Driessen

> *Im Leitgedanken von swissethics steht das Wohl des einzelnen Menschen als Individuum und das Wohl der Menschen in der Gesellschaft in der Humanforschung im Mittelpunkt – dies sollten wir auch angesichts vieler Diskussionen um regulatorische Details nicht vergessen.[a]*

3.1 Was erwartet das Schweizerische Humanforschungsgesetz von den Ethikkommissionen?

Das Schweizerische Humanforschungsgesetz und seine Verordnungen wurden am 1. Januar 2014 in Kraft gesetzt. Die Hauptaufgaben der Ethikkommissionen werden in Art. 51 wie folgt definiert:

---

[a]Zitat aus Driessen (2015), in ihrer Funktion als Präsidentin von swissethics.

G. Schubiger (✉)
EKNZ, Ebikon, Schweiz
E-Mail: gregor.schubiger@bluewin.ch

S. Driessen
Swissethics, Bern, Schweiz
E-Mail: susanne.driessen@swissethics.ch

[sie] überprüfen […], ob die Forschungsprojekte und deren Durchführung den ethischen, rechtlichen und wissenschaftlichen Anforderungen dieses Gesetzes entsprechen. Insbesondere, überprüfen sie, ob der Schutz der betroffenen Personen gewährleistet ist.[1]

Die genereller abgefassten supranationalen Regelungswerke (ICH-GCP, Belmont Report) sind in das Gesetz und in die zugehörigen Verordnungen eingeflossen.

Zudem definiert das Gesetz im Art. 3, was unter „Forschung am Menschen" zu verstehen ist, nämlich die „methodengeleitete Suche nach verallgemeinerbaren Erkenntnissen".

3.2   Wie erfüllen Ethikkommissionen ihren Auftrag?

Im Rahmen der Vorbereitungen zur Legiferierung wurde diskutiert, ob die Erfüllung dieses Auftrags einer einzigen, zentralen eidgenössischen Kommission oder mehreren dezentralen Kommissionen übertragen werden sollte. Man entschied sich zugunsten einer föderalistischen Lösung, das heißt für mehrere kantonale Kommissionen: dies einerseits, um der Mehrsprachigkeit der Schweiz Rechnung zu tragen und anderseits, um die Nähe zu den Forschungsplätzen und deren lokalen Gegebenheiten zu erhalten. Die Kompetenzen, Zusammensetzung und Organisation einer Kommission sind in einer eigenen Verordnung zum Gesetz festgelegt.[2] Zurzeit sind sieben Ethikkommissionen in der Schweiz aktiv. Ihre Arbeitsweise haben diese subsidiär in eigenen Geschäftsreglementen festgelegt, die öffentlich auf den jeweiligen Webseiten einsehbar sind.

Grundsätzlich durchläuft das Bewilligungsverfahren eines Gesuches bei der Ethikkommission zwei Stufen:

---

[1]Bundesgesetz über die Forschung am Menschen (Humanforschungsgesetz; HFG) vom 30. September 2011. Verordnung über klinische Versuche in der Humanforschung (Verordnung über klinische Versuche; KlinV). Verordnung über die Humanforschung mit Ausnahmen der klinischen Versuche (Humanforschungsverordnung; HFV). Christoph Jenni beschreibt in seinem Beitrag in diesem Band die rechtlichen Rahmenbedingungen für die Ethikkommissionen.

[2]Organisationsverordnung   zum   Humanforschungsgesetz   (Organisationsverordnung; OV_HFG).

Vorprüfung durch das wissenschaftliche Sekretariat

Jedes Gesuch wird bezüglich Vollständigkeit der Unterlagen und beantragter Risiko-Kategorisierung sowie GCP-Konformität überprüft. Zur Vorprüfung gehört auch die Zuständigkeitsabklärung, wobei die Abgrenzungen zwischen Qualitätsprojekten und Forschung sowie die Einordnung von experimentellen Therapien als Forschung im Sinne des Gesetzes nicht immer einfach sind.[3] Danach werden die Unterlagen risikoadaptiert einem der drei im Gesetz definierten Bearbeitungsverfahren zugewiesen: i) dem ordentlichen Verfahren, ii) dem vereinfachten Verfahren oder iii) dem Präsidialentscheid.

Bearbeitung durch das zuständige Entscheidungsgremium

Die rein *rechtlichen Aspekte* werden von juristischen Kommissionsmitgliedern bearbeitet. Dazu gehören insbesondere die Sicherstellung eines allfällig geforderten Versicherungsschutzes, die Verträge zwischen Sponsor resp. Auftragsforschungsinstitut (Contract Research Organisation – CRO) und Prüfer, falls erforderlich, sowie andere vertraglich geregelte Aspekte von ethischer Relevanz bei einem Forschungsvorhaben.

Die *ethischen Aspekte* im Speziellen werden gemäß einem Positionspapier, das die damalige Arbeitsgemeinschaft der Ethikkommissionen AGEK – heute swissethics – erarbeitet hat, beurteilt.[4] Dadurch soll die Beurteilungspraxis in den Ethikkommissionen harmonisiert und eine verlässliche, reproduzierbare und national vergleichbare Praxis der differenzierten Bewertung und Gewichtung erreicht werden. Dieses Positionspapier orientiert sich eng an den sieben bioethischen Anforderungen an klinische Forschung, wie sie Emanuel et al. formuliert haben.[5] Exemplarisch wird hier auf vier bioethische Anforderungen genauer eingegangen:

---

[3]Swissethics versucht diesen Unklarheiten über die Zuständigkeit mit Leitfäden zu begegnen, so z. B. in Bezug auf die Reichweite des HFG bei neurowissenschaftlichen Studien (http://www.swissethics.ch/doc/leitfaden_pos/neurowissenschaft_swissethics_d.pdf), bei Qualifikationsarbeiten und Qualitätsprüfungen (http://www.swissethics.ch/doc/ab2014/Zustaendigkeit_d.pdf) oder bei experimentellen Therapieversuchen (http://www.swissethics.ch/doc/leitfaden_pos/ek_pflichtigkeit_pkl_d.pdf). Alle zugegriffen am 31. Juli 2016.

[4]Veröffentlicht auf der Homepage von swissethics unter http://www.swissethics.ch/doc/swissethics/Positionspapier_Arbeitsweise_d.pdf.

[5]Emanuel et al. (2000).

Wissenschaftlicher und gesellschaftlicher Wert[6]

Alle eingereichten Studiengesuche müssen eine nachvollziehbare, klare Fragestellung aufweisen, welche durch die durchgeführte Studie beantwortet werden kann. Es wird beurteilt, ob die vorliegende Fragestellung auf dem aktuellen Stand der Wissenschaft beruht und ob sie im gesellschaftlichen Kontext relevant ist.

Wissenschaftliche Methodik[7]

Jeder klinische oder nicht-klinische Versuch muss der anerkannten wissenschaftlichen Methodik genügen. Die Maßstäbe an die Wissenschaftlichkeit sind unabhängig davon, ob das Gesuch aus der Industrie oder einem akademischen Umfeld eingereicht wird. Entscheidend ist einzig, ob die Methodik adäquat ist, um die Fragestellung zu beantworten. Die Spannbreite der anzuwendenden Methodik ist dabei breit und reicht von Hypothesentestung bei randomisiert-kontrollierten Studien bis hin zu Interview-Techniken zur Hypothesengenerierung im Rahmen von sozialwissenschaftlichen Projekten (qualitative Forschung). Eine statistische Fallzahlberechnung ist notwendig, wo es die Methodik erfordert. Es gibt keine Ausnahmeregelung für so genannte „low-risk"-Studien oder z. B. Masterarbeiten.

Grundsätzlich können bei unzureichender Sachkenntnis innerhalb der Kommission Fachexperten zur Beurteilung beigezogen werden oder Hearings mit den Gesuchstellern Klarheit schaffen.

Nutzen-Risiko-Verhältnis[8]

Der *Nutzen* ist meist Gegenstand des Forschungsvorhabens und ist deswegen oftmals schwierig zu beurteilen. Zum Zeitpunkt der Einreichung eines Forschungsgesuchs an die Ethikkommission ist der langfristige, gesellschaftliche Nutzen

---

[6]Art. 5 HFG hält hierzu fest: „Forschung am Menschen darf nur durchgeführt werden, wenn eine wissenschaftlich relevante Fragestellung gegeben ist: a) zum Verständnis von Krankheiten des Menschen; b) zum Aufbau und zur Funktion des menschlichen Körpers; oder c) zur öffentlichen Gesundheit."

[7]Art. 10 HFG hält hierzu fest: „Forschung am Menschen darf nur durchgeführt werden, wenn: a) die anerkannten Regelungen über die wissenschaftliche Integrität eingehalten werden, insbesondere bezüglich des Umgangs mit Interessenkonflikten; b) die Anforderungen an die wissenschaftliche Qualität erfüllt sind; c) die anerkannten internationalen Regeln der Guten Praxis über die Forschung am Menschen eingehalten werden; und d) die verantwortlichen Personen fachlich hinreichend qualifiziert sind."

[8]Art. 12 HFG hält hierzu fest: „1. Bei jedem Forschungsprojekt müssen die Risiken und Belastungen für die teilnehmenden Personen so gering wie möglich gehalten werden. 2. Die voraussichtlichen Risiken und Belastungen für die teilnehmenden Personen dürfen nicht in einem Missverhältnis zum erwarteten Nutzen des Forschungsprojekts stehen."

meist nicht absehbar und steht nicht im Fokus der Bewertung. Gleichwohl ist er wesentlich und muss immer beurteilt werden. Dies ist insbesondere auch bei Forschung an Urteilsunfähigen zwingend notwendig, da das Gesetz hier zwischen direktem (auf das Individuum bezogen) und indirektem Nutzen (auf die Gesellschaft bezogen) unterscheidet.[9] Eine Bewertung des zu erwartenden Nutzens eines Forschungsgesuchs gehört in jede Verfügung einer Ethikkommission.

Die Beurteilung des *Risikos* ist eine der Kernkompetenzen einer Ethikkommission. Um dies differenziert zu bewerten, bedarf es der interdisziplinären und interprofessionellen Zusammensetzung der Kommission. Die Beurteilung der Studienrisiken ist multidimensional. In der Literatur beschriebene Methoden, Risiken nach Schweregrad und Häufigkeit zu klassifizieren, können ein Hilfsmittel in der praktischen Beurteilung darstellen.[10] So ist zum Beispiel eine Klassifizierung von Studienrisiken durch den Vergleich mit Alltagsrisiken hilfreich, aber für eine Beurteilung aus ethischer Perspektive sicher allein nicht ausreichend.

Bei der umfassenden Risikobeurteilung in den Ethikkommissionen werden einerseits die medizinischen Risiken (durch das Medikament, Medizinprodukt oder die Intervention), andererseits die psychischen Risiken und Belastungen für die Prüfperson berücksichtigt (Aufwand, Erscheinen zu Visiten, Schwere der Erkrankung im Verhältnis zur Intervention u. a.). So können z. B. Fragebögen, die Einstellungen zu emotional besetzten Themen wie Tod oder Sexualität erkunden, eine starke psychische Belastung für die Studienteilnehmenden darstellen. Dies kann auch unter anderem durch religiöse oder ethnische Zugehörigkeiten (mit-) begründet sein.

Auch die Erfahrung des Prüfarztes kann Einfluss auf die Risikobewertung haben (Erfahrung z. B. in der Anzahl der bereits durchgeführten chirurgischen/kardiologischen Interventionen oder Erfahrung mit „first-in-man"-Studien) ebenso wie die materiellen und organisatorischen Gegebenheiten vor Ort. Diese Dimensionen des Risikos sind vor allem durch die Kenntnis der lokalen Verhältnisse vor Ort durch die Ethikkommission beurteilbar.

Ebenfalls muss bedacht werden, dass das tatsächliche Risiko einer Studie nicht gleichzusetzen ist mit der im Gesetz vorgesehenen Kategorisierung. Die Ethikkommission legt die Risikokategorie gemäß Gesetz fest. Dabei ist auch eine „Umkategorisierung" der vom Gesuchsteller beantragten Risikoklassifizierung in eine höhere oder niedrigere Risikoklasse innerhalb des gesetzlichen Rahmens möglich. Eine Umkategorisierung bei Versuchen mit Medizinprodukten

---

[9]Art. 23 u. 24 HFG.

[10]Vgl. hierzu Rid et al. (2010).

ist nicht möglich. Es ist aber ein Fehlschluss zu interpretieren, dass das gesetzlich festgelegte Risiko auch ein ethisch verlässliches „tatsächliches Risiko" darstellt. Die Erfahrung im Umgang mit dem Gesetz hat gezeigt, dass es einerseits Gesuche gibt, z. B. aus dem Bereich der Pflegewissenschaft, welche lediglich „Alltagsinterventionen" mit geringem Risiko (z. B. Musikbeschallung oder Wandern) untersuchen und gleichwohl gemäß Definition klinische Versuche sind. Andererseits gibt es Datenerhebungen, die formal als nicht-klinische Versuche zu behandeln sind, z. B. im Bereich der Kernspintomografie, welche mit nicht zugelassenen radioaktiv-markierten Tracern durchgeführt werden. Diese Tracer sind selbst nicht Gegenstand der Untersuchung und die Gesuche fallen damit gemäß Definition auch nicht in die Rubrik „klinische Versuche". Diese letztere Konstellation weist – differenziert betrachtet – ein hohes „tatsächliches" Risiko auf, welches eigentlich formalrechtlich einem Risiko eines klinischen Versuchs mit einem nicht zugelassenen „Prüfpräparat" entspräche.

Grundsätzlich muss man festhalten, dass das Verhältnis von Kategorisierung und Risiko aus Sicht der Ethikkommissionen auf Gesetzesebene (noch) nicht zufriedenstellend gelöst ist. Anpassungen dazu bei einer Revision des Gesetzes und der Verordnungen sind aus ethischen Gründen daher zeitnah erforderlich.

Informed Consent[11]

Problem der Informationsschriften ist, dass sie sowohl umfassend als auch verständlich sein sollen. Man weiß, dass ein „Zuviel" an Informationen schadet und die Verständlichkeit reduziert.[12] Das Gesetz verwendet den Begriff „hinreichende" Information.[13] Swissethics hat bereits im Jahr 2010 eine Vorlage für eine zweiteilige Patienten-/Probandeninformation konzipiert.[14] Dem Patienten ist in der Kurzfassung die Möglichkeit gegeben, sich prägnant über das Wesentlichste zu informieren. Gleichwohl findet er ausführliche Informationen in der Langfassung. Sowohl die Kurzform als auch die lange Form der Informationsschrift müssen den ethischen Kriterien genügen. In der Kommissionsarbeit sind vor allem die Laien-Mitglieder oder Vertretungen von Patientengruppen gefordert, die Verständlichkeit der an die Studienteilnehmer gerichteten Schriftstücke zu bewerten.

---

[11]Rechtlich geregelt durch Art. 16–18 HFG.

[12]Vgl. Emanuel (2015).

[13]Art. 16, Bundesgesetz über die Forschung am Menschen (Humanforschungsgesetz (HFG) vom 30. September 2011.

[14]Dieses Template ist zu finden unter: http://www.swissethics.ch/doc/ab2014/Template_Studieninformation_d.pdf. Zugegriffen: 31. Juli 2016.

Was können die Ethikkommissionen aktuell nicht oder kaum erfüllen?
Für eine fundierte Beurteilung der Wissenschaftlichkeit eines Forschungs-projektes und die Einordnung in den wissenschaftlichen Kontext müsste ein systematischer Literatur-Review durchgeführt werden. Dies übersteigt die Möglichkeiten einer auf dem Milizsystem beruhenden Ethikkommission und ist grundsätzlich Aufgabe des Gesuchstellers. Ebenso ist die Überwachung der Durchführung einer Studie vor Ort, z. B. im Rahmen von Audits, aus Kapazitäts-gründen kaum oder nur begrenzt möglich.[15]

3.3 Wie können die Prozesse und die Entscheidungsfindungen harmonisiert werden?

Die Tatsache, dass sieben – über die ganze Schweiz verteilte – Ethik-kommissionen pro Jahr insgesamt rund 2500 Gesuche zu bearbeiten haben, ruft nach einem übergeordneten Koordinationsorgan. Zwecks Harmonisierung der Prozesse und der Beurteilungstätigkeit haben sich im Jahr 2005 die Präsi-denten der kantonalen Ethikkommissionen in einer Arbeitsgruppe der Ethik-kommissionen (AGEK) zusammengeschlossen. Diese wurde 2015 in *swissethics* umbenannt. Diese Organisation ist für folgende Bereiche zuständig:

- Festlegung von Standard-Prozessen, Gebühren und Formularvorlagen, welche als Templates auf der Homepage zugänglich sind;
- Erstellung von Positionspapieren zu ethischen Fragestellungen;
- Durchführung der GCP-Anerkennung von GCP-Kursanbietern auf Investigator- und Sponsor-Investigator-Level;
- Betrieb einer einheitlichen elektronischen Plattform, sowohl für die Ein-reichung als auch Bearbeitung der Gesuche: Business Administration System for Ethical Committees, BASEC;[16]
- regelmäßige Treffen der Präsidenten und des Ausschusses swissethics sowie der wissenschaftlichen Sekretariate zur Harmonisierung und Koordination (jeweils 4-6mal jährlich);
- Führung einer Geschäftsstelle als Ansprechpartner für Gesuchsteller, Sponso-ren, CROs und Behörden;

---

[15]Vgl. hierzu auch den Beitrag von Christoph Jenni in diesem Band (ab S. 23).
[16]BASEC ist zu finden unter: https://basec-admin-login.swissethics.ch.

- Definition der Aus- und Fortbildungsanforderungen an Ethikkommissions-Mitglieder und ebenso Durchführung solcher Veranstaltungen;
- nationale Vernetzung mit Partnern im Bereich der Forschung: Bundesamt für Gesundheit, Swissmedic, Schweizerische Akademie der medizinischen Wissenschaften, Swiss Clinical Trial Organisation, scienceindustries switzerland;[17]
- europäische Vernetzung (EURECNET, EFGCP).

Das durch das HFG eingeführte Konzept zur Behandlung von Multizenterstudien mit Entscheidungskompetenz bei einer Leitethikkommission kann modellhaft für den Harmonisierungsprozess der Tätigkeit der Ethikkommissionen gelten.[18]

3.4 Wie kann die Qualität der Tätigkeit von Ethikkommissionen evaluiert werden?

„Optik" der Qualitätsbeurteilung
Jede Interessengruppe hat unterschiedliche Anforderungen an die Qualität der Tätigkeit und somit an das Resultat der Entscheide von Ethikkommissionen (Outcome):

- Der *Gesetzgeber* will primär den Schutz der Studienteilnehmer und die Schaffung günstiger Rahmenbedingungen für den Forschungsplatz Schweiz.
- Die *Studienteilnehmer* erwarten hohe Sicherheit und volle Transparenz bezüglich Risiko und Belastung der Studie.
- Die *Forscher/Sponsoren* fordern eine rasche und wenig formalistische Bewilligungspraxis. Sie sind erfahrungsgemäß offen für die ethische Diskussion und die Offenlegung möglicher ethischer Konflikte.
- Die *Ethikkommissionen* wollen einerseits ihre Verantwortung im Vollzug der gesetzlichen Vorgaben wahrnehmen *(formal-prozedurale Anforderungen)* und andererseits eine Kultur der Entscheidungsfindung nach außerrechtlichen, besonders ethischen Aspekten, pflegen *(materiell-ethische Anforderungen)*. Fälschlicherweise wird häufig die Erfüllung von Recht mit Ethik gleichgesetzt.

---

[17]Vgl. hierzu auch den Beitrag von Christoph Jenni in diesem Band (ab S. 23).

[18]Konzept und Verfahren werden beschrieben in einem Dokument von swissethics auf http://www.swissethics.ch/doc/ab2014/swissethics_mult_konz_d.pdf. Zugegriffen: 31. Juli 2016.

Eine differenziertere Betrachtungsweise mit Einbezug der ethischen Dimension ist erforderlich. Als Beispiel sei das Problem der Zufallsbefunde im Rahmen von Forschungsvorhaben erwähnt: Inwieweit muss das „Recht auf Nichtwissen" respektiert werden, wenn relevante, einer Therapie zugängliche Befunde erhoben werden (z. B. Hirn-Scan im Rahmen einer psychologischen Forschung und Entdeckung eines Gefäß-Aneurysmas).

Methodik der Evaluation der formal-prozeduralen Anforderungen an die Tätigkeit von Ethikkommissionen

Die Beachtung der *formal-prozeduralen Anforderungen* an eine Ethikkommission lassen sich quantitativ mit Kennzahlen und Indikatoren messen und vergleichen. Dazu eignet sich allenfalls das, aus der Industrie bekannte, Schema der Donabedian'schen Trias: Struktur, Prozess, Ergebnis.[19] Das Gesetz überträgt diese Aufgabe weitgehend dem Bundesamt für Gesundheit (BAG).[20] Eine erste diesbezügliche Ist-Analyse wurde von einer privaten Institution im Auftrag des BAG bereits durchgeführt.[21]

Methodik der Evaluation der materiellen-ethischen Anforderungen an die Tätigkeit von Ethikkommissionen

Die *materiell-ethische Qualität* der Entscheidungsfindung innerhalb der Ethikkommission lässt sich jedoch nicht an messbaren Kennzahlen festmachen. Viele Qualitätsdimensionen liegen jenseits von messbaren Parametern: *Was* soll *wie* beurteilt werden?

Was soll materiell evaluiert werden?

Zur Frage, was materiell evaluiert werden sollte, wären verschiedene Aspekte zu berücksichtigen:

- Im Fokus steht die Abwägung des Risiko- und Nutzenpotenzials eines Forschungsprojektes. Welche „Kultur" des Entscheidungsfindungsprozesses wird diesbezüglich im Gremium gepflegt?
- Mit welcher Systematik wird die Anwendung der bioethischen Prinzipien (Autonomie, Gerechtigkeit, Gutes-Tun und Nicht-Schaden) auf Forschungsprojekte

---

[19]Vgl. Donabedian (1966).

[20]Vgl. dazu den Beitrag von Christoph Jenni in diesem Band, insbesondere unter 2.6.

[21]Oetterli et al. (2015).

übertragen?[22] Diese Prinzipien haben ihren Niederschlag im Gesetz und den Verordnungen gefunden und wurden von Emanuel et al. in die bioethischen Anforderungen „übersetzt".[23]

- Gibt es *Abweichungen* der Entscheidungsfindung zwischen den kantonalen Ethikkommissionen und warum?
- Nach welchen Kriterien werden Kommissionsmitglieder ausgewählt?
- Werden die Ausstandregeln bei Interessenskonflikten systematisch angewendet?

Wie kann materiell evaluiert werden?

Wie bereits erwähnt, ist die materielle Evaluation sehr schwierig und möglicherweise gar nicht umsetzbar. Grundsätzlich könnte eine materielle Evaluation einer *externen Stelle,* wie einem Universitätsinstitut oder Vertretern ausländischer Forschungsethikkommissionen, übertragen werden. Dazu fehlen aber gegebenenfalls die nötige und vor allem detaillierte Fachkompetenz oder – im Fall von ausländischen Experten – die Kenntnis der nationalen und lokalen Voraussetzungen.

Die *Selbstevaluation der Ethikkommissionen* kann entweder innerhalb einer Kommission oder im Sinne von „peer review" zwischen verschiedenen Ethikkommissionen erfolgen.

Innerhalb der Kommission muss kritische Selbstreflexion in der Beurteilungspraxis geübt werden. Gegenseitiges Lernen sowie das Durchlaufen eines Curriculums in der Ausbildung zum Kommissionsmitglied im Rahmen von Workshops wären mögliche Ansatzpunkte zur Qualitätssteigerung.

Externe Inspektionen der Studiengesuche (z. B. durch Swissmedic) werfen immer auch Fragen zur Kritik der Beurteilungspraxis an die Ethikkommissionen auf. Dies kann als externer Kontroll-Mechanismus verstanden werden. Beispielsweise kritisierte Swissmedic bei einer Inspektion, dass die in der Präklinik aufgeführten Nebenwirkungen der Investigator Brochure nicht richtig in der Patienteninformation wiedergegeben wurden. Dies hätte die Ethikkommission beim Initialentscheid genauer kontrollieren müssen.

Auch eignen sich *„Kunden"-Befragungen* bei Forschenden bezüglich der Akzeptanz und Nachvollziehbarkeit von Entscheidungen der Ethikkommissionen. Fraglich ist, ob diese wirklich objektiv sind oder nur eine Momentaufnahme darstellen.

---

[22]Vgl. zu den vier Prinzipien Beauchamp und Childress (2012).
[23]Emanuel et al. (2000).

Denkbar sind auch gegenseitige *„Audits"* zwischen den Ethikkommissionen selbst. Die Kriterien und Prozeduren wären von den Kommissionspräsidenten auf swissethics-Ebene vorzugeben. Eine so genannte teilnehmende Beobachtung an Sitzungen – eine Methode der qualitativen Forschung – kann zu aufschlussreichen Erkenntnissen und Feedback führen. Die Bereitschaft zu einer vertrauensvollen Zusammenarbeit muss dabei gegeben sein.

Im gewissen Sinne könnte auch eine Evaluation durch die *Öffentlichkeit* erfolgen. Analog der Publikation von Urteilen mit Präzedenz-Charakter in der juristischen Praxis könnten auch gewisse Leitentscheide von Ethikkommissionen unter Wahrung des Datenschutzes öffentlich gemacht werden. Somit würde Transparenz in der Tätigkeit der Kommissionen geschaffen.

3.5 Schlussfolgerungen

Mit dem Humanforschungsgesetz haben die Ethikkommissionen in der Schweiz eine rechtliche Stellung als Bewilligungsbehörde erhalten. Dies ruft „per se" nach einer Qualitätssicherung ihrer Tätigkeiten.

Diese kann *formal-prozedural* durch Erfassen und Vergleichen von messbaren Indikatoren erfolgen. Diese Form der Evaluation hat begrenzten Aussagecharakter und führt möglicherweise zu unvollständigen oder sogar mangelhaften bis fehlerhaften Schlussfolgerungen. Es gilt dabei, den Aufwand zum Nutzen im Auge zu behalten.[24]

Auf der *materiellen Ebene* scheint es am zielführendsten, wenn die Qualitäts-Beurteilung von „Experten in eigener Sache" erfolgt; das heißt, die Ethikkommissionen sollen sich selbst oder gegenseitig bezüglich der Entscheidungsqualität überprüfen (peer review). Die Werkzeuge dazu sind ansatzweise vorhanden

---

[24]So wird in der Qualitätsstrategie des Bundes im Schweizerischen Gesundheitswesen festgehalten: „Das Nebeneinander von Qualitätsinstitutionen und -projekten generiert gigantische Kosten und führt bestenfalls zu partiellen Erfolgen [...] der Qualitätssicherung und Patientensicherheit." Vgl. Eidgenössisches Departement des Innern EDI, Bundesamt für Gesundheit BAG, Direktionsbereich Kranken- und Unfallversicherung: Qualitätsstrategie des Bundes im Schweizerischen Gesundheitswesen, 9. Oktober 2009, S. 97: https://www.bag.admin.ch/dam/bag/de/dokumente/kuv-leistungen/qualitaetssicherung/qualit%C3%A4tsstrategie-des-bundes-im-schweizerischen-gesundheitswesen.pdf.download.pdf/Qualit%C3%A4tsstrategie%20des%20Bundes%20im%20Schweizerischen%20Gesundheitswesen.pdf. Zugegriffen: 23. Juli 2018.

und wurden auch schon eingesetzt. Aus- und Fortbildungs-Veranstaltungen mit Workshops, Fallbeurteilungen und Diskussion können ein zusätzliches, wichtiges Element in diesem Prozess darstellen. Es ist Sache von swissethics, das heißt der Konferenz der Kommissionspräsidenten, hier eigenverantwortlich aktiv zu werden. Dazu ist ein hohes Maß an Eigenkritik und Introspektionsfähigkeit notwendig sowie die Bereitschaft, voneinander zu lernen und sich fortlaufend verbessern zu wollen. Partikularinteressen von Einzelnen müssen zugunsten des Allgemeinen hier in den Hintergrund treten. Ein klar reflektierter und abgewogener ethischer Entscheid, der nachvollziehbar und im Zweifelsfalle reproduzierbar ist, wäre sowohl für Patienten/ Probanden wie auch für Forschende notwendig. Es bleibt zu bedenken, dass Ethik wandelbar ist und immer wieder neu gesellschaftlich beeinflusst wird. Ethische Entscheide sind daher immer auch Ermessensentscheide und daher nicht in strenge Qualitätsformen zu pressen.

Literatur

Beauchamp, Tom. L., James F. Childress. 2012. *Principles of Biomedical Ethics*. 7. Aufl. Oxford: Oxford University Press.

Bundesamt für Gesundheit (BAG). 2009. Qualitätsstrategie des Bundes im Schweizerischen Gesundheitswesen, veröffentlicht am 9. Oktober 2009. http://www.bag.admin.ch/themen/krankenversicherung/14791/index.html. Zugegriffen: 31. Juli 2016.

Donabedian, Avedis. 1966. Evaluating the quality of medical care. *The Milbank Quarterly* 83(4): 691–729.

Driessen, Susanne. 2015. Klinische Forschung unter dem neuen HFG: die Sicht von swissethics. *SAMW-bulletin* 2015 (3): 6.

Emanuel, Ezekiel J. 2015. Reform of Clinical Research Regulations, Finally. *New England Journal of Medicine* 373 (24): 2296–2299.

Emanuel, Ezekiel J., David Wendler, Christine Grady. 2000. What Makes Clinical Research Ethical? *Journal of the American Medical Association* 283 (20): 2701–2711.

Oetterli, Manuela, Stefanie Knubel, Stefan Rieder. 2015. Ist-Analyse des Vollzugs durch Prüfbehörden vor Inkrafttreten des Humanforschungsgesetzes (HFG). Bericht zuhanden der Sektion Forschung am Menschen und Ethik des BAG, Interface Politikstudien Forschung Beratung, Luzern. http://www.bag.admin.ch/themen/medizin/00701/00702/15565/15848/. Zugegriffen: 31. Juli 2016.

Rid, Annette, Ezekiel J. Emanuel, David Wendler. 2010. Evaluating the Risks of Clinical Research. *Journal of the American Medical Association* 304 (13): 1472–1479.

„Was sie eigentlich tun (sollten)": Ethikkommissionen als Patientenschutzkommissionen

4

Bert Heinrichs

4.1 Einführung

Seit langem bilden Ethikkommissionen einen festen Bestandteil der biomedizinischen Forschung mit menschlichen Probanden. In zahlreichen nationalen Gesetzen und supranationalen Regelungen ist festgeschrieben, dass biomedizinische Experimente mit menschlichen Probanden nur nach einer Begutachtung durch eine unabhängige Kommission durchgeführt werden dürfen. Für Deutschland enthalten das Arzneimittelgesetz (§§ 40 Abs. 1, 42 AMG) und das Medizinproduktegesetz (§§ 20 Abs. 1, 22 MPG) entsprechende Regelungen sowie die ärztlichen Berufsordnungen (§ 15 BO). Für die Schweiz regelt das Humanforschungsgesetz die Begutachtung von Forschungsprotokollen durch Ethikkommissionen (§§ 45, 47, 48, 51–55 HFG). Auf europäischer Ebene ist die Verordnung Nr. 536/2014 des Europäischen Parlaments und des Rates vom 16. April 2014 über klinische Prüfungen mit Humanarzneimitteln und zur Aufhebung der Richtlinie 2001/20/EG einschlägig. Die Prüfung durch eine Ethikkommission ist dort in Art. 4 festgeschrieben.[1] International ist vor allem die Declaration of Helsinki der World Medical Association beachtlich. Dieses erstmals 1964 veröffentlichte Regelungswerk zur Forschung mit Menschen enthielt in der Fassung von 1975 zum ersten Mal einen Passus zur Begutachtung

---

[1] Weitere Informationen zur Regelung in den Ländern der Europäischen Union hält die Webseite des europäischen Dachverbandes von Research Ethics Committees bereit: http://www.eurecnet.org/index.html. Zugegriffen: 23. Juli 2018.

B. Heinrichs (✉)
Rheinische Friedrich-Wilhelms-Universität Bonn, Bonn, Deutschland
E-Mail: heinrichs@iwe.uni-bonn.de

© Springer Fachmedien Wiesbaden GmbH, ein Teil von Springer Nature 2019   53
M. Bobbert und G. Scherzinger (Hrsg.), *Gute Begutachtung?*,
https://doi.org/10.1007/978-3-658-24758-4_4

durch Ethikkommissionen. Die aktuelle Fassung (Fortaleza, 2013) behandelt Research Ethics Committees unter Nr. 23. Umstritten ist indes der genaue Umfang, den diese Begutachtung haben soll. Häufig lassen sich drei unterschiedliche Prüfaufträge unterscheiden: ein rechtlich-administrativer Prüfauftrag, ein wissenschaftlicher Prüfauftrag und ein ethischer Prüfauftrag. So schreibt das schweizerische Humanforschungsgesetz in § 45 Abs. 2 vor: „Die Bewilligung wird erteilt, wenn die ethischen, rechtlichen und wissenschaftlichen Anforderungen dieses Gesetzes erfüllt sind." Das deutsche Arzneimittelgesetz legt in § 42 Abs. 1 Nr. 1–3 fest: „Die zustimmende Bewertung darf nur versagt werden, wenn 1) die vorgelegten Unterlagen auch nach Ablauf einer dem Sponsor gesetzten angemessenen Frist zur Ergänzung unvollständig sind, 2) die vorgelegten Unterlagen einschließlich des Prüfplans, der Prüferinformation und der Modalitäten für die Auswahl der Prüfungsteilnehmer nicht dem Stand der wissenschaftlichen Erkenntnisse entsprechen, insbesondere die klinische Prüfung ungeeignet ist, den Nachweis der Unbedenklichkeit oder Wirksamkeit eines Arzneimittels einschließlich einer unterschiedlichen Wirkungsweise bei Frauen und Männern zu erbringen, oder 3) die in § 40 Abs. 1 Satz 3 Nr. 2 bis 9, Abs. 4 und § 41 geregelten Anforderungen nicht erfüllt sind." Die EU-Regulation sieht in Art. 4 Abs. 1 vor: „Eine klinische Prüfung wird einer wissenschaftlichen und ethischen Überprüfung unterzogen und gemäß dieser Verordnung genehmigt." Für die Ausgestaltung des ethischen Prüfumfangs verweist die Regulation auf die jeweilige nationale Gesetzgebung (Art. 4 Abs. 2). Auch die Declaration of Helsinki bleibt bezüglich des Prüfumfangs eher vage und verweist auf nationale Regelungen (Nr. 23 Abs. 1):

> The research protocol must be submitted for consideration, comment, guidance and approval to the concerned research ethics committee before the study begins. This committee must be transparent in its functioning, must be independent of the researcher, the sponsor and any other undue influence and must be duly qualified. It must take into consideration the laws and regulations of the country or countries in which the research is to be performed as well as applicable international norms and standards but these must not be allowed to reduce or eliminate any of the protections for research subjects set forth in this Declaration.

Es gibt Kommissionen, die einen umfangreicheren Arbeitsauftrag zugewiesen bekommen haben und neben der Begutachtung von Forschungsprotokollen mit menschlichen Probanden noch andere Aufgaben wahrnehmen, z. B. die Begutachtung von Forschung mit Tieren, mit Stammzellen, Gameten oder Embryonen, mit Chimären, oder aber allgemeinere Kompetenzen haben, wie beispielsweise als zentrale Berufungsinstanz für regionale Ethikkommissionen aufzutreten. Ein Beispiel für eine derartige Kommission mit einem breiteren Arbeitsauftrag ist

die niederländische Centrale Commissie Mensgebonden Onderzoek (CCMO).[2]
Außerdem gibt es viele andere Gremien, die manchmal auch als Ethikkommissionen bezeichnet werden, die aber Aufgaben wahrnehmen, die nichts
mit Forschung zu tun haben. Dies reicht von den sog. „Klinischen Ethikkom-
mittees", die in schwierige Therapieentscheidungen einbezogen werden, bis
hin zu Beratungsgremien, die zur Vorbereitung weitreichender Entscheidungen
gebildet werden (z. B. die Ethikkommission zur sicheren Energieversorgung)
oder zur Einhaltung von Unternehmensstandards (z. B. Ethikkommission der
Pax-Bank) eingesetzt werden.[3] Im Folgenden liegt der Fokus auf solchen Ethikkommissionen, die ausschließlich für die Begutachtung von medizinischer Forschung mit menschlichen Probanden zuständig sind.

Der rechtlich-administrative Prüfauftrag von Ethikkommissionen besteht in
der Kontrolle der eingereichten Unterlagen auf Vollständigkeit, der Erfüllung
von formalen Anforderungen (z. B. der Qualifikation des Prüfarztes und der
Abschluss einer obligatorischen Probanden-Versicherung) sowie der Einhaltung
von Fristen. Zum rechtlich-administrativen Prüfauftrag kann auch die Prüfung
der eigenen Zuständigkeit einer Kommission gehören. Es handelt sich dabei um
eine formale Prüfung, die allerdings erheblichen Einfluss auf die inhaltlichen
Anforderungen haben kann, die ein Studienprotokoll erfüllen muss.

Der wissenschaftliche Prüfauftrag besteht darin zu klären, ob ein Experiment
nach dem aktuellen Stand der Wissenschaft sinnvoll ist. Dies ist z. B. dann nicht
der Fall, wenn das gleiche Experiment bereits zuvor durchgeführt worden ist
oder wenn aus Vorstudien *in vitro* oder in Tiermodellen noch keine hinreichende
Grundlage vorliegt.

Der ethische Prüfauftrag schließlich ist am schwersten zu fassen und bereitet
die größten Probleme. Ich werde im Folgenden dafür argumentieren, dass das
Kriterium der ethischen Vertretbarkeit in einem engen Sinne verstanden werden
sollte. Demnach sollte sich der ethische Prüfauftrag von Ethikkommissionen
auf die Kontrolle eines effektiven Probandenschutzes beschränken. Dazu gehört
insbesondere die Überprüfung der Aufklärungs- und Einwilligungsprozedur,
die Einschätzung von Risiken und Belastungen für Probanden sowie Gerechtigkeitserwägungen im Hinblick auf die Probandenrekrutierung und -auswahl. Um

---

[2]Siehe dazu Central Review of Medical Research Involving Human Subjects Decree: http://
www.ccmo.nl/attachments/files/eng-bcb-versie-1-februari-2006.pdf. Zugegriffen: 16. März
2016.
[3]Vgl. Heinrichs und Spranger (2015).

zu unterstreichen, dass Ethikkommissionen *genau diesen* Auftrag haben und es nicht zu ihren Aufgaben gehört oder gehören sollte, umfassendere ethische Einschätzungen abzugeben, wäre es sinnvoll, statt von „Ethikkommissionen" von „Probandenschutzkommissionen" zu sprechen, wie es in Frankreich beispielsweise üblich ist, wo die entsprechenden Kommissionen unter dem Namen „Comités de Protection des Personnes" firmieren. Eine Alternative stellt auch die neutrale Bezeichnung „Institutional Review Board" dar, die u. a. in den USA gebräuchlich ist. Eine ähnliche Forderung haben unlängst auch Moore und Donnelly erhoben. Sie unterscheiden – anders als ich es im Folgenden tun werde – zunächst zwischen einem „code-consistency review" und einem „ethics-consistency review" und argumentieren dann für ersteres und gegen letzteres. Als Folgerung plädieren sie für eine Umbenennung von „ethics committees" in „review boards".[4] Im Folgenden möchte ich dafür argumentieren, dass eine Umbenennung helfen würde, vier möglichen Missverständnissen entgegenzuwirken: 1) dem Missverständnis aufseiten der Forscher, sie müssten inhaltlich unklare („ethische") Anforderungen erfüllen; 2) dem Missverständnis aufseiten potenzieller Probanden, begutachtete Experimente seien besonders wertvoll oder bedeutsam („ethisch"); 3) dem Missverständnis aufseiten der Kommissionsmitglieder, sie seien für allgemein-forschungspolitische („ethische") Belange zuständig und schließlich 4) dem allgemeinen Missverständnis, es bestehe ein Antagonismus zwischen wissenschaftlicher Forschung und Ethik. Ob bzw. in welchem Umfang diese Missverständnisse tatsächlich bestehen, ist eine empirische Frage, die nur mit empirischen Methoden beantwortet werden kann. Sie bleibt in diesem Beitrag offen. Ob es sich um Missverständnisse handelt, ist hingegen eine konzeptionelle Frage, die unabhängig von der tatsächlichen Verbreitung ist. Ich gehe davon aus, dass die Aufklärung dieser Missverständnisse Gründe für einen engen Prüfauftrag von Ethikkommissionen liefert. Man kann die Missverständnisse aber womöglich auch als Folgerungen ansehen, die sich aus einem engen Prüfauftrag ergeben. In diesem Fall können sie natürlich nicht als Gründe für einen engen Prüfauftrag angeführt werden. Sie bieten aber immerhin noch eine Art Plausibilitätstest.

---

[4]Moore und Donnelly (2015, S. 6).

4.2 Probandenschutz

Der Schutz von Probanden ist eine Angelegenheit von herausragender Wichtigkeit. *Prima vista* ist die Verwendung von menschlichen Probanden in der Forschung ethisch höchst problematisch.[5] Im experimentellen Kontext drohen Probanden zu reinen Mitteln für den Erkenntnisfortschritt gemacht zu werden. Dies steht im Widerspruch zum Instrumentalisierungsverbot, d. h. zur weithin geteilten Überzeugung, dass Menschen niemals ausschließlich als Mittel verwendet werden dürfen, sondern immer auch als Selbstzweck angesehen werden müssen. Die Maßgabe der informierten Einwilligung stellt eine Reaktion auf dieses Problem dar. Wenn nämlich Menschen sich selbst aus freien Stücken dazu entschließen, als Probanden an einem Experiment teilzunehmen, dann bleiben sie auch im experimentellen Vollzug selbst Akteure. Sie werden mithin nicht zu Objekten oder Sachen, über die ein Forscher vollständig verfügt, sondern bleiben Subjekte, die sich selbst zur Teilnahme an der Forschung bereit erklären. Damit die informierte Einwilligung die zentrale Funktion erfüllen kann, muss im Einzelfall überprüft werden, ob die Rahmenbedingungen in einem Experiment adäquat sind. Dies betrifft in erster Linie den Aufklärungsprozess und speziell die darin verwendeten Aufklärungsmaterialien. Sie müssen so gestaltet sein, dass potenzielle Probanden verstehen, dass sie an einem Experiment teilnehmen sollen und dies möglicherweise mit ihren individuellen Bedürfnissen in Konflikt geraten kann. Empirische Befunde zeigen, dass das Phänomen der „therapeutic misconception“ weit verbreitet ist, das vorliegt, wenn Probanden eben nicht oder nicht vollständig den experimentellen Charakter einer Studie verstanden haben.[6] Zum Aufklärungsprozess gehört indes mehr als die Darstellung des experimentellen Designs und der damit verbundenen Risiken und Belastungen. Wichtig sind vor allem noch der Hinweis auf die Möglichkeit der unbegründeten Ablehnung, die keine negativen Auswirkungen auf ein etwaig bestehendes Behandlungsverhältnis haben darf, sowie auf die Möglichkeit, die Teilnahme an einem Experiment jederzeit abbrechen zu können. Es ist die Aufgabe von Ethikkommissionen zu prüfen, ob der Aufklärungsprozess so gestaltet ist, dass er diese Funktion erfüllen kann. In einer solchen Prüfung kommt kein grundsätzliches Misstrauen gegenüber Forschern zum Ausdruck. Vielmehr trägt sie der Komplexität der Aufgabe Rechnung.

---

[5]Vgl. ausführlich Heinrichs (2006).

[6]Zum Begriff „therapeutic misconception“ vgl. ursprünglich Appelbaum et al. (1987); neuerdings Kimmelman (2007).

Weil die praktische Erfahrung zeigt, dass es enorm schwierig sein kann, die Maßgabe der Einwilligung adäquat umzusetzen, ist eine externe Unterstützung angezeigt.

Ein zweiter wichtiger Aspekt des Probandenschutzes betrifft die Risiken und Belastungen, die mit einem Experiment verbunden sind. Auch wenn es sich seit langem als schwierig erweist, zu allgemein verbindlichen Bewertungsmaßstäben zu kommen, so erscheint es doch sinnvoll, das konkrete Risiko- und Belastungsprofil eines Experiments einer Prüfung zu unterziehen. Im Bestreben, möglichst gute oder umfassende Daten zu erhalten, können Forscher die Zumutungen eines experimentellen Designs für die Probanden manchmal aus dem Blick verlieren. Moderate Änderungen, etwa bei der Menge von Blut, die abgenommen wird, oder der Länge einer MRT-Untersuchung, können die Sachlage entscheidend verändern. Eine externe Prüfung kann sicherstellen, dass ein vernünftiges Maß nicht überschritten wird, auch wenn es schwierig ist, ein solches „vernünftiges Maß" genau zu quantifizieren. Dabei können womöglich paradigmatische Fälle helfen. Bereits im Jahr 1997 hat die Zentrale Ethikkommission bei der Bundesärztekammer (ZEKO) in ihrer Stellungnahme *Zum Schutz nicht-einwilligungsfähiger Personen in der medizinischen Forschung* versucht, durch die Nennung von Beispielen unterschiedliche Risikoklassen zu differenzieren und so die Begutachtung zu erleichtern und zu vereinheitlichen.[7] Die Festlegung solcher Risikoklassen sollte nicht auf der Ebene lokaler Ethikkommissionen erfolgen. Deren Aufgabe besteht vielmehr darin zu entscheiden, in welche Risikoklasse die Maßnahmen fallen, die in einem konkreten Projekt vorgesehen sind.

Auch die Rekrutierung wirft Fragen des Probandenschutzes auf. Allerdings geht es dabei nicht mehr oder zumindest nicht nur um den Schutz individueller Probanden, wie bei der Einwilligung und der Bewertung von Risiken und Belastungen. Im Raum steht vielmehr das Problem einer fairen Verteilung des Nutzens und der Lasten, die mit biomedizinischer Forschung verbunden sind. Insbesondere stellt sich die Frage, ob einzelne Gruppen über Gebühr belastet werden oder ob Gruppen bei der Auswahl diskriminiert werden. Schon mit Bezug auf dieses Problem lässt sich die Frage stellen, ob es sinnvoll ist, es auf der Ebene konkreter Forschungsprojekte durch Ethikkommissionen zu behandeln. Dafür spricht, dass sich eine konkrete Rekrutierungsstrategie als unfair oder diskriminierend erweisen kann und als solche kritisiert werden muss. Dagegen spricht allerdings, dass in diesem Kontext allgemeine Überlegungen eine Rolle spielen, die grundsätzlich diskutiert werden müssen und nicht auf

---

[7]Vgl. Zentrale Ethikkommission bei der Bundesärztekammer (ZEKO) (1997).

einer Case-by-case-Basis geregelt werden sollten. In der praktischen Arbeit von Ethikkommissionen scheint die Frage der gerechten Probandenauswahl ohnehin kaum zum Tragen zu kommen.

Als Zwischenergebnis lässt sich festhalten, dass Ethikkommissionen eine sehr wichtige Aufgabe erfüllen. Forschung mit Menschen ist nur dann ethisch vertretbar, wenn der Schutz von Probanden gewährleistet ist. Dies betrifft im Wesentlichen drei Bereiche, nämlich die informierte Einwilligung, die Bewertung von Risiken und Belastungen sowie die gerechte Probandenauswahl. Die Erfahrung der vergangenen Jahrzehnte zeigt, dass die existierenden Kommissionen diese Aufgabe ganz überwiegend sehr effektiv erfüllen. Einzelne Fälle, bei denen es zu schwerwiegenden Schädigungen bei Probanden gekommen ist wie im Jahr 2006 in London[8] und unlängst in Rennes,[9] stellen diesen generellen Befund nicht infrage. Insofern hat sich das bestehende System bewährt. Dessen ungeachtet gibt es eine Reihe von diskussionswürdigen Vorschlägen zur Verbesserung. Dazu zählen u. a. Modifikationen des verbreiteten Regionalitätsprinzips, die Einrichtung einer (nicht gerichtlichen) Berufungsinstanz, die Stärkung der nationalen und supranationalen Vernetzung sowie Maßnahmen für mehr Transparenz bei den Entscheidungen.[10]

4.3 Probandenschutz und Ethik

Der Begriff „Ethikkommission“ suggeriert, dass diese Kommissionen einen sachlichen Bezug zur Ethik haben. Legt man die bisherigen Überlegungen zum Probandenschutz zugrunde, dann kann das zweierlei bedeuten: Entweder man begreift die skizzierte Schutzfunktion, die Ethikkommissionen erfüllen, als „ethische“ Aufgabe oder aber man geht davon aus, dass es über den Probandenschutz hinaus Aufgaben gibt, die Ethikkommissionen erfüllen sollen und die als „ethisch“ zu bezeichnen sind. Beide Deutungsvarianten scheinen mir falsch zu sein.

Wie bereits dargelegt, ist ein effektiver Probandenschutz eine notwendige Bedingung dafür, dass Forschung mit Menschen ethisch akzeptabel ist. In einem weiten Sinne kann man also sagen, dass Kommissionen, die Forschungsprotokolle darauf hin prüfen, ob sie die Anforderungen, die sich aus dem Anspruch auf

---

[8]Vgl. Mayor (2006).

[9]Vgl. Hawkes (2016).

[10]Vgl. Heinrichs (2006, S. 241–245).

Schutz von Probanden ergeben, eine „ethische" Funktion haben. Dennoch erscheint mir diese Redeweise eher verwirrend zu sein. Es gibt vielfältige Aufsichtssysteme, für deren Einrichtung und dauerhaften Erhalt es ethische Gründe gibt. So gibt es beispielsweise ethische – und nicht nur prudentielle – Gründe dafür, dass es in modernen komplexen Gesellschaften Institutionen gibt, die im Arbeitsbereich, im Gesundheitsbereich und in vielen anderen Bereichen von öffentlichem Interesse die Einhaltung von Vorschriften überwachen. Alle diese Institutionen sind dazu da, Gefahren von Menschen abzuwehren. Dennoch erscheint es verfehlt, sie als „ethische" Institutionen zu bezeichnen oder ihnen einen genuin „ethischen" Auftrag zuzusprechen. Es gibt vielmehr ethische Gründe für die Einrichtung dieser Institutionen, sie selbst haben aber deswegen noch keine ethische Aufgabe. In gleicher Weise kann man – wie oben geschehen – ethische Gründe dafür anführen, dass es Kommissionen für den Probandenschutz gibt. Ihre Aufgabe ist deshalb aber noch keine „ethische".

Wenn man Gremien, die den Schutz von Probanden gewährleisten sollen, als „Ethikkommissionen" bezeichnet, dann könnte das daran liegen, dass sie weitere Aufgaben haben, die diese Bezeichnung begründen. Eine solche Aufgabe könnte darin bestehen zu diskutieren, ob sich bestimmte Arten der Forschung *grundsätzlich* ethisch rechtfertigen lassen. Eine Form der Forschung, bei der sich diese Frage nach wie vor stellt, ist die Forschung an sog. einwilligungsunfähigen Probanden. Wenn man nämlich davon ausgeht, dass die informierte Einwilligung eine notwendige Bedingung dafür ist, dass Forschung mit Menschen ethisch vertretbar ist, einige Probandengruppen eine solche Einwilligung aber grundsätzlich nicht geben können, dann liegt ein ernsthaftes Problem vor. So wichtig diese Frage ohne Zweifel ist, so ist doch nicht zu erkennen, dass Kommissionen, die über konkrete Einzelprojekte befinden sollen, der geeignete Ort sind, um über sie zu diskutieren. Allgemeine Fragen dieser Art werden in der Öffentlichkeit sowie in der bioethischen Fachdiskussion intensiv diskutiert, eventuell in nationalen Ethikräten oder vergleichbaren Gremien verdichtet und in Parlamenten durch die Verabschiedung entsprechender Gesetze demokratisch entschieden. Das in Gremien mit einem konkreten Prüfauftrag grundsätzliche Entscheidungen gefällt werden, erscheint vor diesem Hintergrund nicht nur überflüssig, sondern sogar verfehlt. Ihnen fehlt die diskursive Öffentlichkeit für den argumentativen Austausch und die demokratische Legitimität für grundlegende Entscheidungen. Das gleiche Argument trifft auch andere wichtige Fragen der Forschungsethik wie etwa die nach akzeptablen Risiken und Belastungen sowie nach dem begründeten Ein- bzw. Ausschluss bestimmter Gruppen bei der Rekrutierung.

Wenn der Probandenschutz also nicht im eigentlichen Sinne eine „ethische“ Aufgabe ist, der Diskurs über grundsätzliche ethische Fragen der Forschungsethik hingegen entweder in der Öffentlichkeit, in der Fachwissenschaft, in Ethikräten oder in Parlamenten geführt wird, dann ist nicht klar, warum man die Gremien, die mit dem Probandenschutz betraut sind, als „Ethikkommissionen“ bezeichnet werden sollten. Sachlich angemessener wäre die Bezeichnung „Probandenschutz-kommissionen“, die beispielsweise in Frankreich für derartige Kommissionen bereits Verwendung findet. Dagegen könnte man einwenden, dass der Name „Ethikkommission“ in einigen Ländern historisch gewachsen sei. Auch wenn ihm heute sachlich keine große Bedeutung mehr zukomme, sei es unproblematisch, ihn weiterhin zu verwenden. Dieser Einwand gegen eine Umbenennung ist sicher nicht völlig verfehlt. Namen und Bezeichnungen sind nicht losgelöst von ihrem Entstehungskontext zu verstehen. Dennoch gibt es Gründe, die gegen die weitere Verwendung des Begriffs „Ethik“ im vorliegenden Zusammenhang sprechen. Es könnte nämlich sein, dass die Rede von „Ethikkommissionen“ ein vierfaches Missverständnis auf Seiten von Forschern, Probanden, Mitgliedern dieser Kommissionen sowie in der Wissenschaft und Gesellschaft insgesamt befördert. Ob dies tatsächlich der Fall ist, ist eine empirische Frage, die nur mit empirischen Methoden beantwortet werden kann. Allein die Möglichkeit eines ernsthaften Missverständnisses könnte aber Grund genug sein, sich von der traditionellen Bezeichnung zu verabschieden und einen sachlich angemesseneren Namen zu wählen.

4.4 Ein vierfaches Missverständnis

Das Missverständnis aufseiten der Forscher

Forscher beklagen gelegentlich, dass die Begutachtung durch Ethikkommissionen ihre Forschung behindere.[11] In einem gewissen Sinne ist dies trivial. Natürlich wäre Forschung schneller und leichter zu realisieren, wenn Studienprotokolle nicht zunächst einem externen Gremium zur Prüfung vorgelegt werden müss-ten. Die Wichtigkeit eines effektiven Probandenschutzes steht dem aber ent-gegen. Auch Bauvorhaben wären leichter und schneller zu realisieren, wenn es keine Bauaufsichtsbehörden gäbe. Sie haben aber eine wichtige Funktion in der Abwehr von Gefahren für die öffentliche Sicherheit. Daher müssen Bauherren

---

[11]Vgl. Randerson (2006).

es in Kauf nehmen, zunächst eine Baugenehmigung einholen zu müssen, bevor sie mit einem Bauprojekt starten können. Wie im Falle von Bauprojekten gibt es auch im Falle von Forschung mit Menschen überwiegende Gründe, die eine Vorabprüfung gerechtfertigt erscheinen lassen. Anders verhält es sich, wenn Forscher beklagen, die Anforderungen, die sie erfüllen müssen, damit ein Forschungsprotokoll die Prüfung durch eine Ethikkommission bestehe, seien unklar. Der Begriff „ethisch" sei inhaltlich vage und mache es Forschern schwer, wenn nicht gar unmöglich zu antizipieren, welche Kriterien bei der Prüfung herangezogen würden. Man darf vermuten, dass der Begriff „Ethikkommission" diesen Vorwurf bestärkt. Würde man stattdessen von „Probandenschutzkommissionen" sprechen, dann wäre sicher klarer, welche Anforderungen ein Forschungsprotokoll erfüllen muss und was Forscher gewährleisten müssen, damit ein Protokoll akzeptiert wird. Ihre Aufgabe besteht nicht darin, eine umfassende ethische Vertretbarkeit darzulegen. Vielmehr müssen sie in einem Protokoll nachweisen, dass der Schutz von Probanden gewährleistet ist, d. h. der Aufklärungsprozess so gestaltet ist, dass potenzielle Teilnehmer eine selbstbestimmte Entscheidung treffen können, das Risiko- und Belastungsprofil allgemein akzeptierten Vorgaben entspricht und die Rekrutierung nicht gegen das Diskriminierungsverbot verstößt.

Es mag sein, dass Forscher sich tatsächlich nur selten über die obligatorische Begutachtung von Protokollen beklagen oder die Klagen, die sie vorbringen, nichts oder nur wenig mit der Unklarheit der Anforderungen zu tun haben. Dennoch würde eine Präzisierung auf den Probandenschutz dazu beitragen, klarer zu machen, was im Rahmen eines Begutachtungsverfahrens von Forschern verlangt wird und was nicht.

Das Missverständnis aufseiten der Probanden
Wenn Probanden hören, dass ein Forschungsprotokoll, bevor es startet, durch eine Ethikkommission begutachtet worden ist, kann dies womöglich auch auf ihrer Seite einem Missverständnis Vorschub leisten. Sie könnten zu der Überzeugung gelangen, die positive Begutachtung garantiere nicht nur die Einhaltung von Schutzstandards, sondern beinhalte darüber hinaus eine inhaltliche Unterstützung hinsichtlich der Wichtigkeit eines Forschungsprojekts. Ob man ein konkretes Forschungsprojekt für sinnvoll hält oder nicht, hängt von vielen unterschiedlichen Faktoren ab. Probanden sollten sich selbst eine Meinung darüber bilden, ob sie bereit sind, sich für ein bestimmtes Projekt zu engagieren oder nicht. Womöglich vertrauen sie auch einfach auf die Einschätzung des verantwortlichen Forschers. Dann ist ihnen aber wohl klar, dass diese Einschätzung durch persönliche Präferenzen und Meinungen präformiert ist. Die Einschätzung einer

„Ethikkommission" muss in dieser Hinsicht neutral sein. Dennoch kann sie auf Probanden einen verzerrenden Einfluss haben.

Es mag sein, dass sich Probanden in ihrer Urteilsbildung nur wenig vom Vorliegen eines Votums einer Ethikkommission beeinflussen lassen. Dennoch wäre eine Präzisierung auf den Probandenschutz auch hier zu begrüßen. Wenn eine „Probandenschutzkommission" die Begutachtung vornähme, dann wäre auch für Probanden klar, dass die Bewertung sich allein auf die Frage des Probandenschutzes bezieht.

Das Missverständnis aufseiten der Kommissionsmitglieder

Ein drittes Missverständnis kann auf der Seite der Kommissionsmitglieder bestehen. Sie können durch die Bezeichnung „Ethikkommission" in der irrigen Ansicht bestärkt werden, sie hätten einen weiten Prüfauftrag, der über die engen Grenzen des Probandenschutzes hinausgeht. Es ist davon auszugehen, dass die Kommissionsmitglieder in der Regel mit den regulatorischen Vorgaben bestens vertraut sind, die den Prüfauftrag im Wesentlichen auf den Probandenschutz begrenzen. Dennoch kann es sein, dass ein allgemeines Mandat durch den Namen begründet erscheint oder bestehende Beurteilungsspielräume durch den Begriff „Ethik" in ungünstiger Weise ausgeweitet werden. Forscher müssen aber darauf vertrauen dürfen, dass klar bestimmt ist, was von ihnen für eine positive Begutachtung verlangt wird. In eine ähnliche Richtung weisen die Ausführungen, die aus rechtswissenschaftlicher Sicht u. a. die Praxis von Forschungs-Ethikkommissionen analysiert haben. Sie stellen fest:

> Der Grundsatz der Gesetzmäßigkeit der Verwaltung wirkt bei rechtssoziologischer Betrachtung als Entdifferenzierungssperre, da er andere als rechtliche Maßstäbe für die Rechtfertigung von (grundrechtsrelevantem) öffentlichem Verwaltungshandeln nicht zulässt. Die Formulierung des § 41 Abs.1 AMG, wonach die zustimmende Bewertung der Ethikkommission nur versagt werden darf, wenn spezifische, einzeln aufgezählte Voraussetzungen der §§ 40 und 41 AMG nicht erfüllt sind, lässt daher zu Recht keinerlei ethischen Bewertungsspielraum zu. Die Aufgabe der Ethikkommission gemäß § 42 AMG besteht danach in der Prüfung abschließend umschriebener rechtlicher Versagungskriterien, bei denen es sich zum Teil um interpretationsbedürftige unbestimmte Rechtsbegriffe handelt.[12]

Das bedeutet nicht, dass eine völlig einheitliche Entscheidungspraxis erforderlich ist. Dies ist auch in anderen Bereichen – z. B. der Spruchpraxis von Gerichten

---

[12]Fateh-Moghadan und Atzeni (2009, S. 124).

oder der Entscheidungspraxis von Aufsichtsbehörden – nicht der Fall. Die Kriterien, die als Grundlage für eine Entscheidung herangezogen werden, müssen aber klar bestimmt sein. Diese Kriterien verbinden sich im Falle von Ethikkommissionen mit dem Probandenschutz.

Gelegentlich wird darauf hingewiesen, dass es auch eine Aufgabe von Ethikkommissionen sei, Forschung im Interesse von Patienten zu ermöglichen. Eine „ethische Bewertung" erfordere es, auch diesen Aspekt im Blick zu halten. Hierin liegt meines Erachtens nicht nur ein Missverständnis, sondern eine große Gefahr. Der Leidensdruck von Patienten kann ohne Zweifel sehr groß sein. Daher ist medizinische Forschung wichtig und wünschenswert. Sie ist aber nur dann ethisch vertretbar, wenn der Probandenschutz gewährleistet ist. Wenn Forschung mit unverhältnismäßigen Gefahren für Probanden verbunden ist, dann darf sie nicht durchgeführt werden. Es ist fraglich, ob es überhaupt ein Recht von Patienten auf Forschung bzw. auf die Entwicklung neuer Therapien gibt. Aber selbst wenn man von einem derartigen Anspruchsrecht ausgeht, dann steht es grundsätzlich hinter den Abwehrrechten von Probanden zurück. Damit soll nicht in Abrede gestellt werden, dass sich hier schwierige Abwägungsfragen ergeben können. Die Mitglieder von Ethikkommissionen sind im Rahmen solcher Abwägungsprozesse dem Schutz der Probanden verpflichtet. Für die Ansprüche von Patienten können sich Patientenvertreter, Forscher oder andere Institutionen, die der öffentlichen Gesundheit verpflichtet sind, einsetzen. Eine klare Aufgabenteilung hilft, die unterschiedlichen Aspekte auseinanderzuhalten. Mit der neuen EU-Regulation verbinden sich Befürchtungen, dass das Zwei-Säulen-Prinzip, d. h. die unabhängige Begutachtung durch eine zuständige Behörde (Bundesoberbehörde) und eine Ethikkommission unterlaufen werden könnte. Die Preisgabe dieses Prinzips wäre tatsächlich problematisch, weil dadurch die genannten unterschiedlichen Verpflichtungen verwischt werden könnten.[13]

Es mag sein, dass die Mitglieder von Ethikkommissionen sich völlig im Klaren über den Umfang ihres Prüfauftrags und ihre Verpflichtung gegenüber Probanden sind. Angesichts der großen Bedeutung, die den Abwehrrechten von Probanden zukommt, erscheint aber eine Präzisierung auf den Probandenschutz nicht übertrieben.

---

[13]Vgl. Bundesärztekammer und Arbeitskreis Medizinischer Ethik-Kommissionen in der Bundesrepublik Deutschland e. V. (2014).

Antagonismus zwischen Forschung und Ethik

Man kann öfter den Eindruck gewinnen, die Ethik habe in Teilen der Forschung keinen guten Ruf. Dies hängt wohl auch damit zusammen, dass Ethik oftmals – wie oben bereits erwähnt – als Forschungshemmnis wahrgenommen wird. Diese Wahrnehmung beruht indes auf einem Irrtum: Es ist nicht „die Ethik“, die in Einzelfällen Nachbesserungen bei Protokollen anmahnt, sondern es ist eine mit einem speziellen Prüfauftrag versehene Kommission. Diese Kommission ist bei ihrer Arbeit dem Probandenschutz verpflichtet. Etwaige Kritik müsste sich also eigentlich gegen den Probandenschutz richten. Es dürfte aber weitgehend anerkannt sein, dass eine pauschale Kritik des Probandenschutzes kaum zu rechtfertigen ist. Natürlich kann im Einzelnen darüber diskutiert werden, wie viel Aufwand betrieben werden muss, um Probanden zu schützen. Gegenstand derartiger Diskussionen sind Abwägungsfragen. Es wird manchmal übersehen, dass die Ethik als fachwissenschaftliche Disziplin sowohl Argumente für den Probandenschutz als auch für die Forschung mit Menschen entwickelt. Von einem einfachen Antagonismus zwischen Ethik und Forschung kann mithin keine Rede sein. Statt als einseitiger Bremser des medizinischen Fortschritts gesehen zu werden, sollte die Ethik als die Reflexionswissenschaft wahrgenommen werden, die unterschiedliche Argumente bereitstellt und auf diese Weise Abwägungen befördert. Die intensive Diskussion der vergangenen Jahrzehnte hat zu dem Ergebnis geführt, dass dem Probandenschutz ein sehr hoher Stellenwert zugewiesen worden ist. Gerade deswegen sind die Ethikkommissionen mit einem klaren Auftrag und erheblichen Entscheidungskompetenzen ausgestattet worden. Halt man dieses Schutzniveau für zu hoch oder den Aufwand, der dadurch der Forschung entsteht, für unverhältnismäßig, dann muss man dies im Rahmen einer Debatte artikulieren, die in der Öffentlichkeit, der Fachwissenschaft, im Rahmen von Ethikräten oder in Parlamenten geführt werden muss. Es ist dann aber nicht „die Ethik“, die den Gegenstand dieser Debatte bildet, sondern die Art, wie der Probandenschutz aktuell implementiert ist.[14]

Es mag sein, dass die Ethik mehrheitlich nicht als einseitig und forschungshemmend wahrgenommen wird. Ein Verzicht auf den Begriff „Ethik“ im Zusammenhang mit dem Probandenschutz könnte aber verdeutlichen, dass es ethische Gründe für den Probandenschutz ebenso wie für die Forschung mit Menschen gibt und dass es eine Frage der Abwägung ist, wie man diese Gründe gegeneinander gewichtet. Die Ethik bemüht sich seit langem darum, begründete Abwägungen zu finden.

---

[14]Vgl. bspw. Chalmers (2011).

4.5   Fazit

Die Einsetzung von Kommissionen zur Begutachtung von Forschungsprotokollen mit Menschen hat sich bewährt. Die Aufgabe dieser Gremien lässt sich klar bestimmen: Sie müssen gewährleisten, dass Probanden so gut wie möglich geschützt werden, d. h. insbesondere, dass die Aufklärungsprozesse adäquat sind, die Risiken und Belastungen nicht übermäßig sind und die Probandenauswahl fair ist. Dies ist eine ebenso schwierige wie verantwortungsvolle Aufgabe. Auf sie sollten sich diese Kommissionen konzentrieren. Um Missverständnisse zu vermeiden, sollte man von „Probandenschutzkommissionen" sprechen. Damit ist nicht gesagt, dass es nicht allgemeinere Fragen im Kontext der Forschung mit Menschen gibt. Auch diese Frage müssen erörtert werden. Dafür bilden die bioethische Fachwissenschaft, der öffentliche Diskurs sowie Ethikräte und schließlich Parlamente geeignete Orte. In Probandenschutzkommissionen sollten diese Fragen hingegen nicht zum Gegenstand gemacht und schon gar nicht entschieden werden. Sowohl die Unterschiedlichkeit der Aufgaben als auch die Verschiedenheit von Verfahrensmodalitäten und Legitimationsgrundlagen sprechen für eine klare Aufgabenteilung zwischen den genannten Institutionen.

Literatur

Appelbaum, Paul S., Loren H. Roth, Charles W. Lidz, Paul Benson und William Winslade. 1987. False Hopes and Best Data: Consent to Research and the Therapeutic Misconception. *Hastings Center Report* 17 (2): 20–24.

Bundesärztekammer und Arbeitskreis Medizinischer Ethik-Kommissionen in der Bundesrepublik Deutschland e. V. (2014): *Positionspapier. Eckpunkte zur Durchführung der Verordnung (EU) Nr. 536/2014 (EU-VO) des Europäischen Parlaments und des Rates vom 16. April 2014 über klinische Prüfungen mit Humanarzneimitteln und zur Aufhebung der Richtlinie 2001/20/EG in Deutschland*, Berlin. http://www.bundesaerztekammer.de/fileadmin/user_upload/downloads/Positionspapier_Verordnung_EU_09122014.pdf. Zugegriffen: 16. März 2016.

Chalmers, Don. 2011. Ethical review boards: Important ethical safeguards or over-burdensome and unnecessary bureaucracy? *Journal of Internal Medicine* 269: 392–395.

Fateh-Moghadan, Bijan und Gina Atzeni. 2009. Ethisch vertretbar im Sinne des Gesetzes. Zum Verhältnis von Ethik und Recht am Beispiel der Praxis von Forschungs-Ethikkommissionen. In *Legitimation ethischer Entscheidungen im Recht. Interdisziplinäre Untersuchungen*, Hrsg. S. Vöneky, C. Hagedorn, M. Clados und J. von Achenbach, 115–143. Berlin: Springer.

Hawkes, Nigel. 2016. Details of French trial must be released urgently, say UK experts. *British Medical Journal* 352: 319.

Heinrichs, Bert. 2006. *Forschung mit Menschen. Elemente einer ethischen Theorie biomedizinischer Humanexperimente*. Berlin: De Gruyter.

Heinrichs, Bert und Tade Spranger. 2015. Institutionalisierte ethische Beratung und Begutachtung. In *Handbuch Bioethik*, Hrsg. D. Sturma und B. Heinrichs, 459–462. Stuttgart: Metzler.

Kimmelman, Jonathan. 2007. The therapeutic misconception at 25: treatment, research, and confusion. *Hastings Center Report* 37 (6): 36–42.

Mayor, Susan. 2006. Severe adverse reactions prompt call for trial design changes. *British Medical Journal* 332: 683.

Moore, Andrew und Andrew Donnelly. 2015. The job of ‚ethics committees‘. *Journal of Medical Ethics*. https://doi.org/10.1136/medethics-2015-102688.

Randerson, James. 2006. Ethical red tape is stifling us, say medical researchers. *The Guardian* 4 August 2006: 8.

Zentrale Ethikkommission bei der Bundesärztekammer (ZEKO). 1997. Zum Schutz nicht-einwilligungsfähiger Personen in der medizinischen Forschung. *Deutsches Ärzteblatt* 94: A1011–A1012.

Die normative Divergenz von Forschung und Therapie und die ethische Aufgabe und Arbeit von Ethikkommissionen

Joachim Boldt

Im Bereich der medizinischen Forschung am Menschen kommt so deutlich wie nirgendwo sonst ein ethisches Paradox der modernen Medizin zum Ausdruck. Einerseits ist die Medizin von ihren antiken Ursprüngen an bis heute darauf ausgerichtet, dem einzelnen, an einer Krankheit leidenden Patienten so gut wie möglich therapeutisch zur Seite zu stehen. Unter den Bedingungen der modernen, naturwissenschaftlichen Medizin, wie sie seit dem Ende des 19. Jahrhunderts existiert, bedeutet dies aber andererseits, Patienten auch für Forschungszwecke heranzuziehen, die ihnen nicht zwingend auch selbst nutzen.

5.1 Naturwissenschaftliche Forschungsmethodik

Dieses ethische Paradox ist eine Folge der naturwissenschaftlichen Methodik. Forschung zu betreiben heißt hier nicht, individuelle Krankheits- und Therapieverläufe zu sammeln und als symptomatisch orientiertes, klinisches Erfahrungswissen festzuhalten. Medizinische Forschung zu betreiben heißt dagegen idealiter, den überindividuellen physiologischen Prozessen und Mechanismen auf die Spur zu kommen, die bestimmte klinische Symptome verursachen. Diese pathologischen Prozesse und entsprechende therapeutisch wirksame Gegenmechanismen gilt es zu erkennen und zu nutzen. Dabei ist die Frage, welche

J. Boldt (✉)
Albert-Ludwigs-Universität Freiburg, Freiburg, Deutschland
E-Mail: boldt@egm.uni-freiburg.de

© Springer Fachmedien Wiesbaden GmbH, ein Teil von Springer Nature 2019
M. Bobbert und G. Scherzinger (Hrsg.), *Gute Begutachtung?*,
https://doi.org/10.1007/978-3-658-24758-4_5

physiologischen Prozesse als pathologisch einzustufen sind, zurückgebunden an klinische Symptomatik, das heißt an Leidenszustände von Patienten und an funktionelle körperlich bedingte Einschränkungen. Dennoch werden nicht diese Symptome, sondern die mit ihnen korrelierten physiologischen, zum Beispiel molekularen Prozesse als „eigentliche" Ursachen einer Erkrankung angesehen und analysiert.

In seiner Einführung in die „experimentelle Medizin" hat Claude Bernard 1865 diese Programmatik wie folgt auf den Punkt gebracht:

> Dem Physiologen geht es ja darum, die lebende Maschine zu zerlegen, um mit Hilfe von Instrumenten und Verfahren, die er der Physik und Chemie entlehnt, die verschiedenen Lebensvorgänge, deren Gesetze er sucht, zu erforschen und zu messen (Bernard 1961, S. 137).

Um auf diese Weise zu Erkenntnissen zu kommen, genügt es nicht, den Krankheitsverlauf einzelner Patienten in ihrer Symptomatik zu beobachten. Es genügt auch nicht, die Physiologie eines einzelnen, kranken Menschen zu analysieren. Notwendig ist es stattdessen, Hypothesen über gesetzmäßige physiologische Zusammenhänge an einer statistisch ausreichenden, größeren Zahl von Patienten oder Probanden zu überprüfen. Dieser Blick in die Körper einer größeren Zahl von Patienten kann dann das Wissen generieren, das nötig ist, um einzelne Patienten therapieren zu können.

5.2 Normative Divergenz von Forschung und Therapie

Diese Forschungsmethodik hat Bedeutung für die normative Ausrichtung des medizinischen Handelns. Im Kontext der Therapie ist das medizinische Handeln auf das Wohl des individuellen Patienten ausgerichtet. Die ärztliche Tätigkeit wird im therapeutischen Kontext gedacht als auf Vertrauen basierende, auf das Wohl des einzelnen Patienten ausgerichtete Tätigkeit. Das gilt sowohl für die im Wesentlichen an Vorstellungen von Gleichgewichten von Körpersäften, Temperamenten und Umwelteinflüssen orientierte Medizin bis zur Mitte des 19. Jahrhunderts, wie auch für die naturwissenschaftliche Medizin, die sich dann zu entwickeln begann. Die bis heute im Berufsethos und auch rechtlich abgesicherte Schweigepflicht ist zum Beispiel ein Ausdruck dieser normativen Ausrichtung.

Im Kontext der Forschung dagegen ist der Patient der naturwissenschaftlichen Methodik folgend zunächst ein Mittel, an dem und mit dessen Hilfe allgemeingültiges, therapeutisch nützliches Wissen erworben werden kann.

Das medizinische Handeln ist in diesem Kontext an der Generierung von Wissen ausgerichtet, zunächst ganz unabhängig vom Wohl des Patienten. Für die Generierung dieses Wissens braucht es die Beobachtung des Verlaufs physiologischer Reaktion einer größeren Anzahl von Patienten und Probanden auf kontrolliert hergestellte Ausgangsbedingungen, zum Beispiel die Gabe einer bestimmten Dosis eines Medikaments. In diesem Setting ist die Frage, ob das Wohl des einzelnen Studienteilnehmers gewährleistet ist, prima facie nicht relevant, weil die Qualität des generierten Wissens für die Entwicklung von Therapien oder auch einfach als Grundlagenwissen vom Wohl der Studienteilnehmer nicht abhängt.[1]

Diese Divergenz der normativen Orientierung der medizinischen Forschung und der Therapie ist eine der grundlegendsten und zentralsten ethischen Herausforderungen, vor der die moderne Medizin steht.

Es gilt, der normativen Bedeutung des Wohlergehens des einzelnen Patienten so weit wie möglich auch im Bereich der Forschung Geltung zu verschaffen. Wie wichtig dieser Import der normativen Orientierung aus dem Bereich Therapie in den Bereich Forschung ist, zeigt zum Beispiel ein Dialog, der im Rahmen des Nürnberger Ärzteprozesses stattgefunden hat. Die Verteidigung fragt hier den amerikanischen Sachverständigen Prof. Andrew Conway Ivy, ob es seiner Einschätzung nach richtig sei, dass die ethischen Vorgaben im Bereich der Therapie andere seien als die im Bereich Forschung:

> Sie glauben also, unterscheiden zu müssen, Herr Professor, zwischen dem Arzt als Therapeuten, dem Heilarzt und dem Arzt als Forscher und geben damit zu, dass für jeden von ihnen andere Gesetze bzw. andere Abschnitte des hippokratischen Eides gelten?

Eine positive Antwort wäre günstig für die Verteidigung der angeklagten Ärzte, weil sich dann argumentieren ließe, dass die inhumanen Forschungsaktivitäten der Angeklagten nicht an den ethischen Vorgaben der therapeutischen Tätigkeit gemessen werden dürfen. In der Tat antwortet der Sachverständige: „Ja, das tue ich ganz eindeutig."[2]

Es zeigt sich hier nicht nur, wie es unter besonderen historischen, sozialen und politischen Bedingungen im Rückgriff auf die normative Orientierung

---

[1]Vgl. zu dieser Divergenz der normativen Orientierungen in Therapie und Forschung bereits Toellner (1990), ausführlich zur Logik der Forschung siehe Maio (2002) und Heinrichs (2006).

[2]Zitiert nach Mitscherlich (1978, S. 47).

naturwissenschaftlicher Methodik zu inhumaner Forschung kommen kann, sondern auch, dass die Auffassung, es sei nicht nötig, die ethischen Orientierungen aus dem Bereich Therapie so weit wie möglich auch im Bereich Forschung zu berücksichtigen, auch unter sachverständigen amerikanischen Ärzten, die nicht unter den Rahmenbedingungen eines nationalsozialistischen Deutschlands lebten, verbreitet war. Umso wichtiger ist die Rückbindung der Forschung an den normativen Rahmen des therapeutischen Handelns.

5.3 Übergeordnete Aufgabe von Ethikkommissionen

Vor diesem Hintergrund lässt sich die übergeordnete Aufgabe einer Ethik der medizinischen Forschung darin sehen, zum einen den Schutz von Patienten, die an medizinischer Forschung teilnehmen, zu einem so hohen Maß wie möglich sicherzustellen. Dies ist gegen die normative Orientierung der Forschung gerichtet. Da Forschung zum Wohlergehen zukünftiger Patienten beitragen kann, beinhaltet die Aufgabe medizinischer Ethik zugleich aber auch, Forschung zum Nutzen für Patienten zu ermöglichen und dafür Sorge zu tragen, dass dieser Nutzen so relevant wie möglich ist. Die ethische Entscheidungsfindung im Bereich medizinischer Forschung am Menschen ist deshalb notwendigerweise ein Abwägungsprozess, bei dem Risiken für Studienteilnehmer minimiert und potenzieller, möglichst relevanter Nutzen für Patienten, die von den Forschungsergebnissen profitieren können, sichergestellt werden soll.

Ethikkommissionen, die Anträge zu Forschungen am Menschen sichten und beurteilen, sind diejenigen Institutionen, die genau diese Aufgabe erfüllen sollen und können. Unabhängig von spezifischen Vorgaben und Regelungen bezüglich des genauen Aufgabenspektrums dieser Kommissionen ist ihr übergeordnetes Ziel aus ethischer Sicht, das Wohl von Studienteilnehmern zu einem so hohen Maß wie möglich sicherzustellen und gleichzeitig nutzbringende Forschung zu ermöglichen. Ihre Aufgabe ist, anders gesagt, die Zähmung der der naturwissenschaftlich-medizinischen Forschungsmethodik inhärenten Handlungsorientierung im Rückgriff auf die ethische Orientierung der therapeutischen Tätigkeit.

5.4 Zwischen Individualethik und Sozialethik

Ethische Theorien lassen sich unter anderem danach systematisieren, ob sie den Kern des Ethischen eher im helfenden Handeln eines Einzelnen einem anderen Einzelnen gegenüber sehen oder ob sie diesen Kern im gerechten Ausgleich von

Interessen einer größeren Zahl von Menschen verorten. Ein paradigmatisches Beispiel für den ersten Ethiktypus ist die phänomenologische Ethik des Anderen von Emmanuel Lévinas (1992). Für den zweiten Typus können beispielhaft an Kant anknüpfende Theorien der Gerechtigkeit wie die von John Rawls (1979) stehen. Für das Verhältnis dieser beiden Ethiktypen gilt, dass sie einerseits in Spannung zueinander stehen. Wo die Individualethik in einer Entscheidungssituation die Hilfestellung für den Einzelnen präferieren würde gegenüber einem gerechten Abwägen von Folgen dieses Handelns für andere, möglicherweise nicht Anwesende, da würde eine Sozialethik eher eben diese gerechte Aufteilung empfehlen. Andererseits kann die Individualethik den Anspruch der Sozialethik, es sei gerecht zu handeln, nicht vollständig für nichtig erklären, weil jede Gruppe von Menschen, in der gerecht verteilt werden soll, aus Einzelnen besteht, von denen jeder sein Bedürfnis auch als Einzelner an den Verteilenden adressieren kann. Ebenso fußt die Forderung nach gerechter Verteilung auf der Annahme, dass Einzelne Anspruch auf angemessene Hilfe haben. Jede ethische Theorie muss sich daher letztlich in diesem Feld zwischen Ausrichtung auf den Einzelnen und gerechter Verteilung von Hilfe verorten, und ethisches Handeln in der Praxis lässt sich immer als Handeln zwischen diesen Polen begreifen.

Die übergeordnete Aufgabenstellung für die Ethik der Forschung und die Arbeit von Ethikkommissionen umfasst nun zwar nicht die theoretisch-ethische Verortung in diesem Feld, aber praktisch ist genau dieses Abwägen charakteristisch auch für ihre Tätigkeit. Auf der einen Seite stehen der Schutz und die Hilfe für den einzelnen Patienten, der therapeutische Hilfe sucht und an einer Studie teilnehmen kann, auf der anderen Seite stehen die Interessen und Bedürfnisse Kranker, denen die Forschungsergebnisse nutzen können.

Nun stehen die Mitglieder von Ethikkommissionen den Studienteilnehmern nicht von Angesicht zu Angesicht gegenüber und sie führen auch die Forschung nicht selbst durch und entwerfen die Hypothesen und die Studienmethodik nicht selbst. Sie müssen deshalb den Schutz von Patienten und den Nutzen der Forschung nicht in concreto sicherstellen. Sie bieten aber doch einen Beurteilungsrahmen und Beurteilungsvorgaben, die den Forscherinnen und Forschern bei der Bewältigung dieser konkreten praktischen Aufgabe helfen können. Das Handeln von Ethikkommissionen ist in dieser Hinsicht ein praktisches ethisches Tun zweiter Ordnung, das sich unterstützend auf das konkrete Handeln der Forscherinnen und Forscher bezieht.

5.5   Beratung und Kontrolle

An der grundlegenden Aufgabenstellung von Ethikkommissionen wird deutlich, dass die ethischen Normen der Beurteilung von Forschungsanträgen der Medizin nicht von außen auferlegt werden, etwa einem rein juristischen oder politischen Normensystem folgend. Die ethische Beurteilung folgt im Gegenteil dem Ethos der medizinisch-therapeutischen Arbeit selbst. Die Auseinandersetzungen zwischen unterschiedlichen Vorgaben und Zielen der Forschungsethik auf der einen Seite und der medizinischen Forschung auf der anderen Seite sind, wenn sie denn auftreten, keine Auseinandersetzung zwischen Medizin auf der einen und Politik oder Rechtsprechung oder Bürokratie auf der anderen Seite, sondern sie sind im Kern Ausdruck eines innermedizinischen Konflikts zwischen ärztlich-therapeutischem Ethos und medizinisch-naturwissenschaftlicher Forschungsmethodik. Es ist aus eben diesem Grund naheliegend, die Arbeit von Ethikkommissionen – wiederum im Kern – nicht als quasi-behördliche Genehmigungsarbeit aufzufassen, sondern als beratende Tätigkeit, bei der die Kommission Werten und Zielen folgt, die auch dem die Studie initiierenden oder begleitenden Arzt im therapeutischen Kontext geläufig sind und die dort für ihn gelten.[3]

Angesichts von internationalen und nationalen Regelungen und gesetzlichen Vorgaben zur Arbeit von Ethikkommissionen (in Deutschland zum Beispiel dem im Rahmen des Arzneimittelgesetzes und des Medizinproduktegesetzes gesetzlich festgeschriebenen Prüfauftrag) und angesichts von standardisierten Frage- und Antragsbögen, die für transparente, einheitliche und vollständige Prüfungen unerlässlich sind, die aber auch bürokratische Züge annehmen können, kann dieser beratende Zug der Arbeit von Ethikkommissionen in der Praxis hin und wieder drohen unterzugehen. Da darunter auch die Akzeptanz und das Bewusstsein für die Sinnhaftigkeit der ethischen Prüfung bei den Forscherinnen und Forschern leiden müssen, wird es sich lohnen, die beratende Funktion der Ethikkommissionen immer wieder deutlich zu stärken und zu betonen.

---

[3]Zum beratenden Selbstverständnis der Ethikkommissionen in Deutschland vgl. Doppelfeld (2003, S. 20). Vgl. auch Dewitz et al. (2004, S. 234). Doppelfeld und Dewitz et al. bezweifeln, dass Ethikkommissionen Beratungsorgane bleiben können, wenn sie gleichzeitig behördliche Prüfaufträge haben. Für eine Stärkung der Beratungsfunktion neben dem Prüfauftrag plädiert dagegen Siep (2003, S. 127).

5.6   Spektrum der ethisch relevanten Forschungsaspekte

Aus der grundlegenden ethischen Aufgabenstellung von Ethikkommissionen lassen sich Aspekte von Forschungsvorhaben ableiten, die vonseiten der Kommission in ethischer Hinsicht zu prüfen sind. Die ethische Diskussion um diese relevanten Aspekte ist seit ihren Anfängen in den 1960er Jahren weit gediehen und weit verzweigt[4] und nationale und internationale rechtlichen Regelungen haben diese Aspekte kodifiziert, mit einer Tendenz zu zunehmender Vereinheitlichung auf europäischer Ebene.[5] Im Folgenden sollen und können deshalb keine neuen, bisher unbeachteten Aspekte von Forschungsvorhaben benannt werden, die aus ethischer Sicht zu prüfen sind, sondern es soll vor allem gezeigt werden, wie diejenigen Aspekte, die de facto geprüft werden, im Hinblick auf die ethische Grundaufgabe von Ethikkommissionen zu verstehen sind und gerechtfertigt werden können.

Freiwilligkeit (Informiertheit und Einwilligung)
Ethisch anderen gegenüber zu handeln, heißt immer, die Stimme des anderen zu hören. Auch die gut gemeinte Hilfe für einen vermeintlich Bedürftigen kann an dessen eigenlichen Bedürfnissen und an dessen Überzeugungen, was für ihn gut ist, vorbeigehen. Was Hilfe für den anderen ist und was nicht, kann nicht unabhängig von den Überzeugungen und Wahrnehmungen des anderen selbst festgestellt werden. Will man deshalb zum Wohl des Patienten beitragen, dann heißt das schon im therapeutischen Kontext, dass der Patient über Therapieoptionen informiert wird und einem therapeutischen Eingriff zustimmt. Angesichts der Gefahr, dass im Forschungskontext das Wohl des Patienten, der Logik der reinen Wissensgenerierung folgend, nicht an erster Stelle steht, ist die Maßgabe, mögliche Studienteilnehmer über die geplante Studie, ihren Nutzen, Risiken, Ablauf und weiteres in Kenntnis zu setzen und die Einwilligung zur Teilnahme einzuholen, unerlässlich. Studienteilnehmer müssen informiert sein und in die Teilnahme einwilligen, sie müssen in diesem genauen Sinn freiwillig an der Studie teilnehmen.

---

[4]Für einen Überblick siehe die Kapitel IV bis IX im Oxford Textbook of Clinical Research Ethics von Emanuel et al. (2008, S. 245–710). Eine systematische tabellarische Übersicht über relevante ethische Aspekte von Forschungsvorhaben bietet Heinrichs (2006, S. 158 ff.).

[5]Vgl. hierzu Dagron (2014).

Diese Bedingung ist in den letzten Jahrzehnten zum Eckstein der medizinischen Ethik in den westlichen Industrienationen geworden. Die Erfahrungen mit missbräuchlicher Forschung und paternalistisch betriebener Medizin haben wesentlich zu dieser Entwicklung beigetragen. Im therapeutischen wie auch im Forschungskontext ist die große ethische Bedeutung dieser Bedingung nicht zu bezweifeln.

Sie ist allerdings anfällig dafür in bestimmter Weise verkürzt und sinnentstellend verstanden zu werden. Im therapeutischen Kontext besteht eine Gefahr darin, die Bedingungen, unter denen Patienten sich in angemessener Weise einen Willen bilden können, zu vernachlässigen. Dies betrifft zum Beispiel Zeit und Ruhe zur Willensbildung, Linderung von Angst und Unsicherheit in der fremdbestimmten Umgebung des Krankenhauses und angesichts einer möglicherweise neu diagnostizierten Erkrankung und die Ermöglichung von Gesprächen mit Nahestehenden. Wenn unterstützende Faktoren wie diese fehlen, kann eine Willensäußerung auch Ausdruck momentaner Hoffnungslosigkeit sein, statt einen in supportiver Atmosphäre gefassten, gut überlegten Willen wiederzugeben.[6] Im Forschungskontext werden Faktoren, die die Entscheidung zur Teilnahme an einer Studie unangemessen beeinflussen können, zum Teil explizit benannt und ausgeschlossen, wie zum Beispiel eine Bezahlung, die über eine reine Aufwandsentschädigung hinausgeht. Ebenso wird häufig und sicherlich zu Recht auf die Gefahr verwiesen, dass Patienten, die auf Heilung hoffen, sich der Besonderheit einer Behandlung im Rahmen einer Studie unter Umständen nicht ausreichend bewusst sind und sie mit einer Behandlung im therapeutischen Kontext gleichsetzen. Schließlich sind Studieninformationen für Patienten insbesondere bei sponsorfinanzierten großen Studien in der Regel eher im Hinblick auf rechtliche Absicherung formuliert als im Hinblick darauf, dass die wesentlichen Fakten über Risiken und potenziellen Nutzen und Rechte und Pflichten von Patienten schnell und gut verstanden werden können. Als Reaktion auf dieses Problem haben die Schweizerischen Ethikkommissionen für die Forschung am Menschen in nachahmenswerter Weise eine verbindliche Vorlage für Studieninformationen entworfen, die klar gegliedert und mit verständlichen Formulierungen versehen ist. Es wird dazu eine Maximallänge von 16 Seiten vorgegeben.[7]

---

[6]Vgl. dazu auch ausführlicher und mit weiterer Literatur Boldt (2014).

[7]Template von swissethics für die Erstellung einer schriftlichen Studieninformation für Studien unter Einbezug von Personen gemäß HFG/KlinV. http://www.swissethics.ch/templates.html. Zuletzt eingesehen am 27.07.2016.

Vulnerabilität und Nichteinwilligungsfähigkeit
Zu den Faktoren, die die Bildung eines überlegten Willens unangemessen beeinflussen können, gehören auch besondere Abhängigkeiten und Machtasymmetrien, denen Studienteilnehmer unterworfen sein können.[8] Soziale Randgruppen gehören zum Beispiel dazu, auch Strafgefangene und dienstlich Untergebene. Wenn es richtig ist, wie oben erwähnt, dass Kranke in der großen Hoffnung auf Heilung die besonderen Umstände einer Studienteilnahme mit der Gabe eines Medikaments im therapeutischen Kontext verwechseln können, dann gehören auch Kranke zu den vulnerablen Gruppen. Kinder und Jugendliche, die allmählich in die volle Einwilligungsfähigkeit hineinwachsen, sind eine vulnerable Gruppe. Und auch nichteinwilligungsfähige Patienten wie schwer Demenzbetroffene, komatöse und manche psychiatrische Patienten, die alle nicht mehr in der Lage sind, sich einen eigenen Willen zu bilden und für die ein Vertreter sprechen muss, lassen sich zu diesen besonders schutzbedürftigen Gruppen zählen.

Nicht für alle diese Gruppen ist der kategorische Ausschluss von Forschung der einzig angemessene Schutz. Anders nicht durchzuführende und mit minimalem Risiko für die Teilnehmer behaftete Forschung mag zum Beispiel selbst bei nichteinwilligungsfähigen Patienten auch dann gerechtfertigt werden können, wenn sie den an der Studie teilnehmenden Patienten keinen späteren Patienten mit derselben Erkrankung aber relevanten Nutzen bringt, wie aktuell in Deutschland diskutiert wird.[9] In jedem Fall aber steht die Forschung an diesen Gruppen unter besonderem Rechtfertigungsdruck und Aufklärung und Einwilligung müssen bei den einwilligungsfähigen vulnerablen Patienten und Probanden mit besonderer Sorgfalt und Sensibilität eingeholt werden.

Risiken und Nutzen für Studienteilnehmer
Neben Information und Einwilligung der Studienteilnehmer ist von zentraler Bedeutung die Frage danach, wie Risiken und Nutzen für die Studienteilnehmer zu bewerten sind. Wenn die Risiken durch in-vitro-Tests oder Tierversuche oder andere geeignete Voruntersuchungen und durch risikominimierendes Studiendesign und risikominimierenden Studienablauf so weit wie möglich reduziert worden sind, ist zu fragen, ob für die Studienteilnehmer selbst ein potenzieller Nutzen durch die Studie gegeben ist. Ein potenzieller Nutzen ist für Studienteilnehmer

---

[8]In nach wie vor beeindruckender Weise hat Hans Jonas (1985) schon früh Vulnerabilität in der Forschung ethisch thematisiert.
[9]Vgl. den Bericht von Kim Björn Becker (2016).

prima facie immer dann mit einer Studie verbunden, wenn sie Patienten sind, die an der Krankheit leiden, gegen die das untersuchte Medikament oder die untersuchte Therapieform wirken soll. Auch bei kontrollierten und randomisierten Studien, bei denen eine nach Zufallsprinzip zusammengestellte Kontrollgruppe nicht das Prüfmedikament, sondern Standardtherapie oder ein Placebo erhält, kann hier durch Crossover-Design, bei dem nach der ersten Hälfte der Studie Interventions- und Kontrollgruppe tauschen, oder dadurch dass allen Teilnehmern die untersuchte Therapie bei positivem Resultat nach Beendigung der Studie zur Verfügung gestellt wird, dafür gesorgt werden, dass dieser potenziellen Nutzen für jeden eingeschlossenen Patienten besteht.

Diese Frage ist deshalb so wichtig, weil bei bestehendem, so genanntem Individualnutzen die normative Orientierung am Patientenwohl unmittelbar in den Bereich der Forschung überführt werden kann. Die Studienteilnehmer sind schon deshalb hier nicht allein Mittel zum Zweck der Forschung, weil man hoffen kann, dass sie von der Studienteilnahme direkt profitieren. Dies ist bei fremdnützigen Studien anders. Bei dieser Art von Studien gehen die Studienteilnehmer Risiken ein, ohne dass gleichzeitig ein potenzieller Nutzen für sie besteht, weil es sich zum Beispiel um Grundlagenforschung handelt oder weil die Studienteilnehmer gesunde Probanden sind. Hier fallen von vorne herein Interesse an der Wissensgenerierung und Ausrichtung des Handelns am Wohl des Patienten auseinander.

Als dritte Kategorie neben Individual- und Fremdnützigkeit wird häufig die so genannte Gruppennützigkeit als ethisch relevantes Unterscheidungsmerkmal angeführt. So sieht das deutsche Arzneimittelgesetz zwar die fremdnützige Forschung an nichteinwilligungsfähigen Kindern und Jugendlichen nicht vor, lässt Forschung ohne Individualnutzen aber zu, wenn sie ein Arzneimittel prüft, das einen direkten Nutzen für andere Patienten mit derselben Grunderkrankung erwarten lässt, das also in diesem Sinn gruppennützig ist. Zusätzliche Bedingung für diese Art der klinischen Prüfung ist unter anderem, dass die Forschung nur mit minimalen Risiken einhergeht und alternativlos ist.[10] Diskutiert wird aktuell, ob diese Erweiterung auch im Bereich volljähriger nichteinwilligungsfähiger Patienten eingeführt werden soll, wie oben erwähnt.

Wenn der ethische Wert der Individualnützigkeit darin liegt, dass bei diesen Studien die Studienteilnahme potenziell unmittelbar dem Wohl des Patienten zugutekommt, dann wäre die Gruppennützigkeit nur dann eine überzeugende

---

[10]Gesetz über den Verkehr mit Arzneimitteln (AMG), § 41, Abs. 2. http://www.gesetze-im-internet.de/amg_1976/__41.html. Zuletzt eingesehen am 27.07.2016.

Bedingung für die Zulässigkeit einer Studie, wenn sich davon ausgehen ließe, dass das Wohl der Gruppe, zu der der Patient gehört, den Patienten in ähnlicher Weise interessiert und angeht wie das eigene körperliche Wohl. Man müsste also annehmen, dass Patienten eine Art natürlicher Tendenz haben, sich mit Menschen, die an derselben Krankheit leiden wie sie selbst, zu identifizieren. Diese Annahme mag in vielen Fällen zutreffen, erscheint als generelle Unterstellung aber fragwürdig.[11]

Wenn man überzeugt ist, dass es für die Entwicklung zukünftiger nützlicher Therapien wichtig ist, zum Beispiel an Demenzpatienten fremdnützig zu forschen, dann erscheint es schlüssiger, nicht auf die Bedingung der Gruppennützigkeit zurückzugreifen, sondern, wie ja auch schon zusätzlich der Fall ist, ganz auf Bedingungen wie die des minimalen Risikos und der Alternativlosigkeit abzustellen.

Nutzen der untersuchten Therapie
Relevant für die Frage, im Hinblick auf welchen Nutzen die Risiken für die Studienteilnehmer gerechtfertigt werden können, ist nicht nur der für die Studienteilnehmer bestehende oder nicht bestehende Nutzen, sondern auch der Nutzen, den die untersuchte Therapie im späteren therapeutischen Kontext mit sich bringt. Hat die Therapie zum Beispiel eine bisher nicht zu behandelnde Krankheit zum Ziel? Gibt es im Vergleich zu bereits bestehenden Therapien einen zusätzlichen Nutzen? Wenn kein Zusatznutzen oder nur ein minimaler Zusatznutzen erkennbar ist, lassen sich größere Risiken für die Studienteilnehmer kaum rechtfertigen.

Studiendesign und -methodik, Zugänglichkeit der Resultate
Schließlich ist die Frage danach relevant, ob das Ziel der zuverlässigen Wissensgenerierung für die Forschung und spätere Therapie im Rahmen der geplanten Studie erreicht werden kann. Zu diesem Aspekt gehört unter anderem die Frage nach Formulierung der Forschungshypothese und der Endpunkte der Studie, der Anzahl und Art der einzuschließenden Patienten oder Probanden und des Studiendesigns. Ebenso gehört hierzu die Frage nach der Qualifikation des Studienleiters und des Studienzentrums. Schließlich gehört hierher auch die Sicherstellung der Zugänglichkeit der Forschungsergebnisse für die breite Forschergemeinde und zwar unabhängig davon, ob die Resultate der Studie positiv oder negativ ausfallen.

---

[11]Eine kritische Diskussion der „Gruppennützigkeit" findet sich bei Boldt (2011, S. 111 ff.).

Dieser Aspekt der wissenschaftlichen Aussagekraft und Zugänglichkeit der Studie und ihrer Ergebnisse steht, bedingt durch die Spezifika der naturwissenschaftliche Forschungsmethodik generell, in Spannung zur Verringerung von Risiken und Vergrößerung des Nutzens der Studie für alle Studienteilnehmer. Zum Beispiel wären individualnützige, unkontrollierte Studien im Hinblick auf einen möglichst großen potenziellen Nutzen für die Studienteilnehmer zu bevorzugen, zur Generierung zuverlässigen Wissens für zukünftige Therapien sind aber im Regelfall kontrollierte Studien besser geeignet. Wenn nun schon wegen dieser grundlegenden Methodik das Handeln nicht mehr allein am Wohl des Patienten ausgerichtet ist und Risiken eingegangen werden, dann ist gleichzeitig umso mehr sicherzustellen, dass die Ergebnisse, die so gewonnen werden, tatsächlich zuverlässig sind und zur Suche nach späteren wirksamen Therapien genutzt werden können.[12] So lässt sich das ethische Rationale an dieser Stelle verstehen, das letztlich auf die grundsätzliche ethische Ambivalenz der naturwissenschaftlichen Forschung am Menschen zurückverweist.

5.7 Implikationen für die Arbeit von Ethikkommissionen

Aus dem Spektrum an ethisch relevanten Aspekten von Forschungsvorhaben lassen sich nun wiederum Anforderungen an die Arbeit und Ausstattung von Ethikkommissionen ableiten. Wie bereits bei der Identifikation der ethisch relevanten Forschungsaspekte im Rückgriff auf die grundlegende forschungsethische Herausforderung im vorigen Abschnitt, so soll auch diese folgende Auflistung in erster Linie rekonstruktiv verstanden werden. Es sollen also Begründungszusammenhänge aufgezeigt werden zwischen der Art und Weise, wie Ethikkommissionen faktisch arbeiten, und den ihnen aus ethischer Sicht zuzuschreibenden Prüfaufgaben. Vereinzelt werden dabei aber auch weiterreichende Vorschläge zur Gestaltung dieser Arbeit gemacht.

In Deutschland hat die Mitgliederversammlung des Arbeitskreises Medizinischer Ethikkommissionen 2004 eine Mustersatzung beschlossen, in der Regelungen zur Zusammensetzung und Arbeitsweise von Ethikkommissionen benannt

---

[12]Vgl. Siep (2003, S. 125 f.) Siep führt hier zusätzlich das Argument an, methodische unsaubere Forschung täusche die Studienteilnehmer in Bezug darauf, was sie erwarten konnten, als sie sich zur Teilnahme bereit erklärt haben.

sind.[13] Ziel war und ist die Vereinheitlichung der Arbeit von Ethikkommissionen in Deutschland auf der Grundlage dieser Mustersatzung. Sie dient im Folgenden als Vorlage für die Darstellung.

Fachliche Zusammensetzung

Die Mustersatzung sieht vor, dass ein Jurist, ein Medizinethiker, mindestens drei Ärzte aus der klinischen Medizin Mitglied der Kommission sind, und dass „Erfahrungen auf dem Gebiet der Versuchsplanung und Statistik sowie der theoretischen Medizin" vorhanden sind.[14] Wenn Ethikkommissionen den zu erwartenden Nutzen einer zu prüfenden Therapie für spätere Patienten und Risiken und den potenziellen Nutzen für Studienteilnehmer und die Qualifikation des Studienleiters beurteilen sollen, dann benötigen sie eine große Bandbreite medizinischer Expertise. Es erscheint deshalb sinnvoll, hier die größten klinischen Fächer fest einzubinden, wie es die Mustersatzung im Grunde vorsieht. Darüber hinaus sollten bei Bedarf externe Experten hinzugezogen werden können, damit für alle medizinischen Bereiche, aus denen Studien kommen können, adäquates Wissen vorhanden ist. Auch dies ist im Rahmen der Musterordnung vorgesehen.

Angesichts der ethischen Bedeutung von Studiendesign und wissenschaftlicher Aussagekraft erscheint es außerdem sinnvoll, über die Musterordnung hinausgehend, auch einen in medizinischen Studiendesigns erfahrenen Statistiker fest in die Kommission einzubinden. Dass ein Jurist Mitglied der Kommission ist, ist angesichts der vielen bereits gesetzlich fixierten zu prüfenden Aspekte von Forschungsanträgen sicherlich unerlässlich.

Eine zusätzliche Einbindung der Krankenpflege, fest oder extern auf Anfrage, könnte in zweierlei Hinsicht gewinnbringend sein. Erstens ist mit der nun auch in Deutschland beginnenden Akademisierung der Pflegeausbildung davon auszugehen, dass zukünftig zunehmend Studien aus dem Bereich der Pflegewissenschaften zur Beurteilung vorliegen. Zweitens könnten Pflegende aufgrund ihrer besonderen Nähe zu den Patienten Wichtiges auch zu Risiken und potenziellem Nutzen einer Intervention beisteuern.[15]

Eine beruflich im Bereich der Medizinethik ausgewiesene Person in die Kommission aufzunehmen, erscheint naheliegend, fällt doch die Forschungsethik in

---

[13]AMEK (2004).

[14]AMEK (2004, S. 2).

[15]Vgl. hierzu Neitzke (2003, S. 114 f.).

den Bereich der Medizinethik. Was genau Aufgabe des Medizinethikers in der Kommission sein soll, ist allerdings nicht ganz einfach aufzuzeigen, da doch auch für die Prüfung einer Studie in ethischer Hinsicht vor allem medizinisch-fachliche und statistische Expertise notwendig ist. Diese Expertise mögen Medizinethiker, die selbst aus der Medizin und nicht aus zum Beispiel Philosophie oder Theologie kommen, zwar mitbringen, sie verfügen über diese Expertise aber nicht qua ihres Status als Medizinethiker. Eher schon wird eine Aufgabe des Ethikers sein, ähnlich wie der Jurist auf Aspekte zu achten, bei denen eine Studie an ethisch besonders sensible Bereiche stößt, die nicht mit Risiko- und Nutzenbewertung und Studiendesign zu tun haben. Dies sind angemessene Aufklärung der Studienteilnehmer und Einschluss vulnerabler Gruppen und Nichteinwilligungsfähiger. Darüber hinaus könnte ein Medizinethiker zur Systematisierung der zu betrachtenden Aspekte beitragen, um Prüfung und Diskussion zu strukturieren. Diese Aufgabe wird aber in den meisten zu beratenden Fällen obsolet sein, da bereits feste, systematische Prüfvorgaben bestehen.

Schließlich könnten zum Beispiel bei bestimmten Studien zu chronischen Krankheiten auch Patientenvertreter zur Nutzenbeurteilung beitragen und generell Laien könnten die Verständlichkeit von Studieninformationen prüfen. Eine solche Beteiligung von Laien könnte auch zur Transparenz der Beratungen beitragen und so Vertrauen in die Arbeit der Ethikkommissionen stärken. Inwieweit eine solche Beteiligung praktikabel ist, wäre zu testen.[16]

Arbeitsweise

Die Arbeitsweise der Ethikkommissionen wird von der Mustersatzung im Rahmen der „Beschlussfassung" thematisiert. Hier ist zum Beispiel vorgesehen, dass die Kommission Konsens bei der Beurteilung anstreben soll, dass bei nicht vorhandenem Konsens mit einfacher Mehrheit entschieden wird und dass Sondervoten möglich sind.[17]

Will man die Beratungsfunktion von Ethikkommissionen stärken, dann sind hier Ergänzungen angebracht. Zum Beispiel könnte es sinnvoll sein, die Geschäftsführung der Ethikkommission personell so auszustatten, dass sie im Vorfeld der eigentlichen Beschlussfassung dem Antragsteller Kommentare und

---

[16]Vgl. dazu Neitzke (2003, S. 115 ff.) Bereits vor beinahe drei Jahrzehnten haben van den Daele und Müller-Salomon (1990, S. 80 f.) in Deutschland die Beteiligung von Laien in Ethikkommissionen diskutiert und auch die mögliche Beteiligung von Medizinstudierenden und Pflegepersonal thematisiert.

[17]Vgl. AMEK (2004, S. 4 f.).

Änderungsvorschläge zukommen lassen kann. Alternativ könnte eine enge Kooperation mit den Zentren für klinische Studien angestrebt werden, indem zum Beispiel ein Vertreter der Geschäftsführung der Ethikkommission schon im Vorfeld der Antragstellung bei der Vorbereitung der Studie an einem solchen Zentrum beteiligt ist.

Auch bei Zusammentreten der Kommission könnte explizit als mögliches Vorgehen vorgesehen werden, dass die Kommission ein Unbedenklichkeitsvotum unter Vorbehalt abgibt, das bei Erfüllung genauer beschriebener Bedingungen dann später von der Geschäftsführung endgültig erteilt wird. Dies dürfte an vielen Orten ohnehin Praxis sein. Auch dies erweitert die Tätigkeit der Ethikkommission in Richtung Beratung, weil Anträge im Rahmen der Beschlussfassung dann nicht lediglich positiv oder negativ abgestempelt werden.

Schließlich wird es den Beratungscharakter stärken, wenn bei Zusammentreten der Kommission der Antragsteller im Regelfall anwesend ist, sodass ein Gespräch über das Vorhaben geführt werden kann. Dabei erscheint es wiederum auch sinnvoll, dass sich die Kommission vorher kurz intern austauscht, um ein gemeinsames Bild von dem Vorhaben zu bekommen und Fragen der Mitglieder untereinander vorab klären zu können.

5.8   Schluss

Die ethische Grundaufgabe von Ethikkommissionen ist es zum einen dafür zu sorgen, dass das Wohl von Patienten und Probanden, die an Studien teilnehmen, so weitgehend wie möglich sichergestellt ist. Zum anderen sollen sie gewährleisten, dass Studien einen möglichst relevanten Nutzen für spätere Patienten und nach Möglichkeit auch für die Studienteilnehmer selbst haben. Auf der Grundlage dieser Aufgabenstellung lässt sich erläutern, welche Aspekte einer Studie beachtet und beurteilt werden und warum dies so ist. Darauf aufbauend wiederum können Anforderungen an die Besetzung und die Arbeitsweise von Ethikkommissionen verständlich gemacht und formuliert werden.

Die grundlegende Aufgabenstellung von Ethikkommissionen lässt sich auch verstehen als Import der normativen Orientierung des therapeutischen Handelns in den Bereich des forschenden Handelns. Wenn dies richtig ist, dann kann die Beurteilung einer Studie an die ethischen Maßgaben anknüpfen, die für ärztliche Studienleiter im therapeutischen Kontext bereits geläufig sind und als gültig vorausgesetzt werden. Die Beurteilung der Kommission hat dadurch das Potenzial beratend durchgeführt zu werden, auch wenn gleichzeitig im Rahmen gesetzlicher Vorgaben ein quasi-behördlicher Genehmigungsauftrag besteht.

Literatur

AMEK. 2004. Mustersatzung für öffentlich-rechtliche Ethikkommissionen. Beschlossen von der Mitgliederversammlung des Arbeitskreises Medizinischer Ethikkommissionen (AMEK) am 20.11.2004. https://www.ak-med-ethik-komm.de/docs/mustersatzung.pdf. Zugegriffen: 23. Juli 2018.

Becker, Kim Björn. 2016. „Tabubruch" bei Demenz-Forschung befürchtet. *Süddeutsche Zeitung* vom 07.06.2016. http://www.sueddeutsche.de/gesundheit/medizinethik-tabubruch-bei-demenz-forschung-befuerchtet-1.3022510. Zugegriffen: 27. Juli 2016.

Bernard, Claude. 1961. *Einführung in das Studium der experimentellen Medizin*. Leipzig: Barth.

Boldt, Joachim. 2011. Schutz des Individuums vor Ansprüchen der Gesellschaft. Forschung am Menschen zwischen gesamtgesellschaftlichem Nutzen und individueller Bedürftigkeit. *Schriftenreihe der Ethikkommission der Albert-Ludwigs-Universität Freiburg* 6: 111–128.

Boldt, Joachim. 2014. Wie lässt sich Selbstbestimmung fördern? Anspruch und Wirklichkeit des Instruments Patientenverfügung. In *Bedroht Entscheidungsfreiheit Gesundheit und Nachhaltigkeit?* Zwischen notwendigen Grenzen und Bevormundung, hrsg. F. Steger, 75–93. Münster: Mentis.

Dagron, Stéphanie. 2014. Die Regulierung der klinischen Forschung in der Europäischen Union. In *Handbuch Ethik und Recht der Forschung am Menschen*, hrsg. C. Lenk, G. Duttge, H. Fangerau, 525–534. Berlin: Springer.

Dewitz, Christian von, Friedrich C. Luft und Christian Pestalozza. 2004. Ethikkommission in der medizinischen Forschung. Gutachten im Auftrag der Bundesrepublik Deutschland für die Enquête-Kommission „Ethik und Recht der modernen Medizin" des Deutschen Bundestages. http://www.jura.fu-berlin.de/fachbereich/einrichtungen/oeffentliches-recht/emeriti/pestalozzac/materialien/staatshaftung/Rechtsgutachten_2004_v_Dewitz_Luft_Pestalozza.pdf. Zugegriffen: 23. Juli 2018.

Doppelfeld, Elmar. 2003. Medizinische Ethik-Kommissionen im Wandel. In *Die Ethik-Kommissionen*. Neuere Entwicklungen und Richtlinien, hrsg. U. Wiesing, 5–23. Köln: Deutscher Ärzte-Verlag.

Emanuel, Ezekiel J., David Wendler, Christine Grady, Robert A. Crouch, Reidar K. Lie, Franklin G. Miller. 2008. *The Oxford Textbook of Clinical Research Ethics*. Oxford: Oxford University Press.

Heinrichs, Bert. 2006. *Forschung am Menschen*. Elemente einer ethischen Theorie biomedizinischer Humanexperimente. Berlin: de Gruyter.

Jonas, Hans. 1985. Im Dienste des medizinischen Fortschritts: Über Versuche an menschlichen Subjekten. In Hans Jonas: *Technik, Medizin und Ethik*, 109–145. Frankfurt a. M.: Suhrkamp.

Lévinas, Emmanuel. 1992. *Jenseits des Seins oder anders als Sein geschieht*, übersetzt von T. Wiemer. Freiburg: Karl Alber.

Maio, Giovanni. 2002. *Ethik der Forschung am Menschen*. Zur Begründung der Moral in ihrer historischen Bedingtheit. Stuttgart: Frommann Holzboog.

Mitscherlich, Alexander. 1978. *Medizin ohne Menschlichkeit*. Dokumente des Nürnberger Ärzteprozesses. Frankfurt am Main: Fischer.

Neitzke, Gerald. 2003. Über die personelle Zusammensetzung von Ethikkommissionen. In *Die Ethik-Kommissionen. Neuere Entwicklungen und Richtlinien*, hrsg. U. Wiesing, 104–123. Köln: Deutscher Ärzte-Verlag.

Rawls, John. 1979. *Eine Theorie der Gerechtigkeit*, übersetzt von H. Vetter. Frankfurt am Main: Suhrkamp.

Siep, Ludwig. 2003. Probleme der Ethik-Kommissionen aus der Sicht des Philosophen. In *Die Ethik-Kommissionen. Neuere Entwicklungen und Richtlinien*, hrsg. U. Wiesing, 124–130. Köln: Deutscher Ärzte-Verlag.

Toellner, Richard. 1990. Problemgeschichte. Entstehung der Ethik-Kommissionen. In *Die Ethik-Kommission in der Medizin*, hrsg. R. Toellner, 3–19. Stuttgart: Gustav Fischer.

Van den Daele, Wolfgang, Heribert Müller-Salomon. 1990. *Die Kontrolle der Forschung am Menschen durch Ethikkommissionen*. Stuttgart: Enke.

Welche Rolle spielen ethische Theorien bei der ethischen Bewertung von Forschungsvorhaben? {6}

Georg Marckmann

6.1 Einleitung

Die Forschung am Menschen ist mit einem im Kern nicht auflösbaren ethischen Dilemma verbunden. Auf der einen Seite sollte den Patienten immer die beste erprobte Therapie zukommen, sodass es eigentlich ethisch unvertretbar ist, Patienten in einer Studie zu behandeln, in der das Nutzenpotenzial und vor allem auch Risiken und Belastungen noch unbekannt sind. Auf der anderen Seite wäre es ethisch aber auch problematisch, würde man deshalb vollständig auf Forschung am Menschen verzichten. Schließlich hätten Ärzte dann keine verlässlichen Informationen und keine gesicherten Erkenntnisse über die Nutzen- und Schadenspotenziale medizinischer Interventionen. Richard Toellner hat den daraus resultierenden, unvermeidlichen Konflikt für die moderne Medizin wie folgt zusammengefasst:

> Die ethische Aporie heißt dann, auf einen kurzen Nenner gebracht: Es ist unethisch, eine Therapie anzuwenden, deren Sicherheit und Wirksamkeit nicht wissenschaftlich geprüft ist; es ist aber auch unethisch, die Wirksamkeit wissenschaftlich zu prüfen. […] Dieser Konflikt der Pflichten ist unaufhebbar. […] Die Norm ärztlichen Handelns und die Norm wissenschaftlichen Handelns schließen sich entweder aus oder schränken sich gegenseitig ein.[1]

---

[1] Toellner (1990, S. 8).

G. Marckmann (✉)
Ludwig-Maximilians-Universität München, München, Deutschland
E-Mail: georg.marckmann@med.uni-muenchen.de

© Springer Fachmedien Wiesbaden GmbH, ein Teil von Springer Nature 2019
M. Bobbert und G. Scherzinger (Hrsg.), *Gute Begutachtung?*,
https://doi.org/10.1007/978-3-658-24758-4_6

Dieser Konflikt manifestiert sich beim forschenden Arzt als intrapersonaler Konflikt und kann zu Rollenkonflikten führen. Diese sind bereits in den unterschiedlichen Zielsetzungen ärztlicher Behandlung und medizinischer Forschung angelegt: Während die ärztliche Behandlung auf eine bestmögliche Hilfe für einen kranken Menschen zielt, strebt der Forscher allgemeine Erkenntnisse über eine Gruppe von Patienten an.

Diese ethische Grundspannung ist nicht auflösbar, sondern kann nur durch eine entsprechende Regulierung auf ein vertretbares Maß reduziert werden. Eine wichtige Rolle spielen dabei die Forschungs-Ethikkommissionen, die im Einzelfall abwägen müssen, ob eine klinische Studie mit Blick auf diesen nicht zu eliminierenden Grundkonflikt ethisch vertretbar ist. Hierbei kommt es zu durchaus kontroversen Diskussionen und unterschiedlichen ethischen Einschätzungen innerhalb einzelner Ethikkommissionen und zwischen verschiedenen Ethikkommissionen. Im Folgenden möchte ich einen Beitrag zu der Frage leisten, was wohl hinter diesen unterschiedlichen Auffassungen steht und insbesondere, welche Rolle dabei möglicherweise ethische Theorien spielen. Die Überlegungen möchte ich an der aktuell kontrovers diskutierten ausschließlich gruppennützigen Forschung mit nicht-einwilligungsfähigen Patienten veranschaulichen.

6.2 Aktuelle Streitfrage: Ausschließlich gruppennützige Forschung mit Nicht-Einwilligungsfähigen

Bislang dürfen in Deutschland Arzneimittel nur dann an nicht einwilligungsfähigen Patienten geprüft werden, wenn diese „angezeigt" sind, die Gesundheit der Betroffenen wiederherzustellen oder zumindest ihr Leiden zu lindern. Klinische Prüfungen ohne dieses persönliche Nutzenpotenzial für die Studienteilnehmer sind durch das Arzneimittelgesetz (AMG) ausgeschlossen. Diese Situation wird sich ändern, wenn das im November 2016 verabschiedete „vierte Gesetz zur Änderung arzneimittelrechtlicher und anderer Vorschriften" in Kraft tritt, das die EU-Verordnung Nr. 536/2014 in nationales Recht umsetzt: Klinische Prüfungen dürfen demnach unter bestimmten Voraussetzungen auch dann an nicht einwilligungsfähigen Patienten durchgeführt werden, wenn die Studienteilnehmer selbst keinen Nutzen davon haben, sondern ausschließlich die durch sie repräsentierte Bevölkerungsgruppe, z. B. Menschen mit der gleichen Erkrankung (ausschließlich gruppennützige Forschung).[2] Zusätzlich zu den Voraussetzungen der EU-Verordnung fordert das AMG nun, dass die betroffene Person vorab im einwilligungsfähigen Zustand „für den Fall ihrer Einwilligungsunfähigkeit schriftlich nach ärztlicher Aufklärung festgelegt hat, dass sie in bestimmte, zum Zeitpunkt der Festlegung noch nicht unmittelbar bevorstehende gruppennützige klinische Prüfungen einwilligt" (§ 40b Abs. 4). An die Konkretheit der Aufklärung stellt das AMG hohe Anforderungen: Die betroffene Person muss über sämtliche für die Einwilligung relevanten Umstände aufgeklärt werden, insbesondere „über das Wesen, die Ziele, den Nutzen, die Folgen, die Risiken und die Nachteile" der klinischen Prüfung.

Diese Änderung wurde kontrovers in Öffentlichkeit und Politik diskutiert. Die Befürworter hielten die Änderung für „zwingend erforderlich", die Gegner sahen darin einen „Tabubruch" und warnten vor einer „Verzweckung" des Menschen. In wissenschaftlichen Fachkreisen wurden die Änderungen hingegen meist nüchterner, aber durchaus kritisch beurteilt – allerdings mit anderer Stoßrichtung: Im Vordergrund stand weniger die Sorge um eine Instrumentalisierung vulnerabler Patientengruppen, als vielmehr die Befürchtung, die Neuregelung könne die Forschung mit nicht-einwilligungsfähigen Patienten einschränken und damit den Erkenntnisfortschritt für die betroffenen Patientengruppen hemmen. Ich werde im weiteren Verlauf auf die ethische Bewertung der ausschließlich gruppennützigen Forschung mit nicht-einwilligungsfähigen Patienten zurückkommen und rekonstruieren, welche ethischen Argumentationslinien den unterschiedlichen Einschätzungen zugrunde liegen. Insbesondere werde ich prüfen, welche Rolle ggf. ethische Theorien bei den Kontroversen spielen. Dazu ist aber zunächst zu klären, welche Rolle ethische Theorien allgemein und insbesondere in Bereichsethiken wie der Forschungsethik spielen.

6.3 Forschungsethik als normative Ethik

Die ethische Bewertung von Forschung am Menschen ist der normativen Ethik zuzurechnen. Die normative Ethik ist derjenige Teil ethischer Reflexion, der es nicht bei einer Analyse und Beschreibung moralischer Phänomene belässt. Vielmehr will sie moralische Urteile und Einstellungen philosophisch begründen und dafür Kriterien der moralischen Beurteilung entwickeln, z. B. für die Frage, unter

---

[2]Vgl. Jox, Spickhoff und Marckmann (2017).

welchen Voraussetzungen Forschung am Menschen ethisch vertretbar ist. Dabei strebt sie eine systematische Kritik und Begründung moralischer Positionen an. Mit Blick auf moralische Entscheidungssituationen möchte die normative Ethik eine gut *begründete* Antwort auf die Leitfrage geben: „Was soll ich (bzw. was sollen wir) tun?" Diese Frage kann sich auf der Ebene eines konkreten Einzelfalls („Sollen wir den 78-jährigen Demenzkranken in eine Studie zur Testung eines neuen Medikaments zur Verbesserung der kognitiven Leistungsfähigkeit einschließen?") oder auf der Ebene von Handlungstypen („Sollen wir Patienten, die selbst nicht in die Studienteilnahme einwilligen können, dennoch in klinische Studien einschließen?"). In vielen Fällen wird es nicht darum gehen, diese Fragen mit einem klaren Ja oder Nein zu beantworten, sondern Kriterien aufzustellen, unter denen die Forschungsteilnahme ethisch vertretbar ist. Gemäß der Deklaration von Helsinki ist z. B. die Forschung an einwilligungsunfähigen Versuchspersonen nur dann zulässig, wenn der gesetzliche Vertreter zugestimmt hat und das Forschungsvorhaben einen Nutzen für die Versuchsperson oder die repräsentierte Bevölkerungsgruppe hat, die Forschung nicht mit einwilligungsfähigen Personen durchgeführt werden kann und die Studienteilnahme mit nur minimalen Risiken und Belastungen verbunden ist.

Damit stellt sich dann aber die Frage, was die Quellen der guten Gründe sind, auf die sich die normative Ethik bezieht. Hier kommen die ethischen Theorien ins Spiel: Sie stellen allgemeine Kriterien zur Verfügung, was moralisch richtig und falsch, gut und schlecht sowie gerecht und ungerecht ist. Unterschiedliche Theorien verfolgen dabei unterschiedliche Strategien, um zu ermitteln, was moralisch richtig und falsch ist.

Bei *konsequenzialistischen* Ethiken sind beispielsweise die *Handlungsfolgen* maßgeblich für die Bewertung einer Handlung. Eine der bekanntesten Formen der konsequenzialistischen Ethik ist der Utilitarismus, der ursprünglich auf die britischen Philosophen Jeremy Bentham, John Stuart Mill und Henry Sidgwick zurückgeht. Dem Utilitarismus zufolge ist diejenige Handlung moralisch richtig, die das Wohlergehen aller von einer Handlung Betroffenen *insgesamt* maximiert. Diese ethische Grundregel kann nicht nur auf einzelne Handlungen angewendet werden, sondern auch auf gesellschaftliche Institutionen und Verfahren.

Deontologische Ethiken beurteilen demgegenüber eine Handlung danach, ob sie den einschlägigen Pflichten entspricht. Eines der bedeutendsten Beispiele einer deontologischen Ethik ist die Ethik Immanuel Kants. Kant suchte ein von den konkreten Handlungsbedingungen und -folgen unabhängiges, oberstes Moralprinzip – den kategorischen Imperativ –, von dem her alles Handeln seine Orientierung erhalten soll. Er forderte, dass die gewählten Handlungsmaximen grundsätzlich verallgemeinerbar sein sollten:

> Handle nur nach derjenigen Maxime, durch die du zugleich wollen kannst, dass sie ein allgemeines Gesetz werde (Kant, Grundlegung zur Metaphysik der Sitten, GMS IV, 421.).

Statt inhaltlich schon bestimmte Maximen vorzugeben, dient der kategorische Imperativ vielmehr als formales Prüfverfahren für die moralische Zulässigkeit von Maximen, d. h. subjektiven Handlungsgrundsätzen. In einer anderen Variante des kategorischen Imperativs, der so genannten „Selbstzweckformel", wendet sich Kant gegen die ausschließliche Instrumentalisierung von Personen:

> Handle so, dass du die Menschheit sowohl in deiner Person, als in der Person eines jeden andern jederzeit zugleich als Zweck, niemals nur als Mittel brauchst (Kant, GMS IV 429.).

Die konsequenzialistischen und deontologischen Ethiken stellen zwei große ethische Theoriefamilien dar, die in unzähligen Ausprägungen weiter konkretisiert wurden. Hinzu kommen noch andere ethische Theorien wie z. B. die kasuistische Ethik, die paradigmatische Fälle für die ethische Beurteilung verwendet, oder die Care-Ethik, die vor allem moralisch relevante Beziehungen fokussiert. Für die Bereichs-Ethiken, die konkrete ethische Fragestellungen in bestimmten Anwendungsbereichen bearbeiten, ergibt sich nun das Problem, dass sich bislang keine der ethischen Theorien als allgemein verbindliche normative Orientierung in der Praxis durchsetzen konnte. Die Moralphilosophie ist vielmehr geprägt von einer Vielzahl konkurrierender, ihrem Anspruch nach oft exklusiver Ansätze, die sich in ihren Begründungsstrategien zum Teil erheblich unterscheiden.

Je nachdem, welche ethische Theorie man als Quelle der Gründe heranzieht, wird man zu unterschiedlichen ethischen Bewertungen und Handlungsempfehlungen kommen. Dies sei am Beispiel der ausschließlich gruppennützigen Forschung an Nicht-Einwilligungsfähigen verdeutlicht: Aus utilitaristischer Sicht wäre eine Einbeziehung der nicht-einwilligungsfähigen Personengruppen nicht nur ethisch vertretbar, sondern sogar geboten, solange der Gruppennutzen, d. h. der Nutzen für die repräsentierte Bevölkerungsgruppe gegeben ist. Ein konsequenter Utilitarist würde wahrscheinlich sogar auf das Kriterium der Gruppennützigkeit verzichten und nur fordern, dass überhaupt zukünftige Patienten von der Forschung profitieren, unabhängig davon, ob sie an der gleichen Erkrankung leiden oder nicht. Aus kantisch-deontologischer Perspektive hingegen wäre ausschließlich gruppennützige Forschung mit Nicht-Einwilligungsfähigen aufgrund des Instrumentalisierungsverbots und des fehlenden Informed Consent ethisch nicht zu vertreten.

Welche ethische Theorierichtung soll nun bei der Regelung von ausschließlich gruppennütziger Forschung mit Nicht-Einwilligungsfähigen maßgeblich sein? Interessanterweise stehen der skizzierten „reinen" Anwendung der beiden ethischen Theorierichtungen jeweils plausible ethische Intuitionen entgegen. Die vulnerable Gruppe der Nicht-Einwilligungsfähigen ohne Einschränkungen für die Zwecke Dritter zu gebrauchen, erscheint mit dem Respekt gegenüber den Betroffenen nicht vereinbar. Gleichermaßen könnte man argumentieren, dass ein vollständiger Verzicht auf gruppennützige Forschung letztlich die Gruppe der nicht-einwilligungsfähigen Patienten benachteiligt, da der Erkenntnisfortschritt hinsichtlich Krankheitsverständnis und Behandlungsmöglichkeiten erheblich eingeschränkt wird. Auch wenn die Versuchspersonen selbst nicht von der Studienteilnahme profitieren, erscheint die Sorge um eine Verbesserung der therapeutischen Möglichkeiten für die Patientengruppe durchaus von moralischer Relevanz. Sowohl eine rein utilitaristische als auch eine rein kantisch-deontologische Betrachtungsweise scheint gewichtigen moralischen Intuitionen zu widersprechen. Von der Grundlinie der Argumentation her lassen sich die Intuitionen jeweils auf die konkurrierende ethische Theorie zurückführen: Gegen die an der utilitaristischen Nutzenmaximierung orientierte Betrachtung spricht das kantische Instrumentalisierungsverbot, gegen das deontologische Verbot der ausschließlich gruppennützigen Forschung sprechen konsequenzialistische Argumente hinsichtlich des zukünftigen Gruppennutzens. Im folgenden Abschnitt werde ich diesen Befund eingehender untersuchen und die kohärentistische Ethikbegründung als möglichen Lösungsansatz vorstellen.

6.4   Kohärentistische Ethikbegründung als Antwort auf den ethischen Theorienpluralismus

Angesichts der im vorangehenden Abschnitt geschilderten Befunde, für die es in der biomedizinischen Ethik viele weitere Beispiele gibt, stellt sich die Frage, ob die Vorgehensweise traditioneller ethischer Theorien der deskriptiven wie normativen Komplexität konkreter Praxisfelder überhaupt angemessen ist:

> Wenn moralische Urteilsfähigkeit darauf beruht, zentrale Bestandteile unseres moralischen Überzeugungssystems zu rekonstruieren und zu systematisieren und auf diesem Wege Kriterien zu schaffen, die in solchen Situationen, in denen unser moralisches Urteil nicht eindeutig ist, Orientierung bieten, dann ist das ‚top-down'-Vorgehen der traditionellen Methode der angewandten Ethik unangemessen.[3]

---

[3]Nida-Rümelin (1997, S. 190).

Die Verengung auf eine bestimmte Perspektive erscheint für die Beurteilung konkreter Praxisfelder wie z. B. der Biomedizin oder spezieller der Forschung am Menschen wenig geeignet. Zu berücksichtigen sind vielmehr deontologische wie konsequenzialistische Argumente, Fragen der Gerechtigkeit wie auch evaluative Fragen eines guten und gelingenden Lebens.

Mit dem *Kohärentismus* wurde ein alternatives Begründungsverfahren entwickelt, das sich explizit der Vielfalt und Komplexität moralischer Überzeugungen stellt und im Bereich der angewandten Ethik und insbesondere in der biomedizinischen Ethik vergleichsweise weit verbreitet ist. Der Kohärentismus beruft sich nicht auf ein einziges, letztgültiges Moralprinzip, sondern knüpft an die in einer bestimmten Gemeinschaft vorgefundenen moralischen Überzeugungen an und entwickelt daraus ein kohärentes Rahmengerüst.[4] Man kann deshalb auch von einer rekonstruktiven Ethik sprechen:

> Ihr primäres Interesse gilt der Anwendung weitgehend konsensfähiger Prinzipien und weniger der Begründung dieser Prinzipien durch ihrerseits umstrittene Basisprinzipien. Gewöhnlich belässt sie es bei einer Pluralität von Prinzipien auf einem mittleren Abstraktionsniveau.[5]

Diese Prinzipien dienen als Grundlage für die Bewertung konkreter Handlungsoptionen. So finden zum Beispiel die vier Prinzipien *Wohltun, Nichtschaden, Respekt der Autonomie und Gerechtigkeit* als ein kohärentistisch begründeter Prinzipienkanon für die Medizin international Anerkennung.[6] Interessanterweise stammt eine der ersten Nennungen dieser klassischen Prinzipien aus dem Bereich der Forschungsethik. Der im Jahr 1979 veröffentlichte Belmont-Report der US-amerikanischen „National Commission for the Protection of Human Subjects of Biomedical and Behavioral Research" basiert auf den Prinzipien *Respect for Persons, Beneficence and Justice.*[7]

John Rawls hat mit seinem Konzept des „Überlegungsgleichgewichts" die Debatte um den ethischen Kohärentismus wesentlich geprägt. Nach diesem Modell der ethischen Rechtfertigung sind unsere wohl abgewogenen moralischen

---

[4]Vgl. Badura (2006).

[5]Birnbacher (1993, S. 52).

[6]Vgl. Beauchamp und Childress (2013).

[7]The Belmont Report, https://www.hhs.gov/ohrp/regulations-and-policy/belmont-report/. Zugegriffen: 03. Juni 2017.

Urteile mit den relevanten Hintergrundüberzeugungen und ethischen Grundsätzen in ein – dynamisches – Gleichgewicht der Überlegung zu bringen.[8] Obgleich die wohlüberlegten moralischen Urteile in unsere moralische Alltagserfahrung eingebettet sind, handelt es sich keineswegs bloß um moralische Intuitionen. Aus den in einer Gemeinschaft weithin akzeptierten moralischen Normen, Regeln und Überzeugungen werden die „mittleren" Prinzipien rekonstruiert, die den normativen Grundbestand des kohärentistischen Ethikansatzes ausmachen. Die ethische Reflexion beginnt zwar mit den alltäglichen moralischen Überzeugungen, endet aber nicht mit ihnen. Die ethische Theoriebildung hat vielmehr die Aufgabe, 1) den Gehalt dieser moralischen Überzeugungen zu klären und zu interpretieren, 2) verschiedene Überzeugungen in einen kohärenten Zusammenhang zu bringen sowie 3) die gewonnenen Prinzipien (auch in Form von handlungsleitenden Regeln) zu konkretisieren und gegeneinander abzuwägen. Damit wird der Status quo der faktisch verbreiteten moralischen Überzeugungen nicht festgeschrieben, sondern weiter entwickelt. Das Überlegungsgleichgewicht bleibt ein Ideal, das zwar angestrebt, aber niemals wirklich erreicht wird, mithin eine dauerhafte Aufgabe ethischer Theoriebildung und somit ein wesentlicher Grund für die anhaltende Überprüfung der unter Praxisbedingungen getroffenen normativen Entscheidungen. Unsere Alltagsüberzeugungen sind dabei nicht nur Ausgangspunkt, sondern auch Prüfstein und notwendiges Korrektiv. Es besteht somit eine Wechselbeziehung zwischen ethischer Theorie und moralischer Praxis: Die ethische Theorie bietet Orientierung in der Praxis, gleichzeitig muss sich die ethische Theorie in der Praxis bewähren.

Im Gegensatz zu den obersten Prinzipien einer konsequentialistischen oder deontologischen Theorie handelt es sich bei den rekonstruierten mittleren Prinzipien um *prima-facie* gültige Prinzipien, die nur verpflichtend sind, solange sie nicht mit gleichwertigen oder stärkeren Verpflichtungen kollidieren.[9] Sie bilden allgemeine ethische Orientierungen, die im Einzelfall jedoch noch erheblichen Beurteilungsspielraum zulassen. Für die Anwendung müssen diese Prinzipien deshalb konkretisiert und gegeneinander abgewogen werden.[10] Die Vorteile des kohärentistischen Ansatzes liegen auf der Hand: Trotz ungelöster moralphilosophischer Grundlagenfragen wird eine Konsensfindung auf der Ebene mittlerer Prinzipien ermöglicht, da diese auf unseren moralischen Alltagsüberzeugungen

---

[8]Vgl. Rawls (1975).

[9]Vgl. Ross (1930).

[10]Für eine Darstellung des praktischen Vorgehens bei der Anwendung der Prinzipien im Bereich der klinischen Medizin vgl. Marckmann (2015).

aufbauen und mit verschiedenen ethischen Begründungen kompatibel sind. Zugleich wird die Transparenz moralischer Kontroversen erhöht, da sie sich als Konflikte zwischen verschieden gewichteten Prinzipien darstellen lassen. Eine klare Benennung des ethischen Konfliktes kann oft der erste Schritt auf dem Weg zu einer Problemlösung sein.

6.5 Ethische Bedingungen für die klinische Forschung

Mittels des kohärentistischen Begründungsansatzes lassen sich ethische Forderungen für die Forschung am Menschen gewinnen. In sieben Bedingungen zusammengefasst finden sie sich z. B. in der Publikation von Emanuel et al.:[11] 1) Ein Forschungsvorhaben am Menschen muss zunächst sozialen oder wissenschaftlichen Wert besitzen, 2) es muss wissenschaftlich valide sein, 3) die Teilnehmer müssen fair ausgewählt werden, 4) das Nutzen-Risiko-Verhältnis muss günstig sein, 5) das Forschungsvorhaben muss vorab von einer unabhängigen Kommission beurteilt werden und 6) die Teilnehmer müssen ihr informiertes Einverständnis (informed consent) geben, 7) den möglichen und tatsächlichen Teilnehmern ist mit Respekt zu begegnen. Diese Bedingungen haben sich als breiter internationaler Konsens etabliert. Sie finden sich sinngemäß in zahlreichen nationalen und internationalen Richtlinien und Deklarationen wieder. Die internationale Ärzteschaft hat 1964 auf den Konflikt zwischen der ärztlichen Verantwortung gegenüber dem Patienten und den Risiken der Forschung am Menschen mit der seither mehrfach revidierten *Deklaration von Helsinki* reagiert, zuletzt 2013.[12]

Was ergibt sich aus diesen kohärentistisch begründeten Kriterien für eine ethisch vertretbare Forschung an nicht-einwilligungsfähigen Patienten? Da die Teilnehmer selbst nicht in die Studienteilnahme einwilligen können, sodass die 6. Bedingung nicht erfüllt ist, müsste man dann nicht konsequenterweise auf die Forschung verzichten? Hier manifestiert sich eine erste Herausforderung des kohärentistischen Ethik-Ansatzes: Die allgemeinen Kriterien müssen für den jeweiligen Anwendungskontext spezifiziert werden – und diese Spezi-

---

[11]Vgl. Emanuel, Wendler und Grady (2000).

[12]Vgl. den deutschen Text bei http://www.bundesaerztekammer.de/fileadmin/user_upload/ Deklaration_von_Helsinki_2013_DE.pdf. Zugegriffen: 03. Juni 2017.

fizierung ergibt sich nicht aus den Kriterien selbst, sondern erfordert zusätzliche Annahmen. In diesem Fall ist zu klären, ob eine stellvertretende Einwilligung für die Studienteilnahme ausreichend ist oder ob vollständig auf die Forschung mit nicht-einwilligungsfähigen Patienten verzichtet werden sollte. Es besteht ein weltweiter Konsens – und als solcher auch in der Deklaration von Helsinki kodifiziert[13] –, dass eine Studienteilnahme mit Einwilligung des gesetzlichen Vertreters möglich ist. Ethisch gerechtfertigt wird dies durch den potenziellen Nutzen für die Versuchsperson und zukünftige Patienten mit der gleichen Erkrankung.

Wie ist aber die ausschließlich gruppennützige Forschung mit nicht-einwilligungsfähigen zu beurteilen? Hier sind die ethischen Argumente für die Studienteilnehmer schwächer, da die nicht-einwilligungsfähige Versuchsperson selbst keinen Nutzen von der Studienteilnahme hat. Der kohärentistische Begründungsansatz selbst liefert für diese Frage keine Antwort. Hier ist vielmehr die ethische Deliberation der jeweiligen Gemeinschaft gefordert, die abwägen muss, welche Zumutungen für eine nicht-einwilligungsfähige Versuchsperson durch einen potenziellen Nutzen für zukünftige Patienten gerechtfertigt erscheinen. International weitgehender Konsens scheint dabei zu sein, dass eine solche ausschließlich gruppennützige Forschung nur dann vertretbar ist, wenn sie mit nur minimalen Risiken und minimalen Belastungen für die Versuchsperson verbunden ist. Größere Risiken und Belastungen sind demnach nur durch ein individuelles Nutzenpotenzial für den Betroffenen zu rechtfertigen. Zudem soll die Gefahr einer Instrumentalisierung der betroffenen vulnerablen Patienten dadurch reduziert werden, dass sich die Forschung nicht mit einwilligungsfähigen Personen durchführen lässt. Interessanterweise fiel diese Abwägung zwischen Respekt der Selbstbestimmung der Versuchsperson und dem Nutzen für zukünftige Patientengruppen bei der Übertragung der EU-Verordnung in das deutsche Arzneimittelgesetz anders aus: Zusätzlich zur Einwilligung des gesetzlichen Vertreters ist eine schriftliche Vorab-Einwilligung des Betroffenen erforderlich. Wie oben bereits erwähnt, werden dabei an die Konkretheit der Aufklärung hohe Anforderungen gestellt. Damit wird dem Respekt der Selbstbestimmung der Versuchsperson ein höheres Gewicht beigemessen, als z. B. in der Deklaration von Helsinki vorgesehen ist. Diese stärkere Gewichtung der Selbstbestimmung hat aber einen Preis: Es dürfte nämlich schwierig sein, künftige Arzneimittelprüfungen hinreichend konkret vorherzusagen, um eine konkrete

---

[13]Vgl. § 28, Deklaration von Helsinki 2013. http://www.bundesaerztekammer.de/fileadmin/user_upload/Deklaration_von_Helsinki_2013_DE.pdf. Zugegriffen: 23. März 2018.

Probandenverfügung erstellen zu können. Dies könnte dazu führen, dass die Möglichkeiten einer ausschließlich gruppennützigen Arzneimittelprüfung eingeschränkt werden, wodurch das Nutzenpotenzial für zukünftige Patienten mit der gleichen Erkrankung reduziert wird.[14]

6.6 Schlussfolgerungen

Welche Schlussfolgerungen lassen sich hieraus für die Rolle ethischer Theorien für ethische Kontroversen in der Forschung am Menschen ziehen? Die Anwendung einzelner ethischer Theorien führt zu Ergebnissen, die wesentlichen moralischen Intuitionen bzw. Überzeugungen widersprechen. Diese wurde am Beispiel der ausschließlich gruppennützigen Forschung mit nicht-einwilligungsfähigen Patienten deutlich. Die gegenläufigen Überzeugungen ließen sich in der Argumentationslinie jeweils auf die andere ethische Theorie zurückführen. Offenbar rekonstruieren die klassischen, „monolithischen" ethischen Theorien jeweils einen Teilbereich unserer wohlüberlegten moralischen Überzeugungen und führen damit in der „reinen" Anwendung zu ethisch nicht vertretbaren Ergebnissen. Als alternatives Begründungsverfahren hat sich insbesondere im Bereich der biomedizinischen Ethik der Kohärentismus etabliert, der sich nicht wie die klassischen ethischen Theorie auf ein einziges oberstes Moralprinzip beruft, sondern aus den wohlüberlegten moralischen Alltagsüberzeugungen mehrere „mittlere" ethische Prinzipien rekonstruiert und damit der Pluralität unserer moralischen Überzeugungssysteme entspricht. Dieser Vorteil wird aber mit einem gewichtigen Nachteil erkauft: Ethische Fragen wie z. B. die Vertretbarkeit ausschließlich gruppennütziger Forschung mit nicht-einwilligungsfähigen Probanden lassen sich nicht mehr allein mittels des Ansatzes selbst beantworten, da die rekonstruierten Prinzipien für die Anwendung spezifiziert und im Konfliktfall gegeneinander abgewogen werden müssen und sich die inhaltliche Spezifizierung und das relative Gewicht der konfligierenden Prinzipien eben nicht aus dem kohärentistischen Begründungsansatz ableiten lassen. Die bessere Abbildung unserer moralischen Überzeugungssysteme wird mit einem eingeschränkten Problemlösungspotenzial des Ansatzes selbst erkauft.

---

[14]Vgl. Marckmann und Pollmächer (2017). Allerdings stellt sich die Frage, wie relevant diese Einschränkung ist, da es – wenn überhaupt – nur wenige sinnvolle Anwendungsfälle einer ausschließlich gruppennützigen Forschung geben dürfte.

Die Interpretationsoffenheit mag zwar pragmatisch ein Nachteil sein, ethisch ist sie aber wahrscheinlich angemessen, vielleicht sogar alternativlos. Schließlich eröffnet sie die Möglichkeit, dass unterschiedliche moralische Gemeinschaften ihre jeweils eigenen Spezifizierungen und Gewichtungen vornehmen und somit ethische Regelungen treffen, die ihren jeweils spezifischen moralischen Überzeugungssystemen entsprechen. Sehr deutlich wurde dies am Beispiel der Umsetzung der EU-Verordnung Nr. 536/2014 in das deutsche Arzneimittelgesetz: Das deutsche Parlament hat die Selbstbestimmung des Betroffenen durch die Anforderung einer konkreten Probandenverfügung höher gewichtet als das Nutzenpotenzial für zukünftige Patienten mit der gleichen Erkrankung. Mit Bezug auf die ethischen Theorien könnte man sagen: Deutschland hat hier – tendenziell – eine stärker deontologisch gewichtete Regelung getroffen, als dies die EU-Verordnung und auch die Deklaration von Helsinki vorsieht, denn dort hatten konsequenzialistische Argumente ein etwas stärkeres Gewicht. Abschließend sei aber betont: Die unterschiedlichen Regelungen resultieren nicht aus der Bezugnahme auf unterschiedliche ethische Theorien, sondern aus der unterschiedlichen Gewichtung deontologischer und konsequenzialistischer Argumente.

Ähnliches dürfte auch auf die Abwägung im Einzelfall durch Forschungsethikkommissionen zutreffen. Eine Berufung auf eine einzelne ethische Theorie ist auch hier ethisch nicht vertretbar und entspricht nicht den rechtlichen (Arzneimittelgesetz) und berufsethischen (Deklaration von Helsinki) Vorgaben. Sofern diese den Ethikkommissionen überhaupt einen Spielraum für eigene ethische Überlegungen lassen, dürfte es sich in der Regel um Fragen der Spezifizierung (seltener) oder Abwägung (häufiger) der etablierten ethischen Prinzipien der Forschung am Menschen handeln. Dabei sollten die Kommissionen diese Spezifizierungen und Abwägungen explizit machen und *fallbezogen* begründen – analog zu ethischen Abwägungen bei medizinischen Behandlungsentscheidungen. Neben der Kontrolle, ob die etablierten rechtlichen und berufsethischen Regeln eingehalten wurden, dürfte hier eine der ureigensten Aufgaben der Forschungsethikkommissionen liegen, die nicht nur biomedizinische Fachkenntnisse erfordern, sondern auch ethische Urteilsfähigkeit.

Literatur

Badura, J. 2006. „Kohärentismus." In *Handbuch Ethik*, hrsg. M. Düwell, C. Hübenthal und M. H. Eerner, 194–205. Stuttgart: J. B. Metzler.
Beauchamp, Tom L. und James F. Childress. 2013. *Principles of Biomedical Ethics*. 7th ed. New York, Oxford: Oxford University Press.

Birnbacher, D. 1993. „Welche Ethik ist als Bioethik tauglich?" In *Herausforderung der Bioethik*, hrsg. J.S. Ach und A. Gaidt, 45–70. Stuttgart-Bad Cannstatt: Frommann-Holzboog.

Emanuel, E. J., D. Wendler und C. Grady. 2000. „What makes clinical research ethical?" *Jama* 283 (20): 2701–11.

Jox, Ralf J., Andreas Spickhoff und Georg Marckmann. 2017. „Forschung mit nicht Einwilligungsfähigen: Nach dem Gesetz ist vor dem Gesetz" *Deutsches Ärzteblatt* 114 (11): A520–522.

Marckmann, G. und T. Pollmächer. 2017. „Ausschließlich gruppennützige Forschung mit nicht-einwilligungsfähigen Menschen: Ein Kommentar zur Änderung des Arzneimittelgesetzes." *Nervenarzt* 88 (5): 486–488. https://doi.org/10.1007/s00115-017-0315-1.

Marckmann, Georg. 2015. „Im Einzelfall ethisch gut begründet entscheiden: Das Modell der prinzipienorientierten Falldiskussion." In *Praxisbuch Ethik in der Medizin*, hrsg. Georg Marckmann, 15–22. Berlin: Medizinisch Wissenschaftliche Verlagsgesellschaft.

Nida-Rümelin, Julian. 1997. „Praktische Kohärenz." *Zeitschrift für philosophische Forschung* 51 (2): 175–192.

Rawls, John. 1975. *Eine Theorie der Gerechtigkeit.* Frankfurt am Main: Suhrkamp.

Ross, William D. 1930. *The Right and the Good.* Oxford: Oxford University Press.

Toellner, Richard. 1990. „Problemgeschichte: Entstehung der Ethik-Kommissionen." In *Die Ethik-Kommission in der Medizin. Problemgeschichte, Aufgabenstellung, Arbeitsweise, Rechtsstellung und Organisationsformen Medi-zinscher Ethik-Kommissionen*, Hrsg. R. Toellner, 3–18. Stuttgart, New York: Gus-tav Fischer.

Evaluation von Ethikkommissionen für die medizinische Forschung am Menschen. Kriterien für die ethische Qualität des Begutachtungsprozesses

Monika Bobbert und Gregor Scherzinger

7.1 Einführung

Der folgende Beitrag[1] diskutiert die Notwendigkeit einer Evaluation von Ethikkommissionen für die medizinische Forschung am Menschen anhand explizit ethischer Qualitätskriterien. Er schlägt ein System ethischer Kriterien vor, das die Grundlage einer solchen Evaluation bilden sollte. Der Fokus der Kriteriologie liegt auf dem Prozess der Begutachtung durch Forschungsethikkommissionen (FEKen). Dieser Prozess wiederum wird unter Heranziehung eines ethischen Ansatzes untersucht. Die vorgeschlagene Kriteriologie bewegt sich auf drei Ebenen, die die Begutachtung beeinflussen: die Ebene der spezifischen Kriterien, die Ebene der Prozeduren einer FEK-Sitzung und die institutionelle Ebene der Begutachtung eines Forschungsprojekts.

Um im Weiteren dann ein praktikables Evaluierungstool für FEKen zu entwickeln, müssten die vorgestellten ethischen Kriterien allerdings noch in adäquate Indikatoren übersetzt oder mit anderen Worten operationalisiert werden.

---

[1]Das hier besprochene Kriteriensystem wurde erstmals in einem englischen Beitrag von Scherzinger und Bobbert (2017) vorgestellt. Im vorliegenden Beitrag wird dieses Kriteriensystem erweitert und vertieft ausgeführt.

M. Bobbert (✉)
Westfälische Wilhelms-Universität Münster, Münster, Deutschland
E-Mail: m.bobbert@uni-muenster.de

G. Scherzinger
Universität Luzern, Luzern, Schweiz
E-Mail: g.scherzinger@caritas-stgallen.ch

© Springer Fachmedien Wiesbaden GmbH, ein Teil von Springer Nature 2019
M. Bobbert und G. Scherzinger (Hrsg.), *Gute Begutachtung?*,
https://doi.org/10.1007/978-3-658-24758-4_7

7.2 Zur Beurteilung der Qualität von Forschungsethikkommissionen aus ethischer Sicht: Stand der Debatte

7.2.1 Prozess- oder Ergebnisqualität?

Der Ruf nach einer Evaluation von FEKen kann verschiedene Gründe haben. Zum einen können Forschende aufgrund negativer Erfahrungen bei der Begutachtung ihrer Forschungsvorhaben auf eine Evaluation drängen.[2] Zum anderen haben Institutionen oder politische Akteure vielleicht den Wunsch, mehr darüber zu erfahren, was FEKen „hinter verschlossenen Türen" tun, um Transparenz und Legitimität im Sinne des Probandenschutzes zu stärken oder die Wirksamkeit neuer Regulierungen zu überprüfen. Außerdem ist das Verhältnis von Nutzen und Kosten von FEKen immer wieder Gegenstand gesellschaftlicher Debatten. Schließlich versprechen sich unter Umständen die Mitglieder einer FEK selbst Rückschlüsse auf Verbesserungsmöglichkeiten ihrer Arbeit in der Kommission.[3]

Mit Blick auf diese recht unterschiedlichen Interessen scheint die Forderung nach einer Evaluation plausibel. Allerdings birgt eine Evaluation durchaus auch Schwierigkeiten. Denn es wird viel darüber diskutiert, wodurch sich eine „gut" arbeitende Forschungsethikkommission auszeichnet und wie sich eine „ethische" Evaluation überhaupt durchführen lässt.[4] Wohl haben viele Studien FEKen mit Fokus auf deren strukturelle und prozedurale Eigenschaften analysiert.[5] Diese

---

[2]Vgl. Keith-Spiegel und Tabachnick (2006).

[3]Als ein prominentes Beispiel hierfür mag der Artikel in der Neuen Züricher Zeitung (NZZ) vom 15. November 2014 dienen: „Forscher fühlen sich von Ethikern schikaniert", vgl. Hehli (2014). Silberman und Kahn (2011) haben in einem Übersichtsartikel versucht, Kosten und Effizienz des Systems der „Institutional Review Boards" (IRBs) in den USA zu beziffern.

[4]Abbot und Grady fassten 2011 in einem systematischen Überblicksartikel die Resultate von 43 empirischen Studien über US-amerikanische IRBs zusammen. Sie forderten mehr Forschung, um zu verstehen, wie IRBs ihre Zwecke erfüllen können und wie Qualität von IRBs überhaupt zu verstehen ist (vgl. S. 16). Nicholls et al. (2015) kommen in ihrer Auswertung von 198 empirischen Studien zu dem Schluss, dass ein Konsens über Methodik und Messkriterien weitgehend fehle. Ebenso mangele es diesen Studien an theoretischer Fundierung und einer Konzeptualisierung der Qualität.

[5]Wenner (2016) bespricht in einem neueren Artikel die Ergebnisse neuerer Studien, vgl. ebenso Nicholls et al. (2015).

Studien werden jedoch von anderen wiederum infrage gestellt, die vorschlagen, bei der Ergebnisqualität anzusetzen.[6] Die hebt u. a. Resnick hervor:

> Zusätzliche Studien zur Zusammensetzung von IRBs [Institutional Review Boards], zu den Mitgliedern, der Zeit für die Studiendurchsicht, der Konsistenz, der Befolgung der Regeln usw. wird nicht die Nachweise ergeben, die für die Messung der IRB-Wirksamkeit erforderlich sind, wenn darüber hinaus nicht auch Daten über das Wohlergehen und die Rechte der Probandinnen und Probanden erhoben werden.[7]

Das Vergleichen struktureller und prozeduraler Größen, beispielsweise der Anzahl der Kommissionsmitglieder, deren Training und Wissen, oder die Übereinstimmung von Entscheiden mit geltenden Gesetzen gehe insofern an der Sache vorbei, als die Feststellung entscheidend sei, ob FEKen tatsächlich zum Schutz von Probanden beitragen würden.[8] Diese Überlegung ist nachvollziehbar, als sie den primären Zweck, aufgrund dessen FEKen überhaupt eingerichtet werden, einbezieht.

Innerhalb des sonst üblichen Qualitätsmanagements kommt der Ergebnisqualität meist eine vordringliche Rolle zu. Allerdings ist zweifelhaft, ob diese für eine Evaluation von FEKen ausreicht. Zweifel scheinen aus zweierlei Gründen angebracht: Zum einen ist fragwürdig, ob eine Messung des Ergebnisses von FEK-Gutachten überhaupt möglich ist. Zum anderen lässt sich fragen, ob der vorrangige Blick auf die Ergebnisqualität angemessen ist. Denn es ist um einiges schwieriger, die Wirksamkeit einer FEK zu erfassen als diejenige eines „technischen" Prozesses wie beispielsweise der Therapie eines Patienten mit einem Krebsmedikament. Zur Messung der Wirkung einer medizinischen Substanz können quantitative und qualitative Größen wie die Response-Rate oder die erreichte Lebensqualität dienen. Demgegenüber ist offen, mittels welcher Größen sich ermitteln lässt, ob Forschungsteilnehmende wirksam geschützt werden.[9] Schließlich ist der Einwand bedeutsam, dass das Ansetzen bei der Ergebnisqualität mit

---

[6]Vgl. Coleman und Bouësseau (2008); Abbott und Grady (2011).

[7]Resnick (2015, S. 264, Übers. M. Bobbert).

[8]Vgl. bes. Grady (2010).

[9]Der zaghafte Fortschritt bei der Diskussion um passende Ergebniskriterien für FEKen weist auf die Schwierigkeiten hin, Indikatoren für einen erfolgreichen Probandenschutz zu bestimmen. Eine umfangreiche Liste möglicher Indikatoren hat zuletzt Resnik (2015) präsentiert. Auch die Beiträge von Christoph Jenni und Gregor Schubiger/Susanne Driessen in diesem Band zeigen solche Möglichkeiten auf.

einem konzeptionellen Missverständnis bezüglich Aufgabe und Tätigkeit von FEKen verbunden ist.

Das folgende Szenario soll dies verdeutlichen: Angenommen, es bestünde Einverständnis darüber, dass das Wohlergehen von Forschungsteilnehmerinnen und -teilnehmern ein wichtiger Maßstab ist und dieses Wohl an gewissen Indikatoren abzulesen ist.[10] Wenn nun anhand dieser Indikatoren festgestellt wird, dass *ceteris paribus* Probanden in der FEK A in einem schlechteren Zustand sind als Probanden der Studie, die in FEK B vorgelegt worden ist. Wenn zudem festgestellt wird, dass das Wohlergehen der Probanden mit der Variablen „FEK-Entscheidungen über Forschungsrisiken" korreliert, weil FEK A nämlich Forschung mit höheren Schadensrisiken akzeptiert als FEK B: Was würde ein solcher Befund über die Qualität und Wirksamkeit der beiden FEKen aussagen? Die Aussagekraft eines solchen Befundes für sich genommen wäre gering, denn FEK A hätte entschieden, dass die involvierten Risiken mit Blick auf den möglichen wissenschaftlichen Nutzen zu rechtfertigen sind, während FEK B dies anders beurteilt hätte. Daraus ließe sich jedoch nicht ableiten, dass unter FEK A der Probandenschutz weniger wirksam gewesen wäre. Ein solcher Schluss wäre lediglich unter der zusätzlichen Annahme möglich, dass die Urteile der FEK B richtig waren, und diejenigen der FEK A falsch. Dies wiederum würde bedeuten, dass ein Urteil über die Wirksamkeit einer FEK in Bezug auf den Probandenschutz nur möglich ist, wenn genau diejenige Beurteilung wiederholt wird, welche FEK A und B durchgeführt hätten. Doch ein Grund, weshalb gerade FEKen mit der Aufgabe der Beurteilung des Probandenschutzes betraut sind, liegt in der Annahme, dass mehrere Personen gemeinsam ein angemesseneres Urteil als eine Einzelperson fällen können. Offenbar rührt die Schwierigkeit, adäquate Kriterien für die Ergebnisqualität von FEKen zu bestimmen, daher, dass intersubjektive Kriterien die Beurteilung leiten sollen.

Aus diesem Szenario sollte nun aber nicht der Schluss gezogen werden, dass jegliche Prüfung der Ergebnisqualität von FEKen hinfällig ist. Sie kann für das Management einer FEK wichtig sein, indem sie dazu beiträgt, Trends und Veränderungen im Begutachtungsverfahren überhaupt wahrzunehmen. Um jedoch einschätzen zu können, ob solche Veränderungen positiv oder negativ sind, muss man wissen, wie die Begutachtung der konkreten FEK aussieht. Die Bedenken an der Arbeit der o. g. FEK A könnten sich schnell als berechtigt erweisen, wenn

---

[10]Solche Maßstäbe wären z. B. gesundheitsbezogene Daten bezüglich Mortalität, Morbidität, allgemeinem Gesundheitszustand oder physischem und psychischem Wohlbefinden der Probanden wie vorgeschlagen bei Resnik (2015, S. 262).

festgestellt würde, dass FEK A keinem erkennbaren Konzept folgt, wenn es über die Risiken-Nutzen-Bilanz eines Forschungsprojekts befindet. Würde man jedoch feststellen, dass FEK A im Gegensatz zu FEK B einem differenzierten und transparenten Verfahren der Risiko-Nutzen-Abwägung folgt, ließe sich die Arbeit von FEK A schwerlich kritisieren. Aus diesen Gründen scheint es sinnvoll, bei der Evaluierung einer FEK den Fokus auf den Prozess statt auf das Ergebnis zu legen.[11] Gleichzeitig ist evident, dass dieser Prozess durch den strukturellen Rahmen bedingt wird. Struktur und Rahmenbedingungen von FEKen müssen daher bei der Evaluation in dem Maß einbezogen werden, wie sie die FEK-Begutachtung beeinflussen.

7.2.2   Ein ethischer Ansatz der Begutachtungsqualität

Auch bei einem an Prozess und Struktur orientierten Evaluationsansatz bleibt die Schwierigkeit bestehen, Kriterien für die Qualität einer FEK festzulegen. Viele Perspektiven zur Untersuchung der Qualität einer FEK wären denkbar – etwa eine ökonomische, administrative oder rechtliche Perspektive. Im Rahmen dieses Beitrags soll jedoch die Evaluation von FEKen aus *ethischer* Perspektive erfolgen.[12]

7.2.2.1 Ethische Grundprinzipien medizinischer Forschung

Im ethischen Diskurs über klinische Forschung scheint darüber Einigkeit zu herrschen, dass zwei grundlegende Normen zu beachten sind: 1) Wissenschaftlicher Erkenntnisgewinn ist um der besseren Gesundheitsversorgung willen zu erstreben und 2) Forschungsteilnehmende sind zu schützen. Da medizinische Forschung zumeist nicht möglich ist, ohne dass Probandinnen und Probanden Risiken ausgesetzt werden, stehen die beiden Normen in Spannung zu einander. Dennoch ist weithin akzeptiert, dass beide Normen gleichermaßen zu berücksichtigen sind.

---

[11]Vgl. auch das Statement von Bernard Barber in einem Vorbereitungspapier zum Belmont Report aus dem Jahr 1978: „[E]ven where difficulty and strain occur in the assessment process, they [assessments] are worthwhile just because the process of making assessments has value over and beyond the outcome or product of the process. Whether routine or difficult and causing strain, the process [...] is important in itself. The process is in itself "consciousness-raising"; it leads to higher ethical awareness." Zitiert nach Wichman et al. (2006).

[12]Vgl. zum Begriff der „ethischen Qualität" das Plädoyer von Taylor (2007) bei der Begutachtung klinischer Forschung. Vgl. auch den etwas allgemeineren Beitrag von Virt (2013) zur Ethik von Ethikkommissionen.

Unterschiedliche ethische Theorieansätze beziehen sich auf sie,[13] und Extrempositionen wie eine radikale Erfolgsethik – „Fortschritt ist der einzige Imperativ, was auch immer die Kosten sind" – oder eine radikale Gesinnungsethik – „das Aussetzen von Menschen an Risiken ist durch keine Folgen zu legitimieren" – werden kaum vertreten.[14] Dennoch wird der Probandenschutz üblicherweise als die gewichtigere Norm gesehen, da die meisten forschungsethischen Positionen die Menschenwürde und entsprechende moralische Pflichten gegenüber denjenigen, die sich für Forschungszwecke zur Verfügung stellen, voraussetzen. Eine Rekonstruktion der Zusammenschau einschlägiger ethischer Prinzipien und Regeln im Feld medizinischer Forschung bietet John Rawls' kohärentistische Methode zur Normbegründung mithilfe der Methode eines Überlegungsgleichgewichts zwischen ethischen Urteilen, Prinzipien und Theorien.[15] Dementsprechend leiten gemeinhin akzeptierte Werte wie der *Respekt der Person,* das *Verbot, Schaden* zuzufügen, das *Fürsorgeprinzip* und *Gerechtigkeits*vorstellungen die ethische Beurteilung medizinischer Forschung am Menschen an. Außerdem wird der Achtung der Menschenwürde und dementsprechend der Norm des Probandenschutzes gegenüber dem berechtigten Streben nach medizinischem Fortschritt Vorrang gegeben.[16]

Zudem ist man sich einig, dass in der medizinischen Forschung durch Prozeduren und Strukturen für die ethische Reflexion zu sorgen ist, um eine potenzielle

---

[13]Vgl. dazu Heinrichs (2006) und Foster (2001).

[14]Honnefelder (1998) beschrieb solche Extrempositionen folgendermaßen: „Die eine besteht darin, alles technisch Machbare nicht nur für legitim, sondern auch für geboten zu halten, solange sich dabei Erfolg einstellt, die andere darin, das Humane dadurch zu schützen, dass man die neuen ambivalenten Mittel erst gar nicht in Gebrauch nimmt. Beide Extreme können nicht überzeugen: Die Erfolgsethik gibt den Bezug auf das Humane preis, wenn sie Erfolg auf Effizienz reduziert; die Gesinnungsethik übersieht, dass das uneingeschränkte Gut des menschlichen Gelingens nur über begrenzte ambivalente Mittel zu erreichen ist und auch der Verzicht Folgen hat, die zu verantworten sind.".

[15]Rawls selbst hat die Frage, welche Elemente in das Reflexionsgleichgewicht einzubeziehen sind, im Verlauf seiner Arbeiten ausgeweitet: vgl. Rawls (1951), Theorie der Gerechtigkeit Rawls (1971) und dann Rawls (1974). Vgl. zur Bedeutung einer kohärentistischen Ethik im Rahmen von FEKen auch den Beitrag von Georg Marckmann im vorliegenden Band.

[16]So z. B. Heinrichs (2006) in Übereinstimmung mit den CIOMS-Leitlinien (2002). In diesem Sinne kann auch der klassische Rahmen der klinischen Forschungsethik, wie er sich bei Emanuel et al. (2000) in Form von sieben Anforderungen und dem darin implizierten *„Non-Exploitation"*-Paradigma präsentiert, verstanden werden. Die Notwendigkeit einer Erweiterung dieses Paradigmas wird zunehmend betont – vgl. Graaf und Delden (2012), was unter Umständen auch für die Arbeit von FEKen relevant werden kann. Vgl. dazu bes. Kimmelman und London (2015).

Verzerrung („bias") bei der individuellen Beurteilung ethischer Fragen zu minimieren. Dies spiegelt sich in der international anerkannten Bedingung wider, dass jegliche Forschung vor Beginn einer unabhängigen Begutachtung unterzogen werden muss, obwohl die Reichweite und die spezifischen Aufgaben einer solchen Begutachtung kontrovers diskutiert werden.

Aus ethischer Perspektive sollte sich medizinische Forschung folglich an drei ethischen Werten orientieren: an zwei materialen, die den medizinischen Fortschritt und den Probandenschutz betreffen, und einem verfahrensethischen, um eine unabhängige Begutachtung zu gewährleisten. Das Ziel der Unabhängigkeit durch Verfahrensvorgaben soll dazu beitragen, dass moralische Forderungen, die sich für ein spezifisches Forschungsprojekt aus materialen ethischen Normen ergeben, angemessen reflektiert werden.

7.2.2.2 Berufsethische Vorgaben für die medizinische Forschung

Diese oben genannten ethischen Grundnormen müssen allerdings noch spezifiziert werden. Es ist plausibel, sich an den berufsethischen Vorgaben zur medizinischen Forschung zu orientieren. Insbesondere im Verlauf der vergangenen siebzig Jahre, d. h. seit den Nürnberger Prozessen nach Ende des Zweiten Weltkriegs und der Helsinki-Deklaration von 1964, haben kollektive Erfahrungen und berufsinterne Diskussionen zu berufsethischen Vorgaben und Anwendungsregeln geführt, um die Verantwortung von Ärztinnen und Ärzten in der Forschung am Menschen hervorzuheben. Somit können in erster Näherung auch berufsständische Selbstregulierungen Quellen für die Suche nach ethischen Qualitätskriterien darstellen. Durch die Formulierung konkreter ethischer Normen und Regeln für das Feld der Forschungsethik bieten sie praktische Spezifizierungen der allgemeinen Normen.

Was Rezeption und Akzeptanz anbelangt, gelten die Deklaration von Helsinki des Weltärztebundes, die entsprechende CIOMS Leitlinien, die Convention on Human Rights and Biomedicine's Additional Protocol concerning Biomedical Research und die GCP Richtlinien der Internationalen Konferenz zur Harmonisierung der technischen Anforderungen für die Registrierung von pharmazeutischen Produkten (ICH) für den Gebrauch am Menschen[17] als wichtigste Richtlinien auf internationaler Ebene.

---

[17]Vgl. World Medical Association (2013), Council for International Organizations of Medical Sciences (CIOMS) (2002), Council of Europe (2005), International Conference on Harmonization of Technical Requirements for Registration of Pharmaceuticals for Human Use (1996).

Die Deklaration von Helsinki als internationale Explikation des ärztlichen Berufsethos' verlangt von allen Forschenden in der Medizin die Achtung und Befolgung ihrer forschungsethischen Prinzipien zum Schutz von Versuchspersonen bei gleichzeitigem Bemühen um Fortschritte in medizinischer Erkenntnis und Therapie. Die CIOMS-Leitlinien fokussieren auf Fragen, die sich angesichts globaler Forschung stellen. Das Protokoll des Europarats führt jene Bedingungen aus, die sich aus dem Schutz der Menschenwürde für die medizinische Forschung nahelegen. Die GCP-Richtlinie schließlich ist insofern besonders, als sie aus einer *„private-public partnership"* zwischen Behörden und Industrie hervorgegangen ist. Obwohl ihr Zweck in der weltweiten Standardisierung von Registrierungsverfahren für Medizinprodukte gesehen wird, enthält die GCP-Richtlinie umfassend Anforderungen an Forschende, FEKen und Sponsoren im Sinne einer Spezifizierung ethischer Prinzipien medizinischer Forschung. Mit Blick auf die Rezeption in der Praxis kann die GCP-Richtlinie vielleicht sogar als einflussreichste Richtlinie gelten.

Neben diesen Erklärungen, Leitlinien und Vorgaben, deren Schwerpunkt auf substanziellen moralischen Forderungen zur medizinischen Forschung liegt, gibt es auch einige Leitlinien, die sich auf die Begutachtungstätigkeit von FEKen beziehen. Sie lassen sich in zwei Kategorien einteilen: Zum einen in Richtlinien wie etwa die *Standards and Operational Guidance for Ethics Review of Biomedical Research* der WHO, die beiden *Guides for Establishing Bioethics Committees* der UNESCO, oder der *Guide for REC Members* des Steuerungskomitees für Bioethik am Europarat, die sich mit der Frage befassen, wie FEKen ihre Begutachtung gestalten sollten.[18] Die andere Kategorie umfasst Dokumente, die direkt die Frage behandeln, wie FEKen evaluiert werden könnten: Die Weltgesundheitsorganisation (WHO) als auch das *Europäische Forum für GCP* (EFGCP) haben beide Leitlinien für das Auditieren von FEKen verfasst.[19] Auch das Akkreditierungssystem der *Association for Accreditation of Human Subject Protection Programs* (AAHRPP), das aus einer US-amerikanischen Initiative hervorgegangen ist und mittlerweile global aktiv ist, lässt sich dieser Kategorie zurechnen.[20]

Insgesamt bieten diese Dokumente Spezifizierungen dazu an, was notwendig ist, um medizinische Forschung aus ethischer Sicht zu verantworten, und sie machen Vorschläge zu Verfahren und Strukturen, welche die ethische Reflexion

---

[18]Vgl. World Health Organization (2011); Division of Ethics of Science and Technology (2005, 2006); Council of Europe, Steering Committee on Bioethics (2012).

[19]Vgl. World Health Organization (2002); EFGCP (2008).

[20]Vgl. Accreditation Association for Human Research Protection Programs (2013, 2014).

sicherstellen sollen. Allerdings ist zu berücksichtigen, dass standarisierte Vorgaben lediglich den jeweiligen Stand und moralischen Konsens zum Zeitpunkt ihrer Erstellung widerspiegeln. Die Diskussionen um ethische Anforderungen an FEKen sind jedoch teils umfassender und entwickeln sich auch weiter. Aus diesem Grund muss für die Beurteilung ethischer Richtlinien für die medizinische Forschung und für die Beurteilung der Arbeitsweise von FEKen auch der fortlaufende ethische Diskurs angemessen berücksichtigt werden.

7.3 Ethische Evaluationskriterien als Ergebnis einer systematischen Analyse und ethischen Reflexion

Es wurde gezeigt, dass in herkömmlichen Evaluationen von FEKen explizit ethische Evaluationskriterien fehlen. Im Folgenden werden unterschiedliche Ebenen und Kriterien einer Evaluation aus ethischer Perspektive vorgestellt.

7.3.1 Desiderat: Evaluation der Deliberation in Forschungsethikkommissionen

Analysiert man die beiden Audit-Leitlinien und das AAHRPP-Akkreditierungssystem, lässt sich ein methodisches Problem aufzeigen, das es zu bedenken gilt, wenn ein Evaluations-Tool für die „ethische" Qualität der Tätigkeit einer FEK entwickelt werden soll: Die vorliegenden Richtlinien und standardisierten Verfahrensvorgaben konzentrieren sich auf die Evaluation von Dokumenten der FEKen, welche den Rahmen der Tätigkeit einer FEK vorgeben. Mit Blick auf die Machbarkeit einer Evaluation mag ein solcher Fokus angemessen und pragmatisch sein, dennoch kann er dazu führen, dass der wesentlichste Teil der Begutachtung in einer FEK übergangen wird: ihre Deliberation.

Wie schon zuvor ausgeführt wurde, ist jedoch aus der ethisch-normativen Natur der Begutachtung für die Evaluation der Qualität einer FEK ein prozessorientierter Ansatz erforderlich. Die ethisch-normative Aufgabe besteht vorwiegend aus zwei Schritten im Prozess: der Deliberation und dem Urteil einer FEK. Hier vollzieht eine FEK die ihr eigentümliche evaluative Tätigkeit. Indem die FEK in Bezug auf eine bestimmte Studie eine Deliberation durchführt, die in eine Entscheidung mündet, implementiert sie forschungsethische Anforderungen. In mehreren Schritten erfolgt ein kollektives Bewerten, insbesondere durch das Abwägen von Risiken und Nutzen eines Forschungsprojekts – durch eine Bewertung der wissenschaftlichen Qualität und des erhofften Werts für den medizinischen Fortschritt bzw. für künftige Kranke. Der Zweck dieses Prozesses ist die Beantwortung der Frage, ob die Ziele des wissenschaftlichen Fortschritts und des Probandenschutzes in der konkreten Studie angemessen abgewogen wurden. Nur im Fall einer positiven Antwort kann eine Studie wie vorgeschlagen durchgeführt werden. Dementsprechend ist es dieser Prozess, mit dem FEKen ihrer ureigenen Aufgabe nachkommen. Zwar beeinflussen andere prozedurale oder strukturelle Merkmale diese Deliberation. Doch ist genau diese Deliberation der wichtigste Bestandteil einer aus ethischer Sicht verantwortungsvollen Tätigkeit von FEKen. Aus diesem Grund ist die Aussagekraft einer Evaluation von FEKen, in der dieser Teil der Tätigkeit nicht explizit betrachtet wird, nicht ausreichend.[21] Gleichwohl wurde genau dieser Teil von einigen Autoren zur „blackbox" der Forschungsbegutachtung erklärt.[22] Bleibt jedoch unbeachtet, a) *ob* eine FEK materiale ethische Normen und Anwendungsregeln berücksichtigt und b) *wie* sie diese implementiert, also beispielsweise, ob das Prinzip der Risikominimierung befolgt, und wie es in einem konkreten Studienprotokoll gehandhabt wird, ist nicht gewährleistet, dass eine FEK ihrem Auftrag ethischer Reflexion entspricht.

Candilis et al. (2006) haben – mit Blick auf den Versuch einer Reform der IRB-Landschaft in den USA – hervorgehoben, dass Reformen von Regelwerken und Strukturen auf der Grundlage empirischer Studien über den Entscheidungsprozess von IRBs stattfinden sollten. Erforderlich sei die Untersuchung der tatsächlichen Entscheidungsprozesse, damit sich Ausbildungs-, Akkreditierungs- oder Regulierungsbemühen nicht zuungunsten des Probandenschutzes auswirkten. Zudem gehen die Autoren davon aus, dass einer Evaluation dieser Prozesse eine ausführliche Deskription vorangehen müsse. So könnten z. B. ethnografisch ansetzende Studien Kommunikationsmuster und ethische Urteilsbildungsprozesse beobachten und analysieren. Candilis et al. nennen sieben Aspekte zur Beschreibung dieser Deliberationsprozesse, die sie als Qualitätsfaktoren erachten: 1) Das Ausmaß, in dem Alternativen oder Optionen (zu Studiendesigns, Einwilligungsverfahren, Schutzmechanismen, Selektionskriterien) eingebracht werden; 2) inwieweit unterschiedliche Werte oder Normen angeführt werden; 3) inwiefern die Kosten, Risiken und Folgen der unterschied-

---

[21]Aus diesem Grund kritisiert Schrag (2015, S. 503) die mehr als 400-seitige Studie „The Ethics Police?" von Klitzman (2015) über FEKen in den USA, die die dortige Begutachtungspraxis von FEKen zwar sehr kritisch beurteilt, aber lediglich auf Einzelinterviews statt auf die Beobachtung der Arbeit in den Kommissionssitzungen abhebt.

[22]Vgl. Fitzgerald et al. (2006, S. 377); Anderson und DuBois (2012, S. 952).

lichen Optionen ins Spiel gebracht werden; 4) welche Informationsquellen benutzt, ob also auch „unabhängige" oder neue Quellen einbezogen werden; 5) wie die zusätzlichen Informationen von den Mitgliedern aufgegriffen werden; 6) ob Entscheidungen ein Austausch über neue Informationen oder Folgen von Alternativen vorausgeht, wie z. B. die Bedeutung von Erstbegutachtung und Deliberation zueinander im Verhältnis stehen; 7) wie die Implementierung der eigenen Entscheidungen verfolgt wird. Schließlich müssten strukturierte Einzelinterviews diese Beobachtungen ergänzen.

Nun irren sich Candilis et al. allerdings etwas hinsichtlich der Charakterisierung der von ihnen favorisierten Methode zur Verbesserung von Entscheidungsprozessen in IRBs: Wohl kann die Analyse faktischer Entscheidungsprozesse von FEKen wertvolle Anregungen für praktikable Vorgehensweisen darlegen und als solche einen empirischen Anteil beinhalten. Gleichwohl ist das Such- bzw. Auswahlkriterium ein ethisch-normatives: Es werden solche Prozesselemente zusammengetragen, die für den Probandenschutz förderlich sind.

Ein für die Norm des Probandenschutzes wichtiges Element, welches von Candilis et al. implizit vorausgesetzt wird, bislang aber in der Evaluationsliteratur zu FEKen kaum Berücksichtigung findet, ist an dieser Stelle besonders hervorzuheben: In eine Evaluation aus ethischer Sicht sollte die konkrete Begutachtung einzelner Studien integriert sein – mit all den differenzierenden Fragen, die Candilis et al. aufführen. Im Zug der Verrechtlichung der FEKen in den vergangenen Jahrzehnten in Europa[23] und Nordamerika[24] ist der Prozess der konkreten Entscheidungsfindung in Bezug auf medizinische Forschung am Menschen ins Hintertreffen geraten. Es ist eine Sache, alle relevanten normativen Gesichtspunkte zur Kenntnis zu nehmen, aber eine andere, bestimmte ethische Normen „herauszugreifen", z. B. aus der Helsinki-Deklaration, weil sie einschlägig sind, und auf einen Fall bzw. eine spezielle klinische Studie anzuwenden.

Die Begutachtung eines Forschungsprojekts aus ethischer Sicht erhält zusätzliches Gewicht angesichts der Bestimmung des Verhältnisses von Ethik und Recht: Gerade aus rechtlicher Sicht ist die „situationsbezogene Anwendung berufsethischer Normen" das wichtigste Argument, um die Konstituierung eines multidisziplinären Expertenkomitees wie der FEK innerhalb eines demokratischen

---

[23]Vgl. Wölk (2002).

[24]Vgl. Wichman (1998); Fost und Levine (2007); Porter und Koski (2008); Stark (2012, S. 81 ff.); Grady (2015).

Rechtsystems zu legitimieren.[25] Gerade von der deliberativen Tätigkeit der FEK, so die Rechtswissenschaftlerin Vöneky, werde erwartet, dass sie die Orientierungsdefizite, die selbst ein ausgefeiltes gesetzliches Rahmenwerk beinhalte, verringere. FEKen müssen also der normativen Spannung zwischen Probandenschutz und Forschungsinteresse begegnen, indem sie die potenziellen Risiken und Nutzen abwägen, den Wert von Studien beurteilen, Studiendesigns und Studienprotokolle nachvollziehen.

Allerdings ist eine solche Perspektive auf FEKen nicht selbstverständlich, insbesondere vor dem Hintergrund der erwähnten Integration ethischer Normen in nationale rechtliche Regelungen zur klinischen Forschung. Die Verrechtlichung medizinischer Forschung hat Funktion und Tätigkeiten von FEKen insofern modifiziert, als Fragen rechtlicher und administrativer Konformität in den Vordergrund gerückt wurden.[26] Trotz zahlreicher Bemühungen um Regeltreue im Rahmen von Evaluationen darf jedoch nicht vergessen werden, dass die ethische Begutachtung das Kerngeschäft darstellt. Es sollte also nicht so sein, dass eine Konzentration auf das Anliegen der Übereinstimmung mit den rechtlichen Grundlagen die FEKen von der Erfüllung ihrer eigentlichen Aufgabe abhält.[27]

Insofern ist Rhodes[28] zu unterstützen, der Moore und Donnelly[29] kritisiert. Moore und Donnelly sprechen sich dafür aus, FEKen ausschließlich als

---

[25]Vgl. dazu die Studie von Vöneky (2010, S. 606 ff.). Sie legt dar, weshalb FEKen aus demokratietheoretischer Sicht eine notwendige Ergänzung zu herkömmlichen politischen Verfahren wie bspw. den durch das Mehrheitsprinzip geprägten, parteilich organisierten Verfahren sind. Dabei dürften sie nicht als „Rechtsanwendungsgremien" verstanden werden, sondern erfüllten ihre spezielle Funktion gerade durch den in ihnen geschaffenen Raum für ethische Debatten. Führten sie nur „peer-reviews mit Rechtsberatung" durch, so würden sie diese Funktion nicht erfüllen, womit aber auch ihre Legitimität in Frage stünde.

[26]Vgl. Kettner (2005); Wölk (2002); Doppelfeld (2003); Koski (2003); Gunsalus et al. (2006). Ein weiterer Modifikationsprozess, dem mithin bei der Regulierung medizinischer Praktiken nicht ausreichend Aufmerksamkeit zukommt, ist der „Midas-Natur des Rechts" geschuldet (vgl. Gruschke 2013, S. 44). Wer ethische Begriffe ins Recht inkorporiere, müsse sich „darauf einstellen, dass die Berührung durch die Midas-Hand des Rechts den Gehalt der betreffenden Begriffe verändern und so in der Rechtsanwendung möglicherweise Ergebnisse zeitigen wird, die er nicht beabsichtigt hat." (Gruschke 2013, S. 44 f.).

[27]So jedenfalls das Urteil von Taylor (2007, S. 9): „Yet there is no empirical evidence that the enhancement of regulatory compliance will improve the ethical quality of the IRB oversight system. Indeed, procedural compliance may inadvertently divert an IRB's attention from its assessment of the ethics of the human subjects research under review.".

[28]Vgl. Rhodes (2016).

[29]Vgl. Moore und Donnelly (2015).

Kommissionen zu verstehen, die die Vereinbarkeit von Gesuchen mit dem geltenden Recht zu prüfen haben. Diesem „code-consistency job" wird von Rhodes die Aufgabe gegenübergestellt, Gesuche auf ihre ethische Akzeptabilität hin zu kontrollieren. Moore und Donnelly hingegen plädieren für das Aufgeben der „Ethik"-Aufgabe, da mit ihr zu große Offenheit und praxisuntaugliche Dynamik einhergehe. Diese und ähnliche Stellungnahmen, die vermutlich von einem non-kognitivistischen Ethikverständnis ausgehen, führen allerdings zur Vernachlässigung ethischer Reflexion in FEKen.

Von der multidisziplinären Deliberation erhofft man sich demgegenüber eine eigenständige ethische Reflexion des Studienantrags, die unabhängig vom „bias"[30] der involvierten Forschenden ist. So spricht sich z. B. auch Taylor dezidiert dafür aus, dass eine Operationalisierung der „ethischen Qualität" der Begutachtung Vorrang haben müsse.[31] Die FEK hat damit keine „Aufseherrolle", wie ihr manchmal vorgeworfen wird, sondern nimmt eine gesamtgesellschaftliche Aufgabe wahr.[32] Bei der praktischen Durchführung einer Deliberation aus ethischer Sicht liegt, wie bereits weiter oben dargelegt, die Herausforderung zumeist in der Konkretisierung anerkannter ethischer und rechtlicher Standards und weniger in der normtheoretischen Frage, wie sich die zugrunde gelegten ethischen Normen begründen lassen.[33]

Allerdings darf trotz des Plädoyers für eine starke Berücksichtigung der auf einzelne Forschungsanträge bezogenen Deliberationsprozesse nicht übersehen werden, dass Rahmenbedingungen und prozedurale Vorgaben den konkreten Deliberationsprozess durchaus beeinflussen. Der Diskursethiker Kettner, der sich, nicht zuletzt bedingt durch seinen ethischen Ansatz, intensiv mit Verfahrensregeln befasst, nennt vier Typen von Regeln, die bei der Evaluation von FEKen Berücksichtigung finden sollten: neben Deliberationsregeln auch Regeln der Institutionalisierung, Input-Regeln und Output-Regeln.[34] Taylor spricht sich dafür aus,

---

[30]„bias" – im Sinne einer positiv verzerrten Sicht des eigenen Forschungsvorhabens.

[31]Vgl. Taylor (2007).

[32]Vgl. zu einem solchen „nicht-paternalistischen" Verständnis von FEKen auch London (2012).

[33]Der hier verwendete „nicht-sektoriale" Begriff von Ethik wiederspricht auch nicht der Auffassung von Fateh-Moghadan und Atzeni (2009), dass FEKen heutzutage im Kontext rechtlicher Rechtfertigung situiert sind, sodass in der Kommission vorgebrachte Argumente – seien sie auch ethischer Herkunft – zwangsläufig den Status rechtlicher Argumente annehmen würden. Vielmehr gehen ethische Normen und Regeln in rechtliche Vorgaben über bzw. werden rechtsrelevant.

[34]Vgl. Kettner (2002).

dass eine Operationalisierung der „ethischen Qualität" der Begutachtung Vorrang haben muss.[35] Verfahrensaspekte und Aspekte, die sich auf materiale ethische Normen beziehen, schließen sich aber keineswegs aus, wenn es um ethische Qualität geht. Somit beinhaltet das in diesem Beitrag vorgestellte Kriteriensystem zum einen Verfahrenskriterien, die ethisch relevant sind, und zum anderen Kriterien, die eng mit materialen ethischen Normen verbunden sind.

7.3.2 Zum Vorgehen der Erarbeitung ethischer Evaluationskriterien

Das im vorliegenden Beitrag vorgestellte Kriteriensystem zur Beurteilung der „ethischen Qualität" einer Forschungsethikkommission ist aus der Analyse und Diskussion der im Abschn. 7.2.2 aufgeführten forschungsethischen Richtlinien entstanden. Die darin genannten Qualitätskriterien wurden extrahiert und in eine Systematik mit den Kategorien „Spezifische Begutachtungskriterien", „Sitzungs-prozeduren" und „FEK-Rahmenbedingungen" gebracht. Anschließend wurden diejenigen Kriterien herausgefiltert, welche als ethisch relevant im Sinne des weiter oben beschriebenen Qualitätsansatzes erachtet wurden. So wurden entweder solche Kriterien einbezogen, die den Deliberations- und Entscheidungsvorgang von FEKen bedingen, oder solche Kriterien, die für die Substanz der ethischen Deliberation der FEKen essenziell sind, also für die Beurteilung, ob die ethi-schen Grundansprüche medizinischer Forschung angemessen berücksichtigt wurden. Prozedurale Regeln sollten ebenso wie substanzielle ethische Kriterien eingebunden werden.

In einem nächsten Schritt wurde die Auswahl und Kategorisierung ethischer Qualitätskriterien vor dem Hintergrund des wissenschaftlichen Diskurses über FEKen diskutiert und überprüft. Da sich der Diskurs über FEKen traditionell sowohl aus ethisch-normativen Beiträgen zur Frage eines aus ethischer Sicht rich-tigen und gerechten Funktionieren von FEKen als auch aus empirischen Studien zur faktischen Arbeitsweise von FEKen zusammensetzt, wurden Beiträge zum „Ist" wie auch zum „Soll" einbezogen. Insbesondere wurde nach spezifizierenden Vorschlägen gesucht.[36] Aus der Analyse und Zusammenschau forschungsethischer

---

[35]Vgl. Taylor (2007).

[36]Vgl. z. B. Abbott und Grady (2011); Tsan et al. (2013); Silverman et al. (2015); Kettner (2002); Taylor (2007); Raspe et al. (2012).

Richtlinien, empirischer Erhebungen zu institutionellen Moralpraktiken und ethisch-normativen Reflexionen resultiert das unten stehende Kriteriensystem. Der Analyse lagen die zentralen ethischen Normen, die für die Forschung am Menschen einschlägig sind, zugrunde.

7.3.3 Spezifische Kriterien für die Begutachtung von Studienanträgen aus ethischer Sicht

7.3.3.1 Gegenstandsbereich und Art der Kriterien

Das im Folgenden präsentierte Kriteriensystem nimmt vor allem die den FEKen ureigene ethische Aufgabe der Begutachtung in den Blick. Damit soll nicht nur formalistischen Tendenzen entgegengesteuert werden, die sich auf die „Compliance" der FEKen in Bezug rechtliche Standards und berufsethische Richtlinien beschränken, sondern auch ein Bereich ausgeleuchtet werden, der bislang nur selten Gegenstand von Evaluationen war. Die Konzentration auf den Deliberationsprozess bedingt, dass vor allem für die Phase, in der die Mitglieder einer FEK zusammenkommen und die vorgelegten Studiendokumente diskutieren und beurteilen, Begutachtungskriterien entwickelt wurden.

Selbstredend wird diese Phase der Begutachtung von Forschungsprojekten durch andere Bedingungen beeinflusst, sei es positiv oder negativ. Folglich dürfen die Rahmenbedingungen nicht ausgeblendet werden. Allerdings bezieht sich so mancher Ruf nach „mehr Ethik" in FEKen vor allem auf den Mangel an ethischer Diskussion über einzelne Forschungsvorhaben. Zu oft wird vor allem geprüft, ob ein Forschungsprojekt verwaltungstechnischen und rechtlichen Vorgaben genügt. Weniger Aufmerksamkeit und Zeit wird der Reflexion ethischer Fragen gewidmet.

Daher gilt es, im Kernprozess der Begutachtung von Forschungsprojekten, die Fakten und Umstände mithilfe ethischer Normen und Regeln zu bewerten und dabei über eine Bewertung auf der Grundlage der moralischen Intuitionen der Mitglieder hinauszugehen.

Üblicherweise wird die Tätigkeit von FEKen insbesondere mit der Begutachtung des Risiko-Nutzen-Verhältnisses und der informierten Einwilligung verbunden.[37] Insofern ist es wenig überraschend, dass die analysierten Dokumente

---

[37]Vgl. die Grundlegung im Belmont Report der National Commission for the Protection of Human Subjects of Biomedical and Behavioral Research, USA (1978).

diese beiden Bereiche ausführlich behandeln. Wissenschaftlicher medizinischer Fortschritt ist nicht möglich, ohne dass Menschen gewissen Risiken ausgesetzt werden.[38] Gleichwohl lassen sich diese Risiken nur unter der Vorbedingung rechtfertigen, dass eine Studie von solcher wissenschaftlicher Qualität ist, dass sie überhaupt einen Wissenszuwachs zu generieren vermag. So ist es beispielsweise aus ethischer Sicht nicht zu verantworten, Forschung am Mensch ohne eine solide biostatistische Grundlage durchzuführen.[39] Demzufolge ist die Prüfung der Wissenschaftlichkeit einer Studie unerlässlich als *conditio sine qua non*.[40] Aus diesem Grund werden in der folgenden Systematik die Elemente in wissenschaftsbezogene und probandenbezogene Kriterien unterteilt.[41] Komplettiert wird der Bereich mit einer Frage, die die Qualifikation der Forschenden betrifft.

Insgesamt, darauf sei an dieser Stelle eigens hingewiesen, steht die Prüfung der ethisch relevanten Kriterien durch die Mitglieder einer FEK zwar für die „ethische Qualität" einer FEK. Das Urteil einer FEK kann jedoch nur sehr bedingt für die ethische Qualität eines Forschungsprojekts bürgen. Vielmehr liegt die ethische und rechtliche Verantwortung für die Beantragung und Durchführung eines Forschungsprojekts oder einer klinischen Studie bei den Studienleiter(inne)n und deren Mitarbeitenden.[42]

---

[38]Toellner (2016, S. 528) verleiht der Grundaporie moderner Medizin zwischen Forschung und Therapie, die häufig zitiert wurde, wie folgt Ausdruck: „Es ist unethisch, eine Therapie anzuwenden, deren Sicherheit und Wirksamkeit nicht wissenschaftlich geprüft ist; es ist aber auch unethisch, die Wirksamkeit einer Therapie wissenschaftlich zu prüfen […]. Dieser Konflikt der Pflichten ist unaufhebbar […]. Die Norm ärztlichen Handelns und die Norm wissenschaftlichen Handelns schließen sich entweder aus oder schränken sich gegenseitig ein.".

[39]Vgl. weiterführend aus biostatistischer und ethischer Sicht Rauch (2016).

[40]Vgl. World Medical Association (2013, S. 21); World Health Organization (2011, S. 13). Es mag als einer der Hauptverdienste von Emanuel et al. (2000) gelten, dass sie diesen Punkt der Forschungsethik bis ins Mark eingeschrieben haben.

[41]Emanuel et al. (2000) teilen die wissenschaftsbezogenen Kriterien in die Gruppen Relevanz und Validität ein. In diesem Sinne wird hier dem Prinzip der wissenschaftlichen Relevanz das Kriterium der wissenschaftlichen Kohärenz beiseite gestellt, um die Notwendigkeit der Übereinstimmung von Forschungszweck und Forschungsmitteln zu betonen.

[42]Vgl. diesen Punkt z. B. die der World Medical Association (2013, S. 9), aber auch Beiträge zur Forschungsethik, Ethikberatung und zum Medizinstrafrecht.

7.3.3.2 Spezifische Kriterien für die Begutachtung: wissenschaftsbezogene Kriterien

Wissenschaftliche Relevanz

Das wissenschaftsbezogene Prinzip der Relevanz fordert von FEKen, dass sie den voraussichtlichen Wissenszuwachs beurteilen. Ist der erhoffte Erkenntnisgewinn wichtig für die Weiterentwicklung der Medizin, für allgemeine Fragen von Gesundheit und Krankheit oder für künftige Patienten und Patientinnen?[43] Ein gängiges Kriterium zur Feststellung eines Forschungsdesiderats bestünde in der Prüfung, ob eine Studie von einem systematischen Forschungsüberblick („Review") ausgeht. Nur so kann garantiert werden, dass eine Studie auf dem gegenwärtigen wissenschaftlichen Stand basiert[44] und unnötige Verdopplungen und ineffiziente Wiederholungen von Forschung vermieden werden.[45] Obwohl es keine klare Grenzlinie gibt, ab der notwendige Wiederholungen zu unnötigen Duplikationen werden, sollten Forschungsentscheidungen dennoch die Anzahl der genannten Publikationen bzw. wissenschaftlichen Befunde berücksichtigen. Wenn Zitationsmuster von Studienberichten etwa daraufhin deuten, dass Resultate aus früheren Studien keine Berücksichtigung bei der Studienplanung fanden, ist die Forderung nach systematischen „reviews" als Voraussetzung einer Studiendurchführung umso angemessener. Allerdings bleibt die Praxis hinter diesem Anspruch zurück, wenn neue Forschungsprojekte beispielsweise nicht auf der Grundlage aktueller systematischer „reviews" entworfen werden und die Größe der Stichprobe nicht auf Basis von Meta-Analysen schon existierender Studien bestimmt wird. Dies wäre schon allein deshalb erforderlich, um die negativen Effekte eines unverbürgt hohen Vertrauens von Forschenden in die von ihnen

---

[43]Ausführungen zu dieser Anforderung blieben bisher sehr vage – vgl. dazu Habets et al. (2014); Rid und Wendler (2011, S. 145). Gerade im Zuge der „value-waste"-Debatte – vgl. hierzu u. a. Chalmers und Glasziou (2009); Macleod et al. (2011); Borgerson (2016) und damit in Verbindung stehenden medizinethischen Veröffentlichungen, die stärker die translationalen Aspekte klinischer Forschung integrieren – vgl. dazu Kimmelman und London (2015), ist aber zu erwarten, dass die Forderung wissenschaftlicher Qualität noch eine detaillierte Diskussion nach sich ziehen wird – mit dem Ziel, die Beurteilungen dieses Aspekts transparenter zu gestalten. Ansätze dazu finden sich u. a. bei Wendler und Rid (2017); Wertheimer (2015); Wenner (2015, 2017); Habets et al. (2014).

[44]Vgl. zu diesem Punkt Chalmers et al. (2014).

[45]Aufschlussreich zu diesem Punkt ist die Analyse von Carlisle et al. (2016).

untersuchten Substanzen einzuschränken. Ein solcher „optimism bias" korreliert nachweislich mit Studien mit Resultaten ohne Beweiskraft.[46]

Die Pflicht, Studien öffentlich zugänglich zu registrieren, stellt eine weitere Notwendigkeit dar. Insistiert eine FEK auf dieser Registrierungspflicht in einem öffentlich-zugänglichen Studienregister, bevor sie den Begutachtungsprozess überhaupt beginnt? Eine solche Pflicht wird gemeinhin als das effektivste Instrument angesehen, um die allgemeine Transparenz von Forschung zu erhöhen. Es ist entscheidend für den medizinischen Erkenntnisgewinn, der durch bestätigte, aber auch durch verworfene Hypothesen, ansteigen kann, dass auch Studien mit negativen Ergebnissen publiziert werden. FEKen sollten solche Bestrebungen unterstützen, indem sie die Publikation von Studienresultaten innerhalb eines sinnvollen und fairen Zeitfensters fordern und vor allem auch nachprüfen.[47] Auf diese Weise könnten sie zur Reduktion des positiven Publikations-„bias" beitragen.[48]

Forschende des OPEN-Konsortium – einer Initiative, um die Publikation negativer Studienresultate zu fördern – geben folgende Empfehlungen für FEKen: 1) FEKen sollten die Registrierung aller klinischen Studien vor der Rekrutierung des ersten Probanden einfordern. 2) FEKen sollten von Forschenden einfordern, dass diese sich dazu verpflichten, „complete summary results" öffentlich zugänglich zu machen. 3) FEKen sollten Forschende dazu ermutigen, die anonymisierten individuellen Probandendaten mit Anfragenden zu teilen. 4) FEKen sollten von Forschenden jährliche Berichte zur Veröffentlichung der Studienresultate einfordern.[49]

Diese Kriterien sichern also ab, dass neue Studien vom aktuellen Stand der Wissenschaft ausgehen und ihre Ergebnisse zuverlässig in den wissenschaftlichen Diskurs eingespeist werden.

Wissenschaftliche Kohärenz
Das wissenschaftsbezogene Prinzip der Kohärenz bezieht sich auf die interne Struktur einer Studie. Es fordert von der FEK eine Beurteilung, ob der angezielte Wissenszuwachs mit den eingesetzten Mitteln erreichbar ist. Unter „Mitteln" muss die FEK das Studiendesign, die Mess-Endpunkte der Studie, die Ein- und Ausschlusskriterien und die statistischen Modelle prüfen. Ziel dieser

---

[46]Vgl. dazu Djulbegovic et al. (2011).

[47]Vgl. Laine et al. (2007); Ioannidis et al. (2014).

[48]Vgl. Dwan et al. (2013).

[49]Vgl. Meerpohl et al. (2015, S. 5).

Prüfung sollte sein, methodologische Unzulänglichkeiten auszuschließen, damit Folgeprobleme wie ein Selektions-„bias",[50] ungültige und nicht-reproduzierbare Resultate oder nicht aussagekräftige Endpunkte[51] vermieden werden. Für diese Aspekte der Prüfung aus wissenschaftlich-methodischer Sicht kann sich die FEK auch auf ein unabhängiges externes Gutachten stützen.[52] Man könnte also ein zweistufiges Verfahren durchführen. In einem ersten Schritt würde die FEK prüfen, ob der Forschungsstand und ein Forschungsdesiderats solide und plausibel beschrieben werden und ob das Studiendesign mit Blick auf die zu bearbeitende wissenschaftliche Fragestellung kohärent erscheint. Im Weiteren sollte dann ein Biostatistiker einbezogen werden. Teilweise sind unter den Mitgliedern einer FEK auch Biostatistiker, sodass sich eine zweistufige Abfolge erübrigt.

7.3.3.3 Spezifische Kriterien für die Begutachtung: wissenschaftliche und probandenbezogene Kriterien in Überlappung

Studiendesign und Probandenschutz
Wenn die geplante Studie in ihrer Anlage wissenschaftlich plausibel ist, hat die FEK das Studiendesign noch unter Berücksichtigung den potenziellen Probandinnen und Probanden zu diskutieren. Denn die Norm des Probandenschutzes und insbesondere des Schutzes vulnerabler Versuchspersonen kann mit wissenschaftlich-methodischen Anliegen in Spannung geraten. Somit kann es unter Umständen erforderlich sein, das biostatistisch und hypothesengeleitet beste Studiendesign um der Gesundheit und verringerten Belastungen der Versuchspersonen willen „suboptimal" auszugestalten. Hier sind Wissenschaftlerinnen und Wissenschaftler, vor allem auch aus der Biostatistik, gefragt, die flexibel nach methodischen Kompromisslösungen suchen.

Der so genannte Goldstandard einer empirischen Studie beinhaltet einen experimentellen Studienarm sowie eine Kontrollgruppe, die einen Standard oder ein Placebo bzw. keine Intervention erhält. Eine Randomisierung von Patient(inn)en oder von gesunden Proband(inn)en mit einem speziellen Risikoprofil kann zu

---

[50]Vgl. zu den verschiedenen Arten, wie Präferenzen von Forschenden die Resultate beeinflussen können Wilholt (2009).

[51]Vgl. z. B. die Diskussion um adäquate Endpunkte in einem sich schnell verändernden Forschungsfeld wie der Onkologie Ocana und Tannock (2011); Wilson, Collyar et al. (2015); Wilson, Karakasis et al. (2015).

[52]Vgl. World Health Organization (2011, S. 13).

großen Nachteilen, Belastungen oder Risikoakkumulationen bei einzelnen Versuchspersonen oder allen Versuchspersonen eines bestimmten Studienarms führen. Das Verfahren der Verblindung oder Doppelverblindung kann die Frage aufwerfen, wie unerwartete Ereignisse oder die Gesundheitsgefährdungen einer individuellen Versuchsperson detektiert werden können. Bringen spezielle Designs wie Placebo-Operationen in der Chirurgie, die einer Kontrollgruppe zugemutet werden, oder so genannte „wash-out"-Studien – etwa in der Psychiatrie – zu starke Belastungen mit sich?

Die FEK muss außerdem prüfen, ob die Studie die von zahlreichen Richtlinien und Empfehlungen geforderten spezifischen Bedingungen für Studiendesigns wie zum Beispiel placebo-kontrollierte Studien einhält.[53]

Qualifikation der Forschenden

Die moralische Vertretbarkeit einer optimal geplanten Studie hängt außerdem von einer guten Ausführung in der Praxis ab. Deshalb muss als weiteres Prinzip die Qualifikation der Forschenden Berücksichtigung finden. Folglich sollte die FEK die Fähigkeiten und den Grad der Erfahrung mit klinischer Forschung der verantwortlichen und ausführenden Ärztinnen und Ärzte überprüfen, etwa durch Qualifikationsnachweise der Antragssteller.[54] Neben im engeren Sinne fachlichen Nachweisen ist vor allem auch an ethische und kommunikationsorientierte Fortbildungen zu denken. Denn zum einen sollten Forschende in den Aufklärungsformularen nicht lediglich auf die Einhaltung berufsethischer und rechtlicher Vorgaben verweisen, sondern deren normativen Gehalt kennen und auf Forschungspraxis anwenden können. Zum anderen sollten Information und Zustimmung potenzieller Versuchspersonen auch tatsächlich von Verstehen und Freiwilligkeit getragen sein. Das Verfassen gut strukturierter und verständlicher Informationsschriften, insbesondere die Erläuterung möglicher Vor- und Nachteile, ist aus stilistisch-kommunikativer und ethischer Sicht anspruchsvoll.

Prüfung der Machbarkeit

Schließlich muss die Machbarkeit der Studie, d. h. die Finanzierung und die Durchführbarkeit, was u. a. den zeitlichen Rahmen und die Zahl der angestrebten

---

[53]Vgl. für Kriterien für einen vertretbaren Einsatz von Placebo-Designs: Council of Europe, Steering Committee on Bioethics (2012, S. 31); International Conference on Harmonization of Technical Requirements for Registration of Pharmaceuticals for Human Use (2000, S. 13 f.).

[54]Vgl. World Medical Association (2013).

Versuchspersonen der Studie betrifft, betrachtet werden: Die Frage nach der Machbarkeit hat einen doppelten Sinn: Die Aussagekraft der Studienresultate hängt stark von der ordnungsgemäßen Durchführung der Studie ab und damit wesentlich auch von den dafür erforderlichen finanziellen Ressourcen. Häufig werden Studien, insbesondere Arzneimittel- oder Medizinproduktestudien von Sponsoren finanziert. Hier kann es vorkommen, dass der Sponsor versucht, Einfluss z. B. auf Design[55] und Durchführung, Studienergebnisse oder Veröffentlichung der Studienergebnisse zu nehmen.[56] Berücksichtigt die FEK diesen Aspekt in ihrer Begutachtung der wissenschaftlichen Aspekte?

7.3.3.4 Spezifische Kriterien für die Begutachtung: probandenbezogene Kriterien

Neben den wissenschaftsbezogenen Kriterien muss die FEK auch die probandenbezogenen Kriterien einbeziehen, um ihren Hauptzweck zu erfüllen: den Schutz von Versuchspersonen. Zu diesen Kriterien zählen die Beurteilung des Risiko-Nutzen-Verhältnisses sowie die Frage der Angemessenheit der Informations- und Einwilligungsdokumente. Außerdem ist zu klären, ob es spezielle Probandengruppen gibt, die besonders verletzbar oder besonders belastet sind und wie mit damit verbundenen ethischen Problemen umzugehen ist.

Risiko-Nutzen-Abwägung

Wie lässt sich feststellen, ob eine FEK eine gute Risiko-Nutzen-Abschätzung durchführt? Gerade die ethische Bewertung des Risiko-Nutzen-Verhältnisses führt oft zu heftigen Diskussionen in und auch über FEKen, weil hier subjektive oder intuitive Urteile eingebracht werden und somit der Vorwurf aufkommt, an dieser Stelle gebe es nur willkürliche bzw. unbegründete Entscheidungen.[57] Dass intuitionsgeleitete Beurteilungen aber nicht zwingend mit willkürlichen bzw. unbegründeten Beurteilungen gleichzusetzen sind, zeigt Resnik auf.[58] Er nennt in diesem Zusammenhang unterschiedliche Strategien, wie FEKen ihre

---

[55]Bei der Prüfung von Arzneimitteln sind z. B. manchmal Designs zu finden, die statt einer Kontrollgruppe, die das Standardmedikament erhält, gegen eine Placebo-Gruppe geprüft wird. In diesem Fall müsste aber nicht lediglich die Wirksamkeit im Vergleich zu einem Placebo, sondern die Überlegenheit des Prüfmedikaments, das sich gegen einen etablierten Standard bewähren soll, gezeigt werden.

[56]Vgl. zum Einfluss der Finanzierung auf die Studienresultate die Studie von Schott et al. (2010a) und Schott et al. (2010b).

[57]Vgl. Resnik (2017).

[58]Vgl. Resnik (2017).

Einschätzungen verbessern können – z. B. durch den Bezug auf empirische Daten über die Wahrscheinlichkeit der Schadensrisiken und Nutzenchancen, auf Klassifizierungssysteme zu diesen Risiken, oder – und dies insbesondere – durch eine ethische Diskussion und Argumentation über die Akzeptabilität von Risiken.

Darüber hinaus zeigt ein Blick in die ethische Literatur zu diesem Problem, dass unterschiedliche Vorgehensweisen vorgeschlagen werden, um nachvollziehbare und in diesem Sinne objektive Entscheidungen zu erreichen.[59] Die Unterschiedlichkeit der Vorschläge macht weder einen theoretisch gut begründeten noch einen faktischen Konsens über eine einheitliche Vorgehensweise für FEKen unwahrscheinlich. Man könnte aber zumindest formal als Anhaltspunkt für die Qualität einer FEK ansetzen, ob die Begutachtung von Studienanträgen überhaupt nach einer strukturierten Methode der Risiko-Nutzen-Abwägung erfolgt.

Des Weiteren stehen pragmatische Kriterien mit der Frage der Risiko-Nutzen-Bewertung in engem Zusammenhang: Befragt die FEK erstens, ob in einer Studie die Risiken minimiert werden? Wird zweitens das vorgesehene Risikomonitoring während einer Studie als angemessen beurteilt?[60] Kontrolliert die FEK drittens, ob die Studie für eine passende Versicherung sorgt, welche für mögliche Schäden aufkommt? Nun sind die Antworten auf diese vordergründig pragmatischen Fragen keinesfalls unabhängig von der ethischen Bewertung von Chancen und Risiken – letztlich von der Frage, in welcher Hinsicht Versuchspersonen geschützt und vor Belastungen bewahrt werden sollen und in welcher Hinsicht der potenzielle Nutzen einer Studie – vielleicht ein potenzieller Nutzen für die Versuchspersonen selbst oder aber ein Nutzen, der lediglich künftigen Kranken zukommt oder ein Nutzen, der im allgemeinen Zuwachs medizinischen Wissens besteht. Gleichwohl mag sich auf der Ebene der „schweren" oder „leichten" Risiken oder des „gewichtigen" oder „geringen" Nutzens ein faktischer Konsens in der Beratung einer FEK ergeben.

Ein weiteres Problem, welches mit dem Risiko-Nutzen-Verhältnis verbunden ist, ist das des Auswahlverfahrens der Versuchspersonen. Mit Blick auf die Fairness dieses Prozesses sollte die FEK a) prüfen, ob die Inklusions- und Exklusionskriterien zum Ausschluss aller unnötigen Risiken und Belastungen für die Versuchspersonen führen. Weiter muss die FEK b) die Rekrutierungs- und Werbungsunterlagen beurteilen, um eine zufällige Anziehungskraft für spezielle

---

[59]Vgl. Wendler und Miller (2008); Rid et al. (2010); Raspe et al. (2012), aber auch Bernabe et al. (2012). Ebenso zu beachten ist die Forderung von Anderson und Dubois (2012) nach evidenzbasierten Entscheidungen in FEKen.

[60]Vgl. Ansmann et al. (2013).

Zielgruppen auszuschließen. Ebenso muss die FEK c) übermäßige Anreize durch finanzielle Entgelte verhindern. Sie sollte auch darauf achten, dass sich für Studien der Phase I/II, in denen in der Regel die Toxizität bzw. Schädlichkeit einer Behandlung oder Diagnostik an gesunden Versuchspersonen geprüft wird, nicht ständig die gleichen Versuchspersonen im Sinne von „Berufsversuchspersonen" aus finanziellen Gründen zur Verfügung stellen und damit auf Dauer ihre Gesundheit erheblich schädigen können.[61]

Schließlich muss die FEK beurteilen, ob eine Studie eine Gruppe von Menschen anvisiert, die ein spezielles Schutzbedürfnis hat oder mit anderen Worten besonders verletzbar ist.[62] Hier ist z. B. an Frühgeborene, Minderjährige insgesamt, an Menschen mit einer geistigen Behinderung, Menschen mit manifester oder sich beginnender Demenzerkrankung, Bewusstlose, akut Verletzte, aber u. U. auch an Menschen mit Migrationshintergrund oder Menschen in hohem Alter zu denken.

Ist dies der Fall, muss die FEK a) eine eingehende Rechtfertigung für die Heranziehung oder den Einschluss der besonders verletzbaren Gruppe einfordern und auf ihre Plausibilität hin prüfen und sie muss b) überprüfen, ob im Fall einer Bestätigung der Studie zusätzliche Schutzmaßnahmen umgesetzt werden können. Wenn bei Versuchspersonen die Einwilligungsfähigkeit fraglich ist, etwa nach einem Schlaganfall oder einer Demenzerkrankung im Anfangsstadium, ist eine vorgängige Beurteilung dieser Fähigkeit entscheidend. Die FEK muss die Angemessenheit dieses Verfahrens beurteilen. Sie muss insbesondere darauf achten, ob die Beurteilung der Einwilligungsfähigkeit durch Fachpersonen, etwa der Psychiatrie oder Psychologie, geschieht, die a) ausreichend Erfahrung mit dieser vulnerablen Probandengruppe besitzen und b) vom Forschungsprojekt unabhängig sind.[63]

Informed Consent

Es ist weithin anerkannt, dass Studien normalerweise nur durchgeführt werden dürfen, wenn die Versuchspersonen informiert wurden und der Teilnahme freiwillig zugestimmt haben.[64] Das Prinzip des „Informed Consent" ist und bleibt für die Forschungsethik fundamental – neben grundlegenden Individualrechten

---

[61]Vgl. Abrams und Browning (2001); Wertheimer (2008); Levine (2008).

[62]Vgl. International Conference on Harmonization of Technical Requirements for Registration of Pharmaceuticals for Human Use (1996, 1.61).

[63]Vgl. zu diesen Vorsichtsmaßnahmen auch Silverman (2011).

[64]Konstellationen, in denen diese Auflagen erlassen werden können, diskutieren Gelinas et al. (2016).

auf physische und psychische Integrität und auf Selbstbestimmung. Der „Informed Consent" ist außerdem ein Schlüsselkonzept für das gesellschaftliche Vertrauen, auf das die medizinische Forschung angewiesen ist. FEKen müssen dementsprechend bei der Prüfung der Dokumente, welche an die potenziellen Versuchspersonen gehen, darauf achten, dass diese Dokumente ausreichende und gut verständliche Informationen bieten. Die wesentlichen Inhalte der Information, besonders die Art und Weise der Studie, der Zweck der Studie, die Risiken und den erforderlichen Aufwand, den die Versuchsperson im Rahmen der Studie haben wird. Zentral ist auch der Hinweis (und die gelebte Praxis), dass jede Teilnahme freiwillig ist und aus einem Rücktritt keine Nachteile erwachsen dürfen.

Mittlerweile gibt es eine Vielzahl an Mustervorgaben, welche die notwendigen Bestandteile einer Informationsschrift aufführen.[65] Die Tatsache, dass deren Anforderungen und Empfehlungen sich erheblich unterscheiden,[66] kann wohl der Komplexität des Konzepts „Informed Consent" und dem zugrunde liegenden Autonomieprinzip[67] zugeschrieben werden. Empirisch wird die Problematik durch die Beobachtung verschärft, dass Probandeninformationen höchst selektiv gelesen, verstanden und interpretiert werden.[68] Hinzu kommt, dass FEKen nicht den tatsächlichen Akt der Einwilligung prüfen können, sondern nur, ob die vorgelegten Unterlagen eine informierte Einwilligung ausreichend unterstützen. So sollten in den oft sehr umfangreichen Aufklärungsschriften zentrale Informationen deutlich hervorgehoben werden und insgesamt eine verständliche Sprache gewählt werden.

Bei der praktischen Implementierung hat das Studienpersonal, d. h. diejenigen Ärztinnen und Ärzte, die potenzielle Versuchspersonen informieren eine entscheidende Rolle.[69] Denn viele Patienten wollen ihre behandelnden Ärzt(inn)e(n) nicht verärgern und fühlen sich u. U. nicht wirklich frei, eine Studienanfrage

---

[65]Vgl. z. B. International Conference on Harmonization of Technical Requirements for Registration of Pharmaceuticals for Human Use (1996); Council of Europe, Steering Committee on Bioethics (2012). Aber auch der Arbeitskreis Medizinischer Ethik-Kommissionen in der Bundesrepublik Deutschland e. V. oder einzelne Ethikkommissionen haben Musterinformationsschriften oder entsprechende Bausteine aufgearbeitet.

[66]Capron (2008).

[67]Vgl. zu den unterschiedlichen Aspekten des Autonomiekonzepts im Bereich der Forschungsethik Bobbert und Werner (2014).

[68]Vgl. dazu Flory et al. (2008).

[69]Vgl. Bobbert und Werner (2014) zu den empirischen Schwierigkeiten des Informed Consent in der Forschung, bes. S. 112 f.

abzulehnen. Zusätzlich gibt es das so genannte „therapeutische Missverständnis", d. h. das psychische Phänomen, dass Patient(inn)en, die sich in Behandlung befinden, sich von einer Studie zuverlässig einen eigenen Nutzen versprechen, selbst wenn in der Informationsschrift keine Rede davon ist, weil es sich um eine nicht-therapeutische Studie handelt.

Angesichts dieser empirischen Einsichten sollte eine FEK sich bei ihrer Evaluation nicht nur auf die bloße Vollständigkeit der Informationen beziehen. Vielmehr sollte sie die Dynamik des Einwilligungsprozesses berücksichtigen und ihr Augenmerk auf die kontextuellen Herausforderungen bei der Umsetzung in einer spezifischen Studie richten.

Außerdem stellen „Informed Consent"-Checklisten bzw. Musterformulierungen Hilfen für die Antragsteller dar, um eine für Versuchspersonen verständliche und notwendige Hinweise umfassende Informationsschrift zu verfassen. Informiertheit, Freiwilligkeit und Entscheidungskompetenz werden als Grundelemente des „Informed Consent" angesehen.[70]

Wie ließe sich nun die Evaluation der Arbeitsweise einer FEK operationalisieren? a) Prüft die FEK die Vollständigkeit der Probandeninformationsschriften an Hand einer Checkliste bzw. der angebotenen Hinweise und Formulierungsbausteine.[71] b) Wird in der FEK die Verständlichkeit der Informations- und Einwilligungsschriften durch nicht-medizinische Mitglieder geprüft? c) Schlägt die FEK nicht nur Änderungen der Schriften vor, sondern begründet sie ihre Vorschläge in Bezug auf die Grundelemente Informiertheit, Freiwilligkeit und Entscheidungskompetenz?

Wie oben gezeigt, können Interessenkonflikte der Studienleiter(innen) den Einwilligungsprozess beeinflussen und besonders verletzbare Gruppen, aber auch schon Versuchspersonen im Rahmen einer Arzt-Patient-Beziehung in ihrer Entscheidungsfähigkeit und Freiwilligkeit beeinträchtigen. Daher sollte die Evaluation einer FEK mit einbeziehen, ob die FEK den Rekrutierungs- und Informationsprozess auf mögliche Gefahrenstellen und Herausforderungen im Kollektiv hin reflektiert. Dies lässt sich aus den Diskussionsprotokollen der FEK und aus der Art ihrer Auflagen in Bezug auf den Informed Consent ablesen.

In der Praxis gestalten die Studienleitung und deren Mitarbeitende den Informations- und Entscheidungsprozess potenzieller Versuchspersonen. Diese Praxis

---

[70]Vgl. zu den Bestandteilen des „Informed Consent" als Standardwerk Faden und Beauchamp (1986) und auch Brock (2008).

[71]So z. B. im „Self-Assessment-Tool" für FEKen entwickelt von Sleem et al. (2010, S. 96) und angewendet in Silverman et al. (2015).

bleibt hinter den Anforderungen der Deklaration von Helsinki (Art. 27) zurück. Denn hier wird gefordert, dass die Einwilligung durch eine Person eingeholt wird, die außerhalb der Patient-Forscher-Beziehung steht. Die FEK sollte also darauf bestehen, dass potenzielle Versuchspersonen zumindest die Option haben, bei einer unabhängigen Stelle oder qualifizierten Person wie beispielsweise einer medizinischen Beraterin[72] Fragen zu klären oder eine zweite Meinung einzuholen. Eine solche Maßnahme würde eine institutionalisierte Hilfestellung zur Befähigung von Versuchspersonen darstellen. Ein Qualitätsmerkmal einer FEK-Begutachtung würde also auch darin bestehen, dass die FEK prüft, ob im Rahmen einer Studie für Versuchspersonen ein institutionell garantierter Weg zum Einholen einer zweiten Meinung vorgesehen ist.

Datenschutz

Für Versuchspersonen wichtig ist der Schutz personenbezogener Daten, der angesichts der zunehmenden Bedeutung von Forschung mit Daten- und Biobanken auch FEKen immer stärker beschäftigt.[73] Der Schutz von Daten und Biomaterial von Studienteilnehmenden leitet sich von deren Persönlichkeitsrechten ab, steht aber in Spannung mit der erwünschten Validität der Forschung.[74]

Die Evaluation der Arbeitsweise einer FEK sollte das Augenmerk zum einen darauf richten, ob die FEK die Informationen für die Teilnehmenden der Studie auf Vollständigkeit und Verständlichkeit hin überprüft. Zum anderen sollte aber unabhängig davon die Art der erhobenen Informationen – z. B. Krankheitsverläufe, Biomarker oder genetische Informationen, die Dauer der Speicherung sowie die Vorkehrungen zum Schutz der Privatsphäre betrachtet werden. Die Reichweite der informierten Zustimmung kann stark variieren. So kann von Versuchspersonen entweder die Zustimmung der Verarbeitung ihrer gesundheitsbezogenen Daten nur für das vorgelegte Studienprojekt, für Projekte zum gleichen Krankheitsbild, für medizinische Forschungsprojekte generell oder sogar für nicht-medizinische Forschung erbeten werden. Auch die Aufbewahrungsdauer kann variieren. Abgesehen von einer rechtlich vorgeschriebenen, begrenzten

---

[72]Zu diesem Vorschlag vgl. Dekking et al. (2016).

[73]Vgl. Mascalzoni (2015).

[74]Vgl. zum ethischen Dilemma im Umgang mit Daten in der Forschungsethik Hoppe (2011).

Aufbewahrungspflicht von Proben und Daten lassen viele Antragsteller inzwischen die Aufbewahrungsdauer offen.

Es ist international bekannt – gleichwohl gibt es noch keine guten Lösungen –, dass sich durch die Speicherung und Verwendung von Biomaterial und Daten in Biobanken zur medizinischen Forschung weitreichende Probleme stellen.[76] Einig ist man sich darin, dass allein eine weite, unbegrenzte Zustimmung der Versuchspersonen zur Verwendung ihres Biomaterials und ihrer personenbezogenen Daten für eine verantwortliche Handhabung von Biodaten und genetischen Informationen nicht ausreicht.

Auch wenn eine FEK derzeit keine Vorschriften für die genannten unterschiedlichen Varianten machen kann, so kann sie sich doch beratend zu diesen unterschiedlichen Daten, Sicherungsmöglichkeiten und zukünftigen Vor- und Nachteilen der Versuchspersonen verhalten. Im Sinne des Schutzes von Probandinnen und Probanden und ihrer Belange, etwa, was das Recht auf Nichtwissen, künftige Privatisierungen oder innerfamiliäre Konflikte angesichts weitreichender genetischer Informationen anbelangt, sollte eine FEK sich mit der Zusicherung der Antragsteller, die rechtlichen Datenschutzbedingungen einzuhalten, zufrieden geben, zumal das Niveau des Datenschutzes international stark variieren kann. Ein Kriterium für die Qualität der Arbeitsweise einer FEK könnte also darin bestehen, dass sich eine FEK insbesondere dann mit der Frage des Datenschutzes und der Sicherung sensibler Daten befasst, wenn individuelle Krankheitsverläufe und genetische Daten verarbeitet werden. Aus Vorsichtsgründen könnte eine FEK die begrenzte Aufbewahrung empfehlen und zur besonderen Absicherung der Speicherung der sensiblen Daten auffordern. Zudem stellt es ein Qualitätskriterium dar, wenn eine FEK Expert(inn)en für nationale und internationale Datenschutzregelungen institutionalisiert mit einbezieht.

Diese Ebene der spezifischen Kriterien ist für eine Evaluation von FEKen absolut notwendig, um die Qualität der ethischen Reflexion, die die Umsetzung des Probandenschutzes und die Gewährleistung der Wissenschaftlichkeit umfasst, zu beurteilen.

Es steht jedoch außer Frage, dass die Begutachtung auch durch andere Faktoren, die sich durch das Verfahren der Prüfung durch die FEK ergeben und durch Faktoren, die mit dem institutionellen Rahmen einer FEK verbunden sind,

---

[76]Vgl. Rütsche (2015, S. 384 ff.; 479 ff.). Vgl. Deutscher Ethikrat (2010).

beeinflusst wird. Im Folgenden werden diese Faktoren aus ethischer Perspektive analysiert und Kriterien aufgezeigt, die die ethische Güte der Struktur der FEK auszuweisen vermögen.

7.3.4 Kriterien zu Sitzungsprozeduren

In ihren Begutachtungssitzungen prüfen FEKen Studien, indem das Forschungsvorhaben in Bezug auf rechtliche und ethische Normen diskutiert und beurteilt wird. Dass sich jedoch Regeln und Standards, die die Begutachtungsprozesse strukturieren, und institutionelle Rahmenbedingungen auf das „Ethikvotum" auswirken, zeigen bereits empirische Studien.[77]

So haben beispielsweise Candilis et al. die IRB-Sitzungen von 10 der in der medizinischen Forschung führenden Zentren in den USA daraufhin untersucht, a) welche Mitglieder einzelner Studien sich durch Wortmeldungen aktiv betätigen und b) in welchem Umfang sie dies taten („word counts").[78] Es konnte beobachtet werden, dass der Hauptanteil der Diskussion um die Beurteilungen bei bestimmten Begutachtern und den Vorsitzenden lag; vor allem aber wurde beobachtet, dass insbesondere die „non-reviewing" Mitglieder eine „silent majority" bildeten, also in den Deliberationen keine aktive Rolle einnahmen. Der substanzielle Teil lag also überwiegend bei den erstgenannten Mitgliedern. In einem Großteil der Studien beteiligten sich über Begutachter und Vorsitzende hinaus (nur) drei weitere Mitglieder. Daraus kann man die Schlussfolgerung ziehen – wie dies auch die Autoren der Studien tun –, dass IRBs genauso wirksam und ohne Qualitätseinbuße arbeiten könnten, wenn sie sich aus weniger Mitgliedern zusammensetzen würden.[79] Ebenso könnte man aber fordern, dass es Mechanismen bedarf, um die „silent majority" zu aktivieren. Dies wäre vor allem dann zu fordern, wenn gerade in der multidisziplinären Deliberation und Entscheidung die eigentliche Aufgabe von FEKen gesehen würde.

---

[77]Vgl. hierzu insbesondere den ersten Teil der qualitativen Studie „Behind closed doors" von Stark (2012, S. 10 ff.).

[78]Vgl. Candilis et al. (2012).

[79]Die durchschnittliche Größe einer IRB der untersuchten Stichprobe lag bei 16 Mitgliedern.

Das vorrangige Ziel einer FEK-Sitzung ist die interdisziplinäre Verständigung über den medizinisch-wissenschaftlichen Sachverhalt der Studie und darauf aufbauend die ethische und rechtliche Bewertung. Multidisziplinäre Kommissionen, wie sie von allen maßgeblichen Richtlinien vorgeschlagen werden, sind nur dann sinnvoll, wenn deren Zweck in der gemeinsam durchgeführten Begutachtung mittels eines Austauschs von Argumenten gesehen wird. Bestünde der Zweck einer interdisziplinären und breiten innerfachlichen Zusammensetzung der Mitglieder einzig in der Akkumulation von Einzelvoten, wären Kommissionssitzungen nicht notwendig. Regeln zur Unterstützung einer von Interdisziplinarität geprägten Deliberation betreffen die Zuordnung von Rollen und Aufgaben in einer FEK-Sitzung, außerdem Verfahrensregeln für Diskussion, Entscheidungsfindung und Abstimmung und schließlich Regeln der Dokumentation. Durch solche Regeln, so etwa Wenner, können so genannte „deliberative Pathologien"[80] vermieden werden. Damit meint Wenner Faktoren, die verhindern, dass in den Deliberationen einer FEK unterschiedlicher Perspektiven vermittelt werden, beispielsweise unterschiedliche Sprachkulturen und Unterschiede in den Persönlichkeit und individuellen Risikobewertungen. Folgt man der demokratietheoretischen Einbettung und Legitimierung von FEKen der Rechtswissenschaftlerin Vöneky, so zeichnen sich FEKen gerade durch die ethische Reflexion aus.[81]

7.3.4.1 Regeln zur Aufgaben- und Rollenzuschreibung

Die Evaluation einer FEK muss die Aufgaben- und Rollenbeschreibung für die einzelnen FEK-Mitglieder, d. h. die des Vorsitzenden, der jeweils für die Begutachtung einer Einzelstudie bestimmten Mitglieder und die weiteren Mitglieder berücksichtigen.

Vorsitz

Die Aufgabe des FEK-Vorsitzes besteht darin, die Sitzung so anzuleiten, dass jedes Mitglied mit seiner spezifischen Kompetenz optimal zur Diskussion beitragen kann. Es gilt, Diskussionsregeln zu etablieren und für ihre Einhaltung zu sorgen. Polarisierungs-, Primär-, Hierarchie- und Sequenzeffekten sowie Informationskaskaden gegenzusteuern, stellt z. B. eine Herausforderung dar.[82] Schließlich muss die Person, die den Vorsitz führt, die Transparenz und Befolgung der Entscheidungsregeln und Abstimmungsvorgaben gewährleisten.

---

[80]Vgl. Wenner (2016). Vgl. außerdem Pritchard (2011).

[81]Vgl. Vöneky (2010, S. 613 ff.).

[82]Vgl. dazu besonders Wenner (2016, S. 252 f.).

Bestimmte Gutachter

Die Aufgabenbeschreibung für die Gutachter, die in besonderer Weise eine Studie begutachten sollen, muss explizit und detailliert ausgeführt sein. Eine FEK sollte darlegen können, welche Dokumente unter Berücksichtigung welcher spezifischer Kriterien durch wen begutachtet worden sind. Ebenso sollten die Art und Weise der Informationsübermittlung und der Zeitpunkt der Kommunikation des Urteils des bestimmten Gutachters an die anderen Mitglieder definiert sein, damit sich alle Mitglieder gleichermaßen und geplant mit der Studie befassen können.

Unbestimmte FEK-Mitglieder

Die Rolle der FEK-Mitglieder ohne spezifischen Begutachtungsauftrag darf nicht vernachlässigt werden. Ihre Aufgabe besteht darin, die Studienunterlagen mit ihrer jeweils speziellen Kompetenz zu prüfen und sich informiert an der Diskussion der Studie zu beteiligen. Außerdem sollen sie aus ihrer Perspektive und Fachkompetenz heraus Fragen an die bestimmten Begutachter richten.[83] Denn nur so lässt sich eine inter- und innerdisziplinäre Betrachtung eines Forschungsvorhabens realisieren. Außerdem fordern zahlreiche rechtliche Vorgaben die Beteiligung nicht-wissenschaftlicher Mitglieder, so genannte „Laien", Patientenvertreter oder „community members" in FEKen. Da diese kaum Bestimmungen zur genauen Rolle enthalten,[84] besteht hier noch Präzisierungsbedarf. Sinn und Zweck dieser unbestimmten Mitglieder besteht sicherlich darin, die Patienten- bzw. Probandenperspektive verstärkt einzubringen. Diese zeichnet sich zum einen durch eine besondere Abhängigkeit und Verletzbarkeit und zum anderen durch eine Intensivierung der Frage der Lesbarkeit und Verständlichkeit der für potenzielle Probanden wesentlichen Studieninformationen aus.

Empirische Studien weisen immer wieder auf Probleme im Verhältnis von „Experten-" und „Laienmitgliedern" in FEKen hin. Sengupta und Lo berichten aus Interviews mit 32 Laienmitgliedern aus 11 IRBs, dass diese ihre Rolle hauptsächlich in der Vereinfachung der Probandendokumente sahen.[85] Dabei fühlten sich 28 gelegentlich durch Expertenmitglieder eingeschüchtert. Auch in Interviews mit kanadischen Kommissionsmitgliedern durch Schuppli und Fraser wird eine mitunter einschüchternde Atmosphäre für nicht-wissenschaftliche Mitglieder

---

[83]Vgl. dazu auch die Beobachtungen von Allison et al. (2008).

[84]Vgl. dazu die Studie von Anderson (2006); vgl. für eine mögliche Profilierung nicht-medizinischer Mitglieder Lidz et al. (2012, S. 7).

[85]Vgl. Sengupta und Lo (2003).

beschrieben.[86] Diesbezüglich zeigt die Studie von Allison et al. (2008) auf, dass Ausbildung und institutionelle Wertschätzung und Einbindung von Laienmitgliedern zur Vermeidung dieser Probleme beitragen können.[87] Ähnliches schlagen Kuyare et al. (2015) in ihrer Studie zu FEKen in Indien vor.[88]

Unter Umständen können externe Laien durch ihre Unabhängigkeit von den Strukturen und Erwartungen einer Institution der Gesundheitsversorgung und von den systemimmanenten Mechanismen der Forschung kritische Distanz einnehmen. Allerdings lassen sich die dafür erforderliche Sensibilität und kritische Kompetenz nicht per se durch den Laienstatus oder die externe Position erwarten. Vielmehr könnten vor allem Fortbildungsmaßnahmen diese günstigen Bedingungen des Laien- bzw. Externenstatus noch profilieren.

Bislang sind ungeachtet der allgemeinen Würdigung der Notwendigkeit von der Inter- und Intradisziplinarität die unterschiedlichen Möglichkeiten und Aufgaben der unbestimmten FEK-Mitglieder im Einzelnen selten explizit reflektiert. Für die Sicherung der Qualität einer FEK ist dies jedoch erforderlich. Zudem sollten Sinn und Zweck der unterschiedlichen Rollen der Mitglieder einer allgemeinen Arbeitsbeschreibung entnehmbar sein.

Diskussions- und Entscheidungsregeln

Eine interdisziplinäre und innerfachlich vielfältige Deliberation, in die durch die Anzahl ihrer Mitglieder auch plurale persönliche Moralüberzeugungen einfließen, muss durch Diskussions- und Entscheidungsregeln gestaltet werden. Zum einen sollten Diskussionen unter dem Primat der Gleichheit aller FEK-Mitglieder stehen. Kein Mitglied sollte qua Disziplin oder Rolle vorrangige Autorität haben. Vielmehr zeichnet sich ein qualitativ guter ethischer Diskurs idealerweise durch die überzeugende Kraft des besseren Arguments aus.

In Anlehnung an Habermas formuliert Wenner dies wie folgt:

In einem idealen Deliberationsprozess sollte ein vernünftiger Konsens durch die umfänglichen und gleichen Fähigkeiten der einzelnen Mitglieder gerecht werden, um Aspekte aufzubringen und die Diskussion zu beeinflussen. Die Ergebnisse sollten auf den Gründen basieren, die in Bezug auf bestimmte Entscheidungen gegeben wurden und nicht durch Ungleichheiten der Macht oder der Verhandlungsposition. Um sich diesem Ideal anzunähern, müssen FEKen nicht nur mit ausreichend

---

[86]Vgl. Schuppli und Fraser (2007). In die gleiche Richtung weist Anderson (2006).

[87]Vgl. Allison et al. (2008).

[88]Vgl. Kuyare et al. (2015).

qualifizierten und sorgfältig arbeitenden Mitgliedern ausgestattet sein vielmehr müssen; die Erwägungen auf eine Art und Weise ausgeführt werden, die gewährleistet, dass alle relevanten ‚Inputs' gehört und angemessen berücksichtigt werden.[89]

Evaluationsmaßnahmen hätten dies also zu berücksichtigen:

> Wirkungsvolle Evaluationsverfahren sollten daher Prozesse zur Förderung von und zum Schutz vor dem Einfluss und der Glaubwürdigkeit der nicht-affiliierten und nicht-wissenschaftlichen Mitglieder beinhalten.[90]

In Bezug auf die Entscheidungsfindung muss das Vorgehen im Voraus festgelegt sein. Es ist relevant, ob Diskussion und Begutachtungsergebnis auf eine konsensuelle Entscheidung oder auf eine Abstimmung abzielen. Aus ethischer Sicht kann eine bloße Mehrheit nicht die Richtigkeit eines ethischen Urteils bzw. eines Begutachtungsurteils ausweisen. Vielmehr kann nur die Plausibilität bzw. Schlüssigkeit der Argumentation in Bezug auf einschlägige ethische Normen ausschlaggebend sein. Unter Praktikabilitätsgesichtspunkten muss letztlich vereinbart sein, ob ein Konsens oder eine Abstimmung als Ergebnis angestrebt wird. Aus ethischer Sicht ist ein gut begründeter Konsens oder aber ein Konsens mit abweichenden Voten, die ebenfalls begründet werden, sinnvoll. Aus rechtlicher und pragmatischer Sicht wird vermutlich eine Abstimmung präferiert. Aber auch in diesem Fall könnten abweichende Voten mitsamt ihrer Begründung dokumentiert werden.

Empirische Anhaltspunkte für die Frage, ob Konsens oder Abstimmung der diskursiven Kultur einer FEK zuträglicher ist, gibt es nicht. Allerdings scheint die Annahme plausibel, dass ein konsensuelles Modell dazu führt, dass einzelne divergierende Meinungen eher integriert werden. Zumindest sollte für die Mitglieder transparent sein, welches Vorgehen ihre FEK verfolgt. Gleichermaßen

---

[89]Wenner (2016, S. 246, Übers. M. Bobbert): „In an ideal deliberative procedure, rational consensus is sought via individual parties' full and equal abilities to raise issues and influence discussion, and outcomes are based on reasons offered in support of particular decisions rather than inequalities of power or bargaining position. In order to approximate this ideal, IRBs must not only be staffed by sufficiently qualified and diligent members; protocol deliberations must also be conducted in a manner that ensures all relevant input is heard and given adequate consideration.".

[90]Wenner (2016, S. 251, Übers. M. Bobbert): „Effective oversight procedures should therefore include processes for promoting and protecting the influence and credibility of nonaffiliated and nonscientist members.".

sollte festgehalten sein, wie mit gegensätzlichen Standpunkten und Minderheitsvoten umgegangen wird. Schließlich sollte allen Mitgliedern klar sein, mit welchen Kategorien der Genehmigung und Ablehnung ihre FEK arbeitet.

7.3.4.2 Dokumentationsregeln

Da Regeln zur Dokumentation einer Sitzung als prozedurale Vorgaben ihre eigene Wirkung auf den Begutachtungs- und Diskussionsprozess ausüben, sollten sie festgelegt und eingehalten werden. Die Art und Weise, wie eine Sitzung dokumentiert wird, beeinflusst den Prozess der Diskussion und Urteilsfindung.

Inwiefern FEKen im Prozess der Entscheidungsfindung nicht nur von der Sprache der Deliberation, sondern auch von der Sprache der Dokumentation beeinflusst werden, arbeitete Stark in ihrer Studie heraus, die aus der Beobachtung von IRB-Sitzungen und Interviews basiert:[91]

> Dokumente wie Sitzungsprotokolle sind mehr als nur die Aufzeichnung einer Entscheidung. Bei der Beobachtung von FEK-Mitgliedern bei der Arbeit sah ich, dass die Entscheidungen, die sie bei der Bewertung von Studien fällten, teilweise das Resultat der Art und Weise waren, wie der Prozess protokolliert wurde. [...] Die faktischen Dokumente, die die FEK-Mitglieder letztlich erzeugen, können eine zentrale, wenn auch subtile, Rolle für die letztendliche Entscheidung spielen. Es mag kontraintuitiv erscheinen, dass die Endprodukte der Deliberation – namentlich die FEK-Dokumente – den Entscheidungsprozess im Verlauf abwandeln. [...] Diese Veränderung ist ein Beispiel für eine neue antizipatorische Perspektive, die Dokumente als soziale Artefakte untersucht. FEK-Mitglieder nutzten ihr Wissen darüber, wie ihre Deliberation aufgezeichnet werden würde, um ihre Deliberationen, wenn sie in Gang waren, dahin gehend zu formen, wie sie nachher berichtet werden würden. Sitzungsprotokolle berichteten also nicht nur Entscheidungen und reproduzierten Kategorien, Standards und Bewertungsnarrative, die in Deliberationen eingesetzt worden waren; die nicht-schriftlichen Berichte steuerten ebenso den Kurs der Entscheidungsfindung während der Prozess noch im Gang war.[92]

---

[91]Vgl. Stark (2012, S. 57 ff.).

[92]Stark (2012, S. 57 ff., Übers. M. Bobbert): „Documents such as meeting minutes do more than chronicle decisions. By watching IRB members at work, I saw that the choices they made when evaluating studies were in part the product of how the process was recorded. [...] The physical documents that board members eventually produce also play a central, if subtle, role in what will become their finals decisions. As counterintuitive as it may seem, the end products of deliberations – namely, IRB documents – alter the decision-making process as it is under way. [...] This move is an example of a new anticipatory perspective for studying documents as social artifacts. IRB members used their knowledge of how their deliberations would be recorded to alter their deliberations as they were under way – and thus to shape the very decisions that the documents eventually record [...]. Meeting minutes

Um die Transparenz der Argumentationen in Bezug auf eine Begutachtung zu erhöhen, sollte nicht lediglich ein Ergebnisprotokoll, sondern ein ausführliches Diskussionsprotokoll verfasst werden. Nur anhand eines Diskussionsprotokolls lässt sich zeigen, welche Faktoren durch die FEK als relevant eingestuft, wie sie bewertet wurden und auf welcher Basis Abwägung und Urteil standen. So würde nicht nur ermöglicht, auf Nachfragen hin aus ethischer Sicht rechtfertigende Gründe für ein Urteil zu geben. Zusätzlich würde die Disposition der Mitglieder, die in ihren individuellen Urteilen enthaltenen Wertungen offen zu legen, gefördert. Auf diese Weise würde das Bewertungs- und Beurteilungsverfahren transparenter. Eine solche Dokumentationsregel kann den Begutachtungsprozess argumentativ und vice versa weniger autoritativ machen.

Die Frage, wem diese Protokolle zugänglich sein sollten, ist dabei sekundär. Es sollte den Studienleitern eines Forschungsprojekts möglich sein, sich auf die Argumentationen der FEK zu beziehen. Aus diesem Grund verbindet sich mit der Forderung der Dokumentation die Frage, wie die FEK den Forschenden ihre Entscheidung kommuniziert. Es sollte sich auf jeden Fall um eine inhaltliche Begründung handeln.

7.3.4.3 Kriterien für die Rahmenbedingungen

Jede Sitzung einer FEK findet in einem spezifischen institutionellen Setting statt und wird folglich durch dieses beeinflusst. Daher müssen die Rahmenbedingungen einer FEK als eine dritte Ebene der Evaluation betrachtet werden. Diese dritte Ebene lässt sich in fünf Bereiche unterteilen: Zusammensetzung einer FEK, externe Expertise, Umgang mit Interessenkonflikten, institutionelle Anbindung und administrative Ausstattung.

7.3.4.4 Zusammensetzung einer FEK

Der Ablauf der Begutachtung einer konkreten Studie hängt stark von den begutachtenden Personen ab: ihrer fachwissenschaftlichen und ethischen Kompetenz, ihrer spezifischen Perspektive und Vorerfahrungen beispielsweise als ein „Laienmitglied". Da die Zusammensetzung einer FEK die Art und Weise der Begutachtung beeinflusst, sollte eine FEK a) aus mindestens fünf Mitgliedern bestehen, welche b) durch ihre Expertise diejenigen Disziplinen abdecken, die für die zu beurteilende Forschung relevant sind. Außerdem sollte c) mindestens ein Mitglied

---

not only recorded decisions and reproduced categories, standards, and narratives of evaluation that had been used in deliberations; the not-yet-written minutes also steered the course of decision making as the process was still under way.".

vertreten sein, das von der Institution unabhängig ist, in der geforscht wird. Schließlich sollte d) die Zusammensetzung gendersensibel sein und e) die Perspektive von Patientinnen und Probanden abdecken.

Des Weiteren ist die interdisziplinäre Kompetenz der Mitglieder von großer Bedeutung.[93] Eine durch interdisziplinären Austausch geschulte, für methodische und begriffliche Unterschiede versierte gemeinsame Grundlage, was Forschungsmethodik und bioethische Konzepte anbelangt, ist unverzichtbar, damit sich in FEK-Sitzungen eine diskursive Kultur entwickeln kann.[94] In Anlehnung an die Diskurstheorie erläutert beispielsweise Wenner:

> [...] entscheidender Teil dieser Wirksamkeit (der Beeinflussung einer Deliberation) ist die Fähigkeit, Meinungen und Argumente durch solche Mittel der Kommunikation zu präsentieren, denen andere Mitglieder der Gruppe erkenntnistheoretisches Gewicht beimessen. Dies schließt ein bestimmtes Vokabular, Idiome, Narrative und argumentative Strategien mit ein, die dominante Gruppen als maßgebend erachten.[95]

Daher sollte es neben Einsteiger-Trainings regelmäßig Weiterbildungen der Mitglieder zur Medizinethik geben, die sich vor allem auf die evaluative Natur des Begutachtens richten. Zugleich ist es unerlässlich, dass in der FEK ausreichend klinische und wissenschaftliche Expertise vorhanden ist. Diese muss durch solche Mitglieder aus der Medizin garantiert sein, die zum einen Erfahrung mit medizinischer Forschung haben und zum anderen den aktuellen Stand medizinischer Versorgung kennen.

In Zusammenhang mit der Zusammensetzung einer FEK stehen auch die Quorumsregeln. Eine FEK muss ihre Sitzungen und Entscheidungen von einem Quorum abhängig machen, das ausreichend wissenschaftliche und ethische Kompetenz sicherstellt.

---

[93]Vgl. zur Frage der Mitglieder Klitzman (2015, S. 35 ff.).

[94]Wenner (2016, S. 249, Übers. M. Bobbert): „[...] a crucial part of this effectiveness [in influencing the deliberation] is the ability to present opinions and arguments via means of communication accorded epistemic weight by other members of the group. This includes particular vocabularies, idioms, narratives, and argumentative strategies which the dominant group accepts as authoritative.".

[95]Wenner (2016, S. 249, Übers. M. Bobbert): „[...] a crucial part of this effectiveness [in influencing the deliberation] is the ability to present opinions and arguments via means of communication accorded epistemic weight by other members of the group. This includes particular vocabularies, idioms, narratives, and argumentative strategies which the dominant group accepts as authoritative.".

7.3.4.5 Externe Expertise

Je nach Art des Studienantrags und Zusammensetzung der Mitglieder lässt sich die fachwissenschaftliche Expertise entweder durch die FEK selbst abdecken oder muss durch externe Expert(inn)en ergänzt werden. Externe Expertise kann auch erforderlich werden, wenn es innerhalb der FEK divergierende fachliche Einschätzungen gibt. Mehr oder weniger häufig wird eine FEK auf externe Expertise angewiesen sein.[96] Gleichwohl muss aus der FEK selbst auf Erfahrungs- und Wissenslücken hingewiesen werden und das Einholen der fehlenden Expertise von außen akzeptiert werden.

Je niederschwelliger das Verfahren für die Heranziehung externer Gutachter(innen) ist und je realistischer die Mitglieder ihre eigenen Kompetenzen einschätzen können, umso eher wird eine FEK bereit sein, das Instrument externer Expertise einzusetzen.

7.3.4.6 Umgang mit Interessenkonflikten

Die Anforderungen in Bezug auf die Zusammensetzung einer FEK zielen zum einen auf die Professionalität und Qualität der Begutachtung, zum anderen soll auf diese Weise ein gewisses Maß an Unabhängigkeit erreicht werden. Außerdem muss eine FEK jedoch ein Verfahren bieten, mit welchem sie die Interessenbindungen ihrer Mitglieder managt. So sollte eine FEK über ein aktualisiertes, öffentliches Register verfügen, in dem ihre Mitglieder ihre Interessenbindungen deklarieren. Zusätzlich bedarf es Regeln, unter welchen Umständen ein Mitglied seinen Interessenkonflikt zu erklären und sich aus einer Begutachtung zurückzuziehen hat. Es sollte auch geklärt sein, wer die Verantwortung trägt, auf potenzielle Interessenskonflikte hinzuweisen. Meist wird es für sinnvoll erachtet, die primäre Verantwortlichkeit den einzelnen Mitgliedern zuzuschreiben und von einer sekundären Verantwortlichkeit der Vorsitzenden einer FEK auszugehen.

7.3.4.7 Administrative Ausstattung

Die Vorbereitungsarbeiten des Sekretariats einer FEK können sehr hilfreich für die konkrete Begutachtung einer Studie sein. Wenn zahlreiche formale Aspekte bereits im Vorfeld vom Sekretariat überprüft werden, bleibt mehr Zeit und Raum für die Diskussion der inhaltlichen und evaluativen Fragen in der FEK-Sitzung. Eine FEK sollte daher auf ein gut ausgestattetes Sekretariat zurückgreifen können, dessen Mitarbeitende sowohl über administrative als auch über akademische

---

[96]Vgl. dazu die Umfrage von Sirotin et al. (2010) zu für die FEKen nützlichen Ressourcen bei der Begutachtung von Studien, die aus ethischer Sicht problematisch sind.

Fähigkeiten verfügen. Weiterhin muss das Sekretariat die Aufgaben übernehmen, a) den Mitgliedern die editierten und kompletten Unterlagen der Studien vorzubereiten und zu Verfügung zu stellen und b) die Sitzungsagenda zu erstellen, damit ein strukturiertes Vorgehen möglich ist.

7.3.4.8 Institutionelle Einbettung

Wichtig für die Unabhängigkeit der Mitglieder der FEK und die Begutachtungstätigkeit ist die Frage der institutionellen Einbettung. Eine FEK sollte für ihre Aktivitäten eine gewisse Autonomie besitzen. Aus diesem Grund sollte sie über ein eigenes, ausreichendes Budget verfügen und keiner Forschungsinstitution gegenüber rechenschaftspflichtig sein. Die normativen Standards einer FEK müssen der nationale Gesetzgebung und auch internationalen rechtlichen Vorgaben entsprechen. Darüber hinaus sollte sich eine FEK einem Verfahren unterziehen, durch das die eigenen Tätigkeiten evaluiert werden.

7.4   Schluss: Ausblick auf die Implementierung der Kriterien

Der vorliegende Beitrag stellt ein System ethisch relevanter Kriterien für die Evaluation einer FEK vor. Die erläuterten Kriterien unterscheiden sich von anderen Evaluationskriterien, indem sie explizit aus ethischer Perspektive entwickelt wurden und insbesondere die Aufgabe ethischer Reflexion einer FEK fokussieren. Das umfassende Kriteriensystem stellt eine Grundlage für die schon häufiger in der Vergangenheit eingeforderte Evaluation der Begutachtungspraxis von FEK dar, die gerade nicht von formalen Qualitätskriterien dominiert wird.[97] Während die ethisch-normativen Aspekte der Tätigkeit von FEK in den bisher vorliegenden Evaluationen entweder übersehen oder vernachlässigt wurden, werden hiermit gerade die ethischen Fragen der Begutachtung eines Forschungsprojekts beleuchtet.

Der nächste Schritt bestünde nun darin, ein Evaluierungstool zu entwickeln, das auf diesem Kriteriensystem aufbaut. Dies könnte die Aktivitäten einer FEK

---

[97]Vgl. bspw. die Forderungen von Hönel (2015), der bei FEKen einfordert, sie demselben Standard von Qualität auszusetzen, wie er gerade auch bei Forschenden und der pharmazeutischen Industrie als selbstverständlich angesehen wird. So verständlich Forderungen dieser Art sind, sollte dabei jedoch nicht der Unterschied in der Natur der Tätigkeit von Forschung (technischer Zweck) und Begutachtung (evaluativer Zweck) übergangen werden.

adäquater beurteilen, indem es prozedurale Aspekte einbindet, die aus ethischer Sicht begründet werden. Für die aus ethischer Sicht zentrale Aufgabe der Deliberation bietet der vorliegende Beitrag bereits zahlreiche anschauliche Kriterien.

Der nächste Schritt hin zu einem in der Praxis anwendbaren Evaluierungstool läge in der Bestimmung der Methode und der konkreten Operationalisierungen zur Umsetzung des dargelegten Kriteriensystems. Es ist offenkundig, dass bei einigen Kriterien eine Quantifizierung leichter fällt als bei anderen. Ebenso müssten die Vor- und Nachteile einer Selbstevaluation gegenüber einer externen Evaluation abgewogen werden. Ob nun ein Fragebogen zur Selbsteinschätzung, eine Dokumentenanalyse, eine teilnehmende Beobachtung, quantitative Datenerhebungen, eine Stakeholder-Befragung, oder – was sehr wahrscheinlich ist – eine Kombination dieser Methoden der zielführendste Weg wäre, hängt von den Indikatoren ab, die den einzelnen Kriterien zugeordnet werden.

Literatur

Abbott, Laura und Christine Grady. 2011. A Systematic Review of the Empirical Literature Evaluating IRBs: What We Know and What We Still Need to Learn. *Journal of Empirical Research on Human Research Ethics* 6 (1): 3–19. https://doi.org/10.1525/jer.2011.6.1.3.

Abrams, L.S.M., Browning, G.A. 2001. Informed Consent, Medical Research, and Health Volunteers. In: Doyal, Len, Tobias, Jeffrey S. (eds.), Informed Consent in Medical Research. London. BMJ Books: 240–246.

Accreditation Association for Human Research Protection Programs. 2013. Evaluation Instrument for Accreditation. https://admin.share.aahrpp.org/Website%20Documents/Evaluation_Instrument_for_Accreditation.PDF. Zugegriffen: 25. Juli 2015.

Accreditation Association for Human Research Protection Programs. 2014. AAHRPP Accreditation Procedures. https://admin.share.aahrpp.org/Website%20Documents/AAHRPP%20Accreditation%20Procedures%20(12%2031%202014).pdf. Zugegriffen: 25. Juli 2015.

Allison, Robert D., Laura J. Abbott und Alison Wichman. 2008. Roles and Experiences of Non-Scientist Institutional Review Board Members at the National Institutes of Health. *IRB: Ethics & Human Research* 30 (5): 8–13.

Anderson, Emily E. 2006. A Qualitative Study of Non-Affiliated, Non-Scientist Institutional Review Board Members. Accountability in Research. *Accountability in Research* 13 (2): 135–155. https://doi.org/10.1080/08989620600654027.

Anderson, Emily E. und James M. DuBois. 2012. IRB decision-making with imperfect knowledge: a framework for evidence-based research ethics review. *The Journal of Law, Medicine & Ethics: a Journal of the American Society of Law, Medicine & Ethics* 40 (4): 951–969. https://doi.org/10.1111/j.1748-720x.2012.00724.x.

Ansmann, Eva B., Arthur Hecht, Doris K. Henn, Sabine Leptien, Hans Günther Stelzer und Hans Gunther Stelzer. 2013. The Future of Monitoring in Clinical Research – a Holistic Approach: Linking Risk-Based Monitoring with Quality Management Principles. *German Medical Science* 11: Doc04. https://doi.org/10.3205/000172.

Bernabe, Rosemarie D. L. C., Ghislaine J. M. W. van Thiel, Jan A. M. Raaijmakers und Johannes J. M. van Delden. 2012. The Risk-Benefit Task of Research Ethics Committees: an Evaluation of Current Approaches and the Need to Incorporate Decision Studies Methods. *BMC medical ethics* 13: 6. https://doi.org/10.1186/1472-6939-13-6.

Bobbert, Monika und Micha H. Werner. 2014. Autonomie/Selbstbestimmung. In *Handbuch Ethik und Recht der Forschung am Menschen*, hrsg. Christian Lenk, Gunnar Duttge und Heiner Fangerau, 105–114. Berlin: Springer.

Borgerson, Kirstin. 2016. An Argument for Fewer Clinical Trials. *The Hastings Center report* 46 (6): 25–35. https://doi.org/10.1002/hast.637.

Brock, D. 2008. Philosophical Justification of Informed Consent in Research. In *The Oxford Textbook of Clinical Research Ethics*, hrsg. Ezekiel J. Emanuel, Christine Grady, Robert Crouch, Reidar K. Lie, Franklin G. Miller und David Wendler, 606–612. Oxford, New York: Oxford University Press.

Candilis, Philip, Charles W. Lidz und Robert M. Arnold. 2006. The Need to Understand IRB Deliberations. *IRB: Ethics & Human Research* 28 (1): 1–5.

Candilis, Philip, Charles W. Lidz, Paul S. Appelbaum, Robert M. Arnold, William Gardner, Suzanne Myers, Albert J. Grudzinskas, JR. und Lorna J. Simon. 2012. The Silent Majority: Who Speaks at IRB Meetings? *IRB: Ethics & Human Research* 34 (4): 15–20.

Capron, Alexander M. 2008. Legal and Regulatory Standards of Informed Consent. In *The Oxford Textbook of Clinical Research Ethics*, hrsg. Ezekiel J. Emanuel, Christine Grady, Robert Crouch, Reidar K. Lie, Franklin G. Miller und David Wendler, 613–632. Oxford, New York: Oxford University Press.

Carlisle, Benjamin, Nadine Demko, Georgina Freeman, Amanda Hakala, Nathalie MacKinnon, Tim Ramsay, Spencer Hey, Alex John London und Jonathan Kimmelman. 2016. Benefit, Risk, and Outcomes in Drug Development. A Systematic Review of Sunitinib. *Journal of the National Cancer Institute* 108 (1). https://doi.org/10.1093/jnci/djv292.

Chalmers, Iain und Paul Glasziou. 2009. Avoidable Waste in the Production and Reporting of Research Evidence. The Lancet. *The Lancet* 374 (9683): 86–89. https://doi.org/10.1016/s0140-6736(09)60329-9.

Chalmers, Iain, Michael B. Bracken, Ben Djulbegovic, Silvio Garattini, Jonathan Grant, A. Metin Gülmezoglu, David W. Howells, John P. A. Ioannidis und Sandy Oliver. 2014. How to Increase Value and Reduce Waste When Research Priorities are Set. *The Lancet* 383 (9912): 156–165. https://doi.org/10.1016/s0140-6736(13)62229-1.

Coleman, Carl H. und Marie-Charlotte Bouësseau. 2008. How do we know that research ethics committees are really working? The Neglected Role of Outcomes Assessment in Research Ethics Review. *BMC Medical Ethics* 9 (1): 6. https://doi.org/10.1186/1472-6939-9-6.

Council for International Organizations of Medical Sciences (CIOMS). 2002. International Ethical Guidelines for Biomedical Research Involving Human Subjects. https://cioms.ch/wp-content/uploads/2016/08/International_Ethical_Guidelines_for_Biomedical_Research_Involving_Human_Subjects.pdf. Zugegriffen: 23. Juli 2018.

Council of Europe. 2005. Additional Protocol to the Convention on Human Rights and Biomedicine, concerning Biomedical Research. https://rm.coe.int/CoERMPublic-CommonSearchServices/DisplayDCTMContent?documentId=090000168008371a. Zugegriffen: 1. Mai 2016.

Council of Europe, Steering Committee on Bioethics. 2012. Guide for Research Ethics Committee Members. http://www.coe.int/t/dg3/healthbioethic/Activities/02_Biomedical_research_en/Guide/Guide_EN.pdf. Zugegriffen: 23. November 2015.

Dekking, Sara A. S., Rieke van der Graaf, Schouten-van Meeteren, Antoinette Y. N., Marijke C. Kars und Johannes J. M. van Delden. 2016. A Qualitative Study into Dependent Relationships and Voluntary Informed Consent for Research in Pediatric Oncology. *Pediatric Drugs* 18 (2): 145–156. https://doi.org/10.1007/s40272-015-0158-9.

Deutscher Ethikrat. 2010. Humanbiobanken für die Forschung. Stellungnahme. Berlin.

Division of Ethics of Science and Technology. 2005. Establishing Bioethics Committees. Guide 1. http://unesdoc.unesco.org/images/0013/001393/139309e.pdf. Zugegriffen: 1. Oktober 2015.

Division of Ethics of Science and Technology. 2006. Bioethics Committees at work. Procedures and Policies Guide 2. http://unesdoc.unesco.org/images/0014/001473/147392e.pdf. Zugegriffen: 1. Oktober 2015.

Djulbegovic, Benjamin, Ambuj Kumar, Anja Magazin, Anneke T. Schroen, Heloisa Soares, Iztok Hozo, Mike Clarke, Daniel Sargent und Michael J. Schell. 2011. Optimism Bias Leads to Inconclusive Results – an Empirical Study. *Journal of clinical epidemiology* 64 (6): 583–593. https://doi.org/10.1016/j.jclinepi.2010.09.007.

Doppelfeld, Elmar. 2003. Medizinische Ethik-Kommissionen im Wandel. In *Die Ethik-Kommissionen. Neuere Entwicklungen und Richtlinien*, hrsg. Urban Wiesing, 5–23. Köln.

Dwan, Kerry, Carrol Gamble, Paula R. Williamson und Jamie J. Kirkham. 2013. Systematic Review of the Empirical Evidence of Study Publication Bias and Outcome Reporting Bias – an Updated Review. *PLoS ONE* 8 (7): e66844. https://doi.org/10.1371/journal.pone.0066844.

European Forum for Good Clinical Practice EFGCP. 2008. Guidance for Auditing Quality Systems of Independent Ethics Committees in Europe.

Emanuel, Ezekiel J., David Wendler und Christine PhD Grady. 2000. What Makes Clinical Research Ethical? *Journal of the American Medical Association* 283 (20): 2701-2711. https://doi.org/10.1001/jama.283.20.2701.

Fateh-Moghadan, Bijan und Gina Atzeni. 2009. Ethisch vertretbar im Sinne des Gesetzes. Zum Verhältnis von Ethik und Recht am Beispiel der Praxis von Forschungs-Ethikkommissionen. In *Legitimation ethischer Entscheidungen im Recht*, hrsg. Silja Vöneky, Miriam Clados, Jelena Achenbach und Cornelia Hagedorn, 115–143. Berlin, Heidelberg: Springer Berlin Heidelberg.

Fitzgerald, Maureen H., Paul A. Phillips und Elisa Yule. 2006. The Research Ethics Review Process and Ethics Review Narratives. *Ethics & Behavior* 16 (4): 377–395. https://doi.org/10.1207/s15327019eb1604_7.

Flory, J. H., David Wendler und Ezekiel J. Emanuel. 2008. Empirical Issues on Informed Consent for Research. In *The Oxford Textbook of Clinical Research Ethics*, hrsg. Ezekiel J. Emanuel, Christine Grady, Robert Crouch, Reidar K. Lie, Franklin G. Miller und David Wendler, 645–660. Oxford, New York: Oxford University Press.

Fost, Norman und Robert J. Levine. 2007. The Dysregulation of Human Subjects Research. *Journal of the American Medical Association* 298 (18): 2196–2198. https://doi.org/10.1001/jama.298.18.2196.

Foster, Claire. 2001. *The ethics of medical research on humans*. New York: Cambridge University Press.

Gelinas, Luke, Alan Wertheimer und Franklin G. Miller. 2016. When and Why Is Research without Consent Permissible? *The Hastings Center report* 46 (2): 35–43. https://doi.org/10.1002/hast.548.

Graaf, Rieke und Johannes J. M. Delden. 2012. A Paradigm Change in Research Ethics. In *Human Medical Research. Ethical, Legal and Socio-cultural Aspects*, ed. Jan Schildmann, Verena Sandow, Oliver Rauprich und Jochen Vollmann, 155–162. Basel, New York: Springer.

Grady, Christine. 2010. Do IRBs Protect Human Research Participants? *Journal of the American Medical Association* 304 (10): 1122–1123. https://doi.org/10.1001/jama.2010.1304.

Grady, Christine. 2015. Institutional Review Boards. *CHEST* 148 (5): 1148–1155. https://doi.org/10.1378/chest.15-0706.

Gruschke, Daniel. 2013. Externe und interne Ethisierung des Rechts. In *Ethik und Recht – die Ethisierung des Rechts. Ethics and Law – the Ethicalization of Law*, ed. Silja Vöneky, Britta Beylage-Haarmann, Anja Höfelmeier und Anna-Katharina Hübler, 41–66. Berlin, Heidelberg: Springer.

Gunsalus, C. K., Edward M. Bruner, Nicholas C. Burbules, Leon Dash, Matthew Finkin, Joseph P. Goldberg, William T. Greenough, Gregory A. Miller und Michael G. Pratt. 2006. Mission Creep in the IRB World. *Science* 312 (5779): 1441. https://doi.org/10.2307/3846275.

Habets, Michelle G. J. L., Johannes J. M. van Delden und Annelien L. Bredenoord. 2014. The Social Value of Clinical Research. *BMC medical ethics* 15: 66. https://doi.org/10.1186/1472-6939-15-66.

Hehli, Simon. 15.11.14. Forscher fühlen sich von Ethikern schikaniert. Bewilligungen für Versuche an Menschen lassen monatelang auf sich warten. *Neue Zürcher Zeitung*.

Heinrichs, Bert. 2006. *Forschung am Menschen. Elemente einer ethischen Theorie biomedizinischer Humanexperimente*. Berlin, Boston: De Gruyter.

Hönel, Alexander. 2015. Anmerkungen zur „Qualität" und ihrer Kontrolle im System der Ethik-Kommissionen. *Pharmazeutische Medizin* 17 (1): 26–27.

Honnefelder, Ludger. 1998. Zur ethischen Beurteilung von Forschung am Menschen unter besonderer Berücksichtigung der Forschung an einwilligungsunfähigen Personen. In *Möglichkeiten, Risiken und Grenzen der Technik auf dem Weg in die Zukunft. Beiträge zur Technikfolgenabschätzung und Forschungsförderung aus Politik, Wirtschaft und Ethik*, hrsg. Markus Pins, 131–152. Bonn: Forschungsinstitut der Friedrich-Ebert-Stiftung.

Hoppe, Nils. 2011. Risky business. Re-evaluating Participant Risk in Biobanking. In *Human Tissue Research*, ed. Christian Lenk, Nils Hoppe, Katharina Beier und Claudia Wiesemann, 35–44: Oxford University Press.

International Conference on Harmonization of Technical Requirements for Registration of Pharmaceuticals for Human Use. 1996. Guidelines for Good Clinical Practice (ICH-GCP E6). http://ichgcp.net/pdf/ich-gcp-en.pdf. Zugegriffen: 29. März 2013.

International Conference on Harmonization of Technical Requirements for Registration of Pharmaceuticals for Human Use. 2000. Choice of Control Group and Related Issues in Clinical Trials E10. http://www.ich.org/fileadmin/Public_Web_Site/ICH_Products/Guidelines/Efficacy/E10/Step4/E10_Guideline.pdf. Zugegriffen: 24. November 2015.

Ioannidis, John P. A., Sander Greenland, Mark A. Hlatky, Muin J. Khoury, Malcolm R. Macleod, David Moher, Kenneth F. Schulz und Robert Tibshirani. 2014. Increasing Value and Reducing Waste in Research Design, Conduct, and Analysis. *The Lancet* 383 (9912): 166–175. https://doi.org/10.1016/s0140-6736(13)62227-8.

Keith-Spiegel, Patricia und Barbara Tabachnick. 2006. What Scientists Want from Their Research Ethics Committee. *Journal of Empirical Research on Human Research Ethics* 1 (1): 67–82. https://doi.org/10.1525/jer.2006.1.1.67.

Kettner, Matthias. 2002. Überlegungen zu einer integrierten Theorie von Ethik-Kommissionen und Ethik-Komitees. *Jahrbuch für Wissenschaft und Ethik* 7 (5): 53–71.

Kettner, Matthias. 2005. Research Ethics Committees in Germany. *Research Ethics Committees, Data Protection and Medical Research in European Countries*, ed. Deryk. Beyleveld, D. Townend und J. Wright, 69–80. Aldershot: Ashgate.

Kimmelman, Jonathan und Alex John London. 2015. The Structure of Clinical Translation. Efficiency, Information, and Ethics. *Hastings Center Report* 45 (2): 27–39. https://doi.org/10.1002/hast.433.

Klitzman, Robert. 2015. *The Ethics Police? The Struggle to Make Human Research Safe.* Oxford, New York: Oxford University Press.

Koski, Greg. 2003. Beyond Compliance… Is It Too Much to Ask? *IRB: Ethics & Human Research* 25 (5): 5. https://doi.org/10.2307/3564597.

Kuyare, M. S., Padmaja A. Marathe, S. S. Kuyare und U. M. Thatte. 2015. Perceptions and Experiences of Community Members Serving on Institutional Review Boards: A Questionnaire Based Study. HEC Forum. *HEC Forum: an Interdisciplinary Journal on Hospitals' Ethical and Legal Issues* 27 (1): 61–77. https://doi.org/10.1007/s10730-014-9263-3.

Laine, Christine, Richard Horton, Catherine D. DeAngelis, Jeffrey M. Drazen, Frank A. Frizelle, Fiona Godlee, Charlotte Haug, Paul C. Hébert, Sheldon Kotzin, Ana Marusic, Peush Sahni, Torben V. Schroeder, Harold C. Sox, Van Der Weyden, Martin B, Freek W. A. Verheugt und Martin B. van der Weyden. 2007. Clinical Trial Registration. Looking Back and Moving Ahead. *The Lancet* 369 (9577): 1909–1911. https://doi.org/10.1016/s0140-6736(07)60894-0.

Levine, Carol. 2008. Research Involving Economically Disadvantages Participants. In: Emanuel, Ezekiel J. et al. (eds.), The Oxford Textbook of Clinical Research Ethics. Oxford. University Press: 431–436.

Lidz, Charles W., Lorna J. Simon, Antonia V. Seligowski, Suzanne Myers, William Gardner, Philip J. Candilis, Robert Arnold und Paul S. Appelbaum. 2012. The Participation of Community Members on Medical Institutional Review Boards. *Journal of Empirical Research on Human Research Ethics* 7 (1): 1–8. https://doi.org/10.1525/jer.2012.7.1.1.

London, Alex John. 2012. A Non-Paternalistic Model of Research Ethics and Oversight: Assessing the Benefits of Prospective Review. *The Journal of Law, Medicine & Ethics: a Journal of the American Society of Law, Medicine & Ethics* 40 (4): 930–944. https://doi.org/10.1111/j.1748-720x.2012.00722.x.

Macleod, Malcolm R., Susan Michie, Ian Roberts, Ulrich Dirnagl, Iain Chalmers, John P. A. Ioannidis, Rustam Al-Shahi Salman, An-Wen Chan und Paul Glasziou. 2011. Biomedical research: Increasing Value, Reducing Waste. *The Lancet* 383 (9912): 101–104. https://doi.org/10.1016/s0140-6736(13)62329-6.

Mascalzoni, Deborah (Hrsg.). 2015. *Ethics, Law and Governance of Biobanking. National, European and International Approaches:* Springer Netherlands.

Meerpohl, Joerg J., Lisa K. Schell, Dirk Bassler, Silvano Gallus, Jos Kleijnen, Michael Kulig, Carlo La Vecchia, Ana Marušić, Philippe Ravaud, Andreas Reis, Christine Schmucker, Daniel Strech, Gerard Urrútia, Elizabeth Wager und Gerd Antes. 2015. Evidence-Informed Recommendations to Reduce Dissemination Bias in Clinical Research: Conclusions from the OPEN (Overcome failure to Publish Negative Findings) Project Based on an International Consensus Meeting. *BMJ open* 5 (5): e006666. https://doi.org/10.1136/bmjopen-2014-006666.

Moore, Andrew und Andrew Donnelly. 2015. The Job of ‚Ethics Committees'. *Journal of Medical Ethics:* published online first. https://doi.org/10.1136/medethics-2015-102688.

National Commission for the Protection of Human Subjects of Biomedical and Behavioral Research. 1978. The Belmont Report. Ethical Principles and Guideline for the Protection of Human Subjects of Research. https://archive.org/details/belmontreporteth00unit. Zugegriffen: 7. April 2016.

Nicholls, Stuart G., Tavis P. Hayes, Jamie C. Brehaut, Michael McDonald, Charles Weijer, Raphael Saginur und Dean Fergusson. 2015. A Scoping Review of Empirical Research Relating to Quality and Effectiveness of Research Ethics Review. *PLoS ONE* 10 (7): e0133639. https://doi.org/10.1371/journal.pone.0133639.

Ocana, Alberto und Ian F. Tannock. 2011. When Are "Positive" Clinical Trials in Oncology Truly Positive? *Journal of the National Cancer Institute* 103 (1): 16–20. https://doi.org/10.1093/jnci/djq463.

Porter, John D. H. und Greg Koski. 2008. Regulations for the Protection of Humans in Research in the United States. The Common Rule. In *The Oxford Textbook of Clinical Research Ethics*, ed. Ezekiel J. Emanuel, Christine Grady, Robert Crouch, Reidar K. Lie, Franklin G. Miller und David Wendler, 156–166. Oxford, New York: Oxford University Press.

Pritchard, Ivor A. 2011. How do IRB Members Make Decisions? A Review and Research Agenda. *Journal of Empirical Research on Human Research Ethics* 6 (2): 31–46. https://doi.org/10.1525/jer.2011.6.2.31.

Raspe, Hans-Heinrich, Angelika Hüppe, Daniel Strech und Jochen Taupitz (Hrsg.). 2012. *Empfehlungen zur Begutachtung klinischer Studien durch Ethik-Kommissionen*. Köln: Deutscher Ärzte-Verlag.

Rauch, Geraldine. 2016. Why Statistic Matters – the Ethical Impact of Biometrical Issues in Clinical Trials. In *Ethics and Oncology: New Issues of Therapy, Care and Research*, hrsg. Monika Bobbert, Beate Herrmann und Wolfgang U. Eckart. Freiburg im Breisgau: Karl Alber.

Rawls, John. 1951. Outline of a Decision Procedure for Ethics. *The Philosophical Review* 60 (2): 177–197. https://doi.org/10.2307/2181696.

Rawls, John. 1971. *A Theory of Justice*. Cambridge: Belknap Press of Harvard University Press.

Rawls, John. 1974. The Independence of Moral Theory. *Proceedings and Addresses of the American Philosophical Association* 48: 5–22. https://doi.org/10.2307/3129858.

Resnik, David B. 2015. Some Reflections on Evaluating Institutional Review Board Effectiveness. *Contemporary Clinical Trials* 45 (Pt B): 261–264. https://doi.org/10.1016/j.cct.2015.09.018.

Resnik, David B. 2017. The Role of Intuition in Risk/Benefit Decision-Making in Human Subjects Research. *Accountability in Research* 24 (1): 1–29. https://doi.org/10.1080/08989621.2016.1198978.

Rhodes, Rosamond. 2016. The Goodness of Ethics in Research Ethics Review. *Journal of Medical Ethics*. https://doi.org/10.1136/medethics-2016-103870.

Rid, Annette und David Wendler. 2011. A Framework for Risk-Benefit Evaluations in Biomedical Research. *Kennedy Institute of Ethics Journal* 21 (2): 141–179. https://doi.org/10.1353/ken.2011.0007.

Rid, Annette, Ezekiel J. Emanuel und David Wendler. 2010. Evaluating the Risks of Clinical Research. *Journal of the American Medical Association* 304 (13): 1472. https://doi.org/10.1001/jama.2010.1414.

Rütsche, Bernhard (Hrsg). 2015. Kommentar zum Humanforschungsgesetz (HFG) der Schweiz. Bern.

Scherzinger, Gregor und Monika Bobbert. 2017. Evaluation of Research Ethics Committees. Criteria for the Ethical Quality of the Review Process. *Accountability in Research* 24 (3): 152–176. https://doi.org/10.1080/08989621.2016.1273778.

Schott, Gisela, Henry Pachl, Ulrich Limbach, Ursula Gundert-Remy, Wolf-Dieter Ludwig und Klaus Lieb. 2010a. The Financing of Drug Trials by Pharmaceutical Companies and Its Consequences. Part 1: A Qualitative, Systematic Review of the Literature on Possible Influences on the Findings, Protocols, and Quality of Drug Trials. *Deutsches Ärzteblatt International* 107 (16): 279–285. https://doi.org/10.3238/arztebl.2010.0279.

Schott, Gisela, Henry Pachl, Ulrich Limbach, Ursula Gundert-Remy, Klaus Lieb und Wolf-Dieter Ludwig. 2010b. The Financing of Drug Trials by Pharmaceutical Companies and its Consequences. Part 2: A Qualitative, Systematic Review of the Literature on Possible Influences on Authorship, Access to Trial Data, and Trial Registration and Publication. Deutsches Ärzteblatt international 107 (17): 295–301. https://doi.org/10.3238/arztebl.2010.0295.

Schrag, Zachary M., Robert L. Klitzman. 2015. The Ethics Police? The Struggle to Make Human Research Safe. Society. *Soc* 52 (5): 503–506. https://doi.org/10.1007/s12115-015-9935-x.

Schuppli, C. A. und D. Fraser. 2007. Factors Influencing the Effectiveness of Research Ethics Committees. *Journal of Medical Ethics* 33 (5): 294–301. https://doi.org/10.1136/jme.2005.015057.

Sengupta, Sohini und Bernard Lo. 2003. The Roles and Experiences of Nonaffiliated and Nonscientist Members of Institutional Review Boards. *Academic Medicine: Journal of the Association of American Medical Colleges* 78 (2): 212–218.

Silberman, George und Katherine L. Kahn. 2011. Burdens on Research Imposed by Institutional Review Boards: the State of the Evidence and its Implications for Regulatory Reform. *Milbank Quarterly* 89 (4): 599–627. https://doi.org/10.1111/j.1468-0009.2011.00644.x.

Silverman, Henry. 2011. Protecting Vulnerable Research Subjects in Critical Care Trials: Enhancing the Informed Consent Process and Recommendations for Safeguards. *Annals of Intensive Care* 1 (1): 1–7. https://doi.org/10.1186/2110-5820-1-8.

Silverman, Henry, Hany Sleem, Keymanthri Moodley, Nandini Kumar, Sudeshni Naidoo, Thilakavathi Subramanian, Rola Jaafar und Malini Moni. 2015. Results of a Self-Assessment Tool to Assess the Operational Characteristics of Research Ethics Committees in Low- and Middle-Income Countries. *Journal of Medical Ethics* 41 (4): 332–337. https://doi.org/10.1136/medethics-2013-101587.

Sirotin, Nicole, Leslie E. Wolf, Lance M. Pollack, Joseph A. Catania, M. Margaret Dolcini und Bernard Lo. 2010. IRBs and Ethically Challenging Protocols. Views of IRB chairs about useful resources. *IRB: Ethics & Human Research* 32 (5): 10–19.

Sleem, Hany, Rehab Abdelhai Ahmed Abdelhai, Imad Al-Abdallat, Mohammed Al-Naif, Hala Mansour Gabr, Et-Taher Kehil, Bakr Bin Sadiq, Reham Yousri, Dyaeldin Elsayed, Suad Sulaiman und Henry Silverman. 2010. Development of an accessible self-assessment tool for research ethics committees in developing countries. *Journal of Empirical Research on Human Research Ethics* 5 (3): 85–96; quiz 97–8. https://doi.org/10.1525/jer.2010.5.3.85.

Stark, Laura. 2012. *Morality and Society. Behind Closed Doors: IRBs and the Making of Ethical Research.* Chicago, IL, USA: University of Chicago Press.

Taylor, Holly A. 2007. Moving Beyond Compliance: Measuring Ethical Quality to Enhance the Oversight of Human Subjects Research. *IRB: Ethics & Human Research* 29 (5): 9–14.

Toellner, Richard. 2016. *Medizingeschichte als Aufklärungswissenschaft. Beiträge und Reden zur Geschichte, Theorie und Ethik der Medizin vom 16.–21. Jahrhundert.* Berlin, Münster: LIT.

Tsan, Min-Fu, Nguyen Yen, und Robert Brooks. 2013. Using Quality Indicators to Assess Human Research Protection Programs at the Department of Veterans Affairs. *IRB: Ethics & Human Research* 35 (1): 10–14.

Virt, Günter. 2013. Zur Ethik der Ethikkommissionen. In *Verantwortung und Integrität heute*, hrsg. Jochen Sautermeister, 246–257. Freiburg: Herder.

Vöneky, Silja. 2010. *Recht, Moral und Ethik. Grundlagen und Grenzen demokratischer Legitimation für Ethikgremien.* Tübingen: Mohr Siebeck.

Wendler, David und Franklin G. Miller. 2008. Risk Benefit Analysis and the Net Risks Test. In *The Oxford Textbook of Clinical Research Ethics*, hrsg. Ezekiel J. Emanuel, Christine Grady, Robert Crouch, Reidar K. Lie, Franklin G. Miller und David Wendler, 503–512. Oxford, New York: Oxford University Press.

Wendler, David und Annette Rid. 2017. In Defense of a Social Value Requirement for Clinical Research. *Bioethics* 31 (2): 77–86. https://doi.org/10.1111/bioe.12325.

Wenner, Danielle M. 2015. The Social Value of Knowledge and International Clinical Research. *Developing World Bioethics* 15 (2): 76–84. https://doi.org/10.1111/dewb.12037.

Wenner, Danielle M. 2016. Barriers to Effective Deliberation in Clinical Research Oversight. *HEC Forum: an Interdisciplinary Journal on Hospitals' Ethical and Legal Issues* 28 (3): 245–259. https://doi.org/10.1007/s10730-015-9298-0.

Wenner, Danielle M. 2017. The Social Value of Knowledge and the Responsiveness Requirement for International Research. *Bioethics* 31 (2): 97–104. https://doi.org/10.1111/bioe.12316.

Wertheimer, Alan. 2008. Exploitation in Clinical Research. In: Emanuel, Ezekiel J. et al. (eds.), The Oxford Textbook of Clinical Research. Oxford: University Press: 201–210.

Wertheimer, Alan. 2015. The social value requirement reconsidered. *Bioethics* 29 (5): 301–308. https://doi.org/10.1111/bioe.12128.

Wichman, Alison. 1998. Protecting Vulnerable Research Subjects. Practical Realities of Institutional Review Board Review and Approval. *JHCLP* 1 (1): 88–106.

Wichman, Alison, Dev N. Kalyan, Laura Abbott, Robert Wesley und Alan L. Sandler. 2006. Protecting human subjects in the NIH's Intramural Research Program: a draft instrument to evaluate convened meetings of its IRBs. *IRB: Ethics & Human Research* 28 (3): 7–10.

Wilholt, Torsten. 2009. Bias and values in scientific research. *Studies in History and Philosophy of Science Part A* 40 (1): 92–101. https://doi.org/10.1016/j.shpsa.2008.12.005.

Wilson, Michelle K., Deborah Collyar, Diana T. Chingos, Michael Friedlander, Tony W. Ho, Katherine Karakasis, Stan Kaye, Mahesh K. B. Parmar, Matthew R. Sydes, Ian F. Tannock und Amit M. Oza. 2015. Outcomes and endpoints in cancer trials. Bridging the divide. *The Lancet Oncology* 16 (1): e43–e52. https://doi.org/10.1016/s1470-2045(14)70380-8.

Wilson, Michelle K., Katherine Karakasis und Amit M. Oza. 2015. Outcomes and endpoints in trials of cancer treatment. The past, present, and future. *The Lancet Oncology* 16 (1): e32–e42. https://doi.org/10.1016/s1470-2045(14)70375-4.

Wölk, Florian. 2002. Zwischen ethischer Beratung und rechtlicher Kontrolle. Aufgaben- und Funktionswandel der Ethikkommissionen in der medizinischen Forschung am Menschen. *Ethik in der Medizin* 14 (4): 252–269. https://doi.org/10.1007/s00481-002-0190-5.

World Health Organization. 2002. Surveying and Evaluating ethical Review Practices. A Complimentary Guide to the Operational Guidelines for Ethics Committees That Review Biomedical Research. http://www.who.int/tdr/publications/documents/ethics2.pdf. Zugegriffen: 9. April 2015.

World Health Organization. 2011. Standards and Operational Guidance for Ethics Review of Health-Related Research with Human Participants. http://apps.who.int/iris/bitstream/10665/44783/1/9789241502948_eng.pdf?ua=1&ua=1.

World Medical Association. 2013. Declaration of Helsinki. Ethical Principles for Medical Research Involving Human Subjects. https://www.wma.net/policies-post/wma-declaration-of-helsinki-ethical-principles-for-medical-research-involving-human-subjects Zugegriffen: 23. Juli 2018.

Schutz der Versuchsperson in der medizinischen Forschung: Elf Forderungen aus ethischer Sicht zur Struktur-, Prozess- und Ergebnisqualität von Ethikkommissionen

8

Monika Bobbert

8.1 Einleitung

Aus ethischer und rechtlicher Sicht ist es zwingend, den Probanden- und Patientenschutz in der Forschung am Menschen als oberstes Ziel zu gewährleisten. Denn für die medizinische Forschung am Menschen hat sich ein moralischer und rechtlicher Normenbestand entwickelt, dessen Basiskonsens darin besteht, den Schutz der Versuchsperson vor Forschungsinteressen und anderen gesellschaftlichen Interessen zu garantieren.[1]

Diese normative Setzung liegt auch dem vorliegenden Beitrag, der sich speziell mit Ethikkommissionen zur medizinischen Forschung am Menschen befasst, zugrunde. Forschungsethikkommissionen (FEKen) sind in Bezug auf Ethikverständnis, Aufgaben und Geltungsanspruch ihrer Urteile von anderen Formen von Ethikkommissionen zu unterscheiden, etwa dem Deutschen Ethikrat oder einer universitären Ethikkommission, die Verantwortung in der Forschung generell fördern soll. Bei solchen Ethikkommissionen, die eine allgemeinere

---

[1]Vgl. zudem für eine ethische Begründung der Priorität des Schutzes der Versuchspersonen Bobbert (2012b sowie 2012c). Hier wird auch Einsicht in Problemkonstellationen aus FEKen vor dem Hintergrund unterschiedlicher ethischer Theorien gegeben.

M. Bobbert (✉)
Westfälische Wilhelms-Universität Münster, Münster, Deutschland
E-Mail: m.bobbert@uni-muenster.de

© Springer Fachmedien Wiesbaden GmbH, ein Teil von Springer Nature 2019
M. Bobbert und G. Scherzinger (Hrsg.), *Gute Begutachtung?*,
https://doi.org/10.1007/978-3-658-24758-4_8

Beratungsfunktion für moralische Akteure, Individuen wie auch Institutionen haben, kann und muss von einem weiten Ethikverständnis ausgegangen werden. Außerdem kann in anderen Formen von Ethikkommissionen der Theorienpluralismus der Ethik stärker zum Tragen kommen als in einer FEK. Ethikkommissionen zur Forschung am Menschen haben die Aufgabe, rechtliche und ethische Normen auf Einzelfälle, d. h. auf vorgestellte Forschungsprojekte „anzuwenden".

Im ersten Teil des folgenden Beitrags werden aus ethischer Sicht elf zentrale Forderungen in Bezug auf die Struktur-, Prozess- und Ergebnisqualität von Ethikkommissionen vorgestellt. Wenn nämlich FEKen in Deutschland und in der Schweiz dem Vertrauen, das der Begriff „Ethik" weckt, gerecht werden wollen und nicht als „Rechtsprüfungskommissionen" oder bloße Verwaltungsorgane fungieren sollen, besteht Änderungsbedarf.[2]

Eine zeitgemäße, ethisch verantwortungsbewusste FEK bedarf einer einheitlichen und in Zusammensetzung, Vorgehen und Ergebnissicherung klaren Struktur. Zwar sind Ethikkommissionen in ein komplexes Geflecht behördlicher Zuständigkeiten und Abhängigkeiten eingebunden. Gleichwohl steht im Zentrum der wissenschaftlichen, ethischen und rechtlichen Beurteilung nach wie vor das Urteil einer Forschungsethikkommission.

8.2   Elf Forderungen zur Sicherung des Schutzes der Versuchspersonen und die Frage nach der Verrechtlichung

Die folgenden elf Forderungen, die keinen Anspruch auf Vollständigkeit erheben, sind ethisch wie juridisch durch die grundlegenden Individualrechte der Versuchsperson legitimiert. Viele der Forderungen sind in FEKen jedoch noch nicht eingelöst. Soweit sie sich rechtlich absichern lassen, stellen sie ethische Forderungen in Bezug auf eine rechtliche Regulierung dar – und zwar um des Schutzes der Versuchsperson willen. Sofern sie im Bereich des Ethischen bleiben müssen, stellen sie Forderungen an die „ethische" Qualität der Kommissionen dar. Diesbezügliche Operationalisierungen von Kriterien zur Messung dieser Art von Qualität werden angedeutet, können aber im Rahmen des vorliegenden Beitrags nicht ausgearbeitet werden.

Nun kann die Debatte über die Frage, ob und wie weitgehend die Arbeit von FEKen verrechtlicht werden soll, im Rahmen dieses Beitrags nicht geführt

---

[2]Vgl. zu einigen dieser Forderungen bereits Bobbert (2015b).

werden.[3] Im Sinne der Wahrung individueller grundlegender moralischer wie juridischer Rechte und im Sinne einer gewissen Standardisierung der Qualität der Urteile von FEKen wird für die rechtliche Regelung zentraler Rahmenbedingungen von Ethikkommissionen plädiert. Nur so – auf der Basis grundlegender Individualrechte, die das deutsche Grundgesetz und die Schweizer Verfassung garantieren – lässt sich zumindest ein Teil der Auseinandersetzungen um den Theorienpluralismus der Ethik vermeiden. Aus Sicht einer deontologischen Ethik, die individuelle moralische Rechte begründet, hat die Achtung der Rechte der Versuchspersonen und damit der Schutz von Leben und Gesundheit sowie die Achtung des Selbstbestimmungsrechts im Sinne einer informierten, freien Entscheidung Vorrang vor Forschungsinteressen und auch vor den Interessen zukünftiger Kranker. Eine Verrechtlichung würde daher moralische Rechte und Pflichten absichern und damit auch den berufsethischen Konsens, wie er in der Folge des Nürnberger Kodex vom Weltärztebund in der so genannten Helsinki-Deklaration entwickelt und tradiert wurde.

Aber auch dann, wenn das juridische Recht individuelle Rechte abzusichern und die Urteile von Ethikkommissionen zu vereinheitlichen sucht, was zu begrüßen wäre, würde es doch dabei bleiben, dass die ethische Vertretbarkeit einer konkreten Studie trotz der Vorgabe rechtlicher Kriterien eine Abwägung darstellt, die im Dialog zwischen Medizin und Ethik oder Medizin und Recht erfolgen muss, da die ethisch relevanten Sachverhalte und impliziten Wertungen jeweils im Einzelnen zu erarbeiten sind.

8.3 Elf Forderungen zur Sicherung des Schutzes der Versuchsperson

8.3.1 Rechtliche und ethisch-normative Gleichbehandlung von Arzneimittel-/ Medizinproduktestudien und „sonstigen" Studien

In Deutschland gibt es für Studien, die sich auf Arzneimittel oder Medizinprodukte beziehen, klare rechtliche Vorgaben, nämlich im Arzneimittelgesetz und im Medizinproduktegesetz. Für diese Studien müssen FEKen seit 2014 als Behörden einen Beschluss fassen. Anders ist die Lage in Deutschland bei den

---

[3]Vgl. dazu aus juristischer Sicht Vöneky (2010); Vöneky et al. (2009); Spranger (2010); Fateh-Moghadan und Atzeni (2009); Rütsche (2015); Karavas (2018, bes. S. 229–238).

so genannten „frei formulierten" oder „sonstigen" Studien, für die die Forschungsethikkommissionen nach wie vor – im Sinne der historischen Genese von Ethikkommissionen – lediglich beratende Funktion haben. Oft wird davon ausgegangen, dass Arzneimittel- und Medizinproduktestudien gefährlicher sind als so genannte „frei formulierte" oder „sonstige" Studien. In Deutschland rührt diese Einschätzung vermutlich von der Erfahrung der Contergan-Katastrophe, aber auch vom Bekanntwerden von Arzneimitteltests an DDR-Bürger(inne)n ohne deren Information und freiwilliger Zustimmung her. Auch auf unionsrechtlicher Ebene wird Arzneimittelstudien mehr Aufmerksamkeit gewidmet, was beispielsweise die Richtlinie 2001/20/EG zur Angleichung der Rechts- und Verwaltungsvorschriften der Mitgliedsstaaten über die Anwendung der guten klinischen Praxis bei der Durchführung von klinischen Prüfungen mit Humanarzneimitteln und die EU-Verordnung 536/2014 über klinische Prüfungen mit Humanarzneimitteln zeigen.

Doch legen weder die Deklaration von Helsinki[4] noch das Schweizer Humanforschungsgesetz,[5] noch die medizinethische Literatur nahe, dass Studien, die Arzneimittel oder Medizinprodukte prüfen, weniger problematisch sind als „sonstige" Studien. Für Deutschland und die Europäische Union ist zu fordern, dass alle Studien zur medizinischen Forschung am Menschen aus rechtlicher und ethisch-normativer Sicht gleich behandelt werden sollten, was die Analyse und Bewertung der ethischen und rechtlichen Fragen anbelangt. Denn schwerwiegende ethische Fragen können sich auch in experimentellen Studien anderer Art, wenn etwa die Wirksamkeit unterschiedlicher Therapieverfahren in der Chirurgie oder der Neurologie verglichen wird, stellen.

Ein erstes Beispiel: In einer experimentellen Studie zum Prostata-Karzinom soll die Wirksamkeit unterschiedlicher Therapieverfahren geprüft werden: Operation, radioaktive Bestrahlung von außen, das Einbringen radioaktiven Materials in die Prostata oder „Zuwarten"? In der regulären Krankenversorgung wird mit dem einzelnen Patienten besprochen, welche Behandlung für ihn im Speziellen geeignet sein könnte und welche Form von Risiken er in Kauf nehmen möchte, z. B. Strahlungsschäden, Impotenz, die nur teilweise Beseitigung der Krebszellen oder eine engmaschige Beobachtung mit dem Risiko der Ausbreitung des Krebses. Nun wäre eine Studie denkbar, in der alle betroffenen Männer durch Randomisierung zufällig einer der genannten Therapiegruppen zugeteilt werden. Doch

---

[4]Vgl. Helsinki (2013).

[5]Bundesversammlung der Schweizerischen Eidgenossenschaft, Gesetz über die Forschung am Menschen (HFG) (2011).

könnte eine zufällige Verteilung auf die Interventionsgruppen für einige Patienten sehr nachteilig sein: Wenn z. B. ein jüngerer Mann in die Operationsgruppe gelost wird, der noch Kinder zeugen möchte, oder wenn ein Mann mit einem fortgeschrittenen Prostata-Karzinom einer Gruppe, die abwarten soll, zugewiesen wird. – Man sollte also entweder engere Einschlusskriterien festlegen oder lediglich eine Beobachtungsstudie durchführen.

Ein zweites Beispiel: Die Wirksamkeit einer minimalen längerfristigen Hirnstimulation soll bei Patienten mit einer neurologischen Erkrankung getestet werden. Als Kontrollgruppe wird eine Placebo-Gruppe eingerichtet, bei der sich die Patienten ebenso einem minimalen chirurgischen Eingriff mit Narkose unterziehen sollen, bei der aber die Hirnstimulation nicht durchgeführt wird. Die Patienten dieser Gruppe hätten u. a. das Risiko einer Hirninfektion, jedoch keinerlei potenziellen Nutzen. – Um dieses schwerwiegende Risiko, wenngleich es sich selten realisiert, zu vermeiden, wäre z. B. eine andere Form der Kontrollgruppe angezeigt.

Ein drittes Beispiel: An frühgeborenen Säuglingen sollen bestimmte zusätzliche Parameter erhoben werden, um auf einer Station ein neues Therapieregime mit dem bisherigen zu vergleichen und dessen Überlegenheit zu zeigen. Dazu sollen bei den Frühgeborenen zusätzliche Blutentnahmen, Ultraschalls und Gewichtsüberprüfungen durchgeführt werden. Zwei Kinderärzte sind unterschiedlicher Auffassung, ob diese „nicht-therapeutischen" Untersuchungen geringe oder aber gravierende zusätzliche Stressfaktoren für die ohnehin sehr gefährdeten Frühgeborenen darstellen. – Um der Entwicklung der Frühgeborenen willen sollte eher eine Beobachtungsstudie statt einer experimentellen Interventionsstudie durchgeführt werden.

Wenn nun – wie bisher – die Verrechtlichung und damit die Absicherung grundlegender Rechte von Versuchspersonen lediglich einen Ausschnitt der experimentellen Interventionsstudien umfasst, sind Versuchspersonen in den „sonstigen" Studien weniger gut geschützt. Es ist sinnvoll, dass Arzneimittelstudien besonders gut überwacht werden, da Menschen unter Umständen lebensbedrohlichen Risiken oder langfristigen Schädigungen ausgesetzt sein können. Besondere Sorgfalt, auch in Form spezieller Rechtsvorgaben ist hier sicherlich geboten. Gleichwohl sollte auch das Belastungs- und Schädigungspotenzial „frei formulierter" Studien nicht unterschätzt werden und daher angemessene Sicherheitsvorkehrungen – auch rechtliche Regelungen – für Versuchspersonen in dieser Art von Studien getroffen werden.

Zudem ist eine kollegiale Beratung durch Fachkollegen, wie sie seit den 1960er und 70er Jahren praktiziert wurde, angesichts starker Forschungs-, Drittmittelfinanzierungs- und Kommerzialisierungsinteressen für den Bereich der

„sonstigen" Studien nicht mehr angezeigt. Insbesondere die Forderung der Gesundheitsversorgungssysteme nach evidenzbasierter Medizin motivierte zu Forschung am Menschen in Bereichen, in denen man mit experimentellen Studien zuvor eher zurückhaltend gewesen war, etwa in der Chirurgie oder in der Kinderheilkunde. Ein Beispiel für den Erwartungsdruck, der durch das Bestreben nach evidenzbasierter Medizin höher geworden ist, ist das Phänomen, dass es in der Chirurgie mittlerweile – obwohl zunächst zurückgewiesen,[6] so genannte „Placebo-Chirurgie" gibt, die heute durchaus befürwortet[7] zum Nachweis der Überlegenheit (neuro-)chirurgischer Verfahren eingesetzt wird.[8] Hier wird zudem deutlich, dass methodische Anliegen aus ethischer Sicht problematisch sein können, da sich eine Körperverletzung, die mit den Risiken von Narkose und Operation einhergeht und für die Betroffenen, abgesehen von einem etwaigen Placebo-Effekt, keinen therapeutischen Vorteil hat, nicht ohne weiteres rechtfertigen lässt.

8.3.2 Exzellente medizinisch-naturwissenschaftliche Expertise der Kommissionsmitglieder

8.3.2.1 Medizinisch-naturwissenschaftliche Expertise zur Absicherung der Wissenschaftlichkeit einer Studie

Die einzige Legitimation dafür, dass Versuchspersonen Belastungen unterworfen werden und sich Gesundheitsrisiken aussetzen, besteht darin, dass medizinische Therapien verbessert werden und relevantes Grundlagenwissen gewonnen wird. Forschende treten mit der Autorität und Legitimität des Experten mit der Bitte um Teilnahme an ihrem Projekt an Menschen heran, indem sie einen bestimmten Forschungsertrag in Aussicht stellen. Angefragte Versuchspersonen geben informiert und freiwillig ihre Zustimmung zur Teilnahme an einem Experiment, weil sie damit potenzielle wissenschaftliche Erträge verknüpft sehen. Bereits aus Gründen der „Vertragsgerechtigkeit" bzw. der Verpflichtung, dass das Versprechen

---

[6]Vgl. z. B. London und Kadane (2002); Boer und Widner (2002); Vrhovac (2004).

[7]Vgl. z. B. Seiler (1999); Sauerland et al. (2003); Albin (2002); Seiler et al. (2004), Miller (2004).

[8]Bei der „Placebo-Chirurgie" handelt es sich um einen Scheineingriff, da die „richtige" bzw. „gewünschte" Behandlung (z. B. Kniespiegelung bei Arthrose, Laparoskopie zur Lösung von Verwachsungen im Bauchraum, neurochirurgischer Eingriff mit fetaler Gewebetransplantation bei der Parkinson'schen Erkrankung) nicht durchgeführt wird. Eine andere Möglichkeit bestünde z. B. im Vergleich von zwei Patientengruppen, einmal mit erfolgter operativer Intervention und einmal einem Abwarten ohne Chirurgie.

eines potenziell wichtigen Forschungsergebnisses einzuhalten ist, vor allem aber, um einen Menschen nicht grundlos Belastungen und potenziellen Schädigungen auszusetzen, muss das Design einer Studie aus wissenschaftsmethodischer Sicht möglichst gut konzipiert sein. Es dürfen zumindest keine methodischen Mängel, etwa biostatistische Defizite, vorliegen, die schon im Vorhinein klar sichtbar sein lassen, dass die Ergebnisse der Studie wenig aussagekräftig sein werden. Es dürfen auch keine Hypothesen aufgestellt werden, die als solche inkonsistent sind oder bereits vielfach widerlegt oder bestätigt wurden. Erklärungen für die Hypothesen sollten auf ihre Plausibilität hin geprüft werden können.

Die Ethikkommission als Institution sollte also die formalen Voraussetzungen, die einen Antragsteller als seriösen und kompetenten Wissenschaftler ausweisen, prüfen. Angesichts des hohen Spezialisierungsgrades der Medizin sollte eine Forschungsethikkommission aus all jenen Fachgebieten der Medizin Expert(inn)en vorhalten, zu denen Forschungsanträge gestellt werden.

Aus methodischen Gründen muss – conditio sine qua non – ein(e) Wissenschaftler(in) aus der medizinischen Biometrie/Biostatistik vertreten sein. Denn bei experimentell-quantitativen Studien sollte regelhaft eine biostatistische Prüfung erfolgen und bei methodischen Defiziten eine entsprechende Beratung angeboten werden. Wenn eine geplante medizinische Studie aus biometrischer Sicht mangelhaft ist, lässt sie sich meist nachbessern, etwa durch die Ermittlung einer angemessenen Stichprobengröße und die Festlegung eines Auswertungsverfahrens. Um der wissenschaftlichen Qualität willen sollte ein negatives Votum der Biometrie zur Ablehnung einer Studie oder zur Aufforderung nachzubessern führen.

Außerdem sollten qualitative Studien in ihrer methodischen Qualität beurteilt werden, denn auch hier gibt es große Unterschiede. Dies macht es erforderlich, dass entweder das Mitglied aus der Biometrie offen ist für die Vielfalt empirischer Methoden oder dass ein weiteres Mitglied aus den empirischen Sozialwissenschaften vertreten ist, das qualitative Studiendesigns beurteilen kann.[9] Es sollte auch der unter Mediziner(inne)n verbreiteten Geringschätzung qualitativer empi-

---

[9]Gemeinhin wird angenommen, dass qualitative Forschung aus ethischer Sicht unproblematisch ist. Wenn jedoch z. B. Interviews mit Schwerkranken Patient(inn)en oder Sterbenden durchgeführt werden, ist zunächst zu klären, ob an Menschen in dieser verletzbaren Lebensphase überhaupt geforscht werden darf. Außerdem muss auch qualitative Forschung methodischen Ansprüchen genügen. Vgl. aus rechtlicher Sicht zu diesen Fragen Vöneky (2008).

rischer Methoden, Beobachtungsstudien oder Modifikationen des so genannten „Goldstandards", eines experimentellen Designs mit Randomisierung und doppelter Verblindung, entgegengetreten werden. Zum einen ist gerade auch die Pluralität wissenschaftlicher Methoden wichtig, zum anderen empfehlen sich in der medizinischen Forschung am Menschen so manche methodische Abweichungen vom „Goldstandard" aus ethischen Gründen.[10] So können in der Forschung mit Minderjährigen oder mit Schwangeren durchaus Beobachtungsstudien das Wissen dort erweitern, wo experimentelle Studien aus ethischer Sicht zu problematisch sind.

Eine FEK muss Mitglieder aus der Medizin und den einschlägigen Naturwissenschaften vorhalten, die ein Forschungsgebiet überschauen und fachlich treffsichere Einschätzungen geben können. Diese Mitglieder müssen selbst in der Forschung tätig sein oder nachweisen, dass sie in einem oder mehreren Gebieten der Medizin über den aktuellen Forschungsstand gut informiert sind. Dies bedeutet im Umkehrschluss, dass Mitglieder aus Medizin, Pharmazie und den naturwissenschaftlichen Grundlagenfächern der Medizin, die „lediglich" ihrer Berufstätigkeit nachgehen oder bereits im Ruhestand sind, nachvollziehbar den Nachweis führen sollten, dass sie mit dem aktuellen Forschungsstand vertraut sind.

Weiter unten wird noch deutlich werden, dass zur Absicherung der Unabhängigkeit die Ansiedelung einer Forschungsethikkommission in der öffentlichen Verwaltung (so gemäß dem Humanforschungsgesetz (HFG) der Schweiz und in einigen wenigen Bundesländern in Deutschland, etwa in Berlin, Bremen und Sachsen-Anhalt bei den Landesregierungen) Vorteile bietet. Denn dies macht sie unabhängig von kollegialen Erwartungen oder institutionellen Interessen, etwa einer hohen Drittmitteleinwerbung. Gleichwohl wird es an manchen Standorten schwierig sein, Mitglieder zu rekrutieren, die versiert in Fragen medizinischer Forschung sind.

Wenn jedoch eine FEK einer Institution zugeordnet ist, die ein starkes Forschungsinteresse hat, etwa eine Medizinische Fakultät, sollte zumindest die Hälfte der Mitglieder unabhängig von der Institution sein, an der geforscht wird. Ansonsten besteht die Tendenz, dass Institutionsinteressen uns Loyalitätsgepflogenheiten die Urteile der FEK zu stark beeinflussen.

---

[10]Vgl. z. B. Bobbert (2008).

8.3.2.2 Medizinisch-naturwissenschaftliche Expertise zur Einschätzung, ob andere Wege der Forschung ausgeschöpft sind

Es stellt eine Vorgabe der Helsinki-Deklaration, aber auch anderer rechtlicher und ethischer Regelwerke dar, dass vor dem Humanexperiment ausreichend Laborversuche oder Simulationsmodelle und sofern angemessen, Tierversuche durchgeführt wurden.[11] Diese für den Schutz und die Schonung von Versuchspersonen wichtige Norm lässt sich nur durch wissenschaftliche Expertise beurteilen. Mitglieder einer Ethikkommission müssen die Plausibilität der Ausführungen der Antragsteller zu diesem Aspekt beurteilen können. Gegebenenfalls bedarf es für eine kompetente wissenschaftliche Einschätzung einer eigenen Recherche und Durchsicht einschlägiger Studien.

Es muss im Begründungsprotokoll[12] der Studienbeurteilung folglich darauf eingegangen werden, warum Forschung am Menschen erforderlich ist bzw. vice versa keine anderen Wege der Forschung mehr beschritten werden können. Auch wenn die Forschungsethikkommission nicht im Detail die Ausführungen des Antragsstellers prüfen kann, sollten doch die wesentlichen Punkte aus dem Studienplan des Antrags in einem Begründungsprotokoll festgehalten werden.

8.3.2.3 Klinische und wissenschaftliche Expertise zur Absicherung des Schutzes der Versuchsperson

Zur Einschätzung potenzieller Gesundheitsrisiken von Versuchspersonen, unter anderem auch zur Identifikation spezieller Risikogruppen, sind fachlich einschlägige Ärzt(inn)e(n) erforderlich. Bei der Prüfung von Arzneimitteln muss daher zwingend ein wissenschaftlich versiertes Mitglied aus der Pharmakologie vertreten sein, bei „sonstigen" Studien ein Mitglied aus dem jeweils relevanten Fachgebiet, bei chirurgischen Interventionsvergleichen beispielsweise Mitglieder aus Chirurgie und Anästhesiologie. Bei Grundlagenforschung in der Psychiatrie oder Psychosomatik, etwa mittels psychiatrischer Tests oder bildgebender Verfahren, in denen sich beispielsweise negative Effekte psychischer Art ergeben können, sollte eine Fachperson vertreten sein oder aber die entsprechende fachliche Einschätzung müsste über ein externes Gutachten in die Kommissionsarbeit eingebracht werden.

Die Kommissionsmitglieder müssen zudem sicherstellen, dass Maßnahmen zur Risikominimierung ergriffen wurden und die mit der Studie verbundenen

---

[11]Vgl. Helsinki (2013, Nr. 21).

[12]Zum Begründungsprotokoll siehe weiter unten ausführlich.

Risiken in angemessener Weise eingeschätzt worden sind und sich beherrschen lassen.[13]

Ein Mitglied aus dem Bereich der Biostatistik ist nicht nur aus Gründen guter Wissenschaft, sondern zudem aus Gründen des Schutzes der Versuchsperson bei experimentellen Designs unverzichtbar. Denn häufig lassen sich aus ethischer Sicht problematische Studiendesigns mithilfe biostatistischer Expertise abwandeln. So kann etwa bei einer aus ethischer Sicht problematischen Studie, die unterschiedliche Therapiemöglichkeiten vergleichen will, eine Zwischenauswertung in Kombination mit einem möglichen Studienabbruch oder ein Cross-Over zwischen den einzelnen Versuchssträngen eingeplant werden. Aus biostatistischer Sicht können auch Designs oder Auswertungsmethoden für den Fall einer geringen Stichprobengröße oder kleiner Untergruppen geplant werden. Das Mitglied aus der Biostatistik muss sich jedoch einer Ethik in den Wissenschaften[14] verpflichtet wissen, d. h. gewillt und kompetent sein, methodische Kompromisse zu entwickeln, um Versuchspersonen vor zu großen Belastungen und Risiken zu bewahren, und zugleich ein solides Forschungsergebnis abzusichern.[15]

Eine Forschungsethikkommission sollte daher regelhaft vor der Beurteilung einer Studie in einer Sitzung die relevanten Fachgebiete der Medizin feststellen und durch die Zusammenstellung der Sitzungsmitglieder bzw. das Einholen externer Gutachten sicherstellen, dass der erforderliche Sachverstand gegeben ist.

8.3.3 Multidisziplinarität zur umsichtigen Abschätzung potenzieller Risiken und Belastungen von Versuchspersonen

Für FEKen ist in Deutschland nicht rechtlich geregelt, welche Disziplinen neben der Medizin, aus der in der Regel die Mehrheit der Mitglieder stammt, zwingend vertreten sein müssen. Es wurde gezeigt, dass der medizinische Sachverstand, insbesondere aus den Fachbereichen Pharmakologie, Biometrie und Innere Medizin, unerlässlich ist, um Studien aus fachlicher Sicht beurteilen und

---

[13]Vgl. u. a. Helsinki (2013, Nr. 17; 18).

[14]Vgl. dazu näher weiter unten.

[15]Vgl. z. B. Rauch (2017); Kieser et al. (2018); Hees und Kieser (2017); Krisam und Kieser (2017); Kunz et al. (2017); Kunzmann et al. (2017).

Risiken und Nutzenangaben der Antragsteller nachvollziehen zu können. Darüber hinaus bedarf es für eine ethische Bewertung, die den Patienten bzw. Probanden umfassend in den Blick nimmt, einer sozialwissenschaftlich unterfütterten Expertise. Disziplinen wie Psychologie und Soziologie sowie Vertreter(innen) aus den Berufsgruppen Pflege und Sozialarbeit sollten in einer Forschungsethikkommission vertreten sein, um eine umsichtige und zahlreiche Aspekte der Lebensführung potenzieller Versuchspersonen abdeckende Abschätzung der Vor- und Nachteile leisten zu können. Alternativ sollte eine FEK eine solche interdisziplinäre Abschätzung der Risiken und Belastungen vom Antragsteller einfordern.

Bislang ist es eher ungewöhnlich, dass Vertreter(innen) aus der Pflege in einer Forschungsethikkommission mitwirken. Wenn es aber beispielsweise darum geht, die Folgen einer neuen onkologischen Therapie zu beschreiben und in der Patientenaufklärung angemessen zu vermitteln, sind gerade Fragen des alltäglichen Lebens für einen kranken Menschen relevant. Aber auch bei gesunden Proband(inn)en, die an einer Studie mitwirken, können Einschränkungen und Belastungen auftreten, die Pflegende oder Sozialarbeitende besser absehen und einschätzen können als Ärztinnen und Ärzte bzw. medizinisch Forschende. Mitglieder aus der Psychologie oder aus den anderen Sozialwissenschaften bringen für eine vom Patienten oder Probanden ausgehende Risiko-Nutzen-Abwägung qua Disziplin einen weiteren Blick ein, indem sie soziale Aspekte oder auch eine längerfristige Perspektive der Versuchsperson und ihres gesellschaftlichen Umfelds aufzeigen. Aus der Psychologie, insbesondere aus der Medizinischen Psychologie stammen viele Erkenntnisse, die für die Teilnahme von Versuchspersonen an Studien und für deren Verstehen von Studienziel, -vorgehen und -inhalt relevant sind. So gilt es etwa, in Patienteninformationen das Verstehen zu fördern und dem so genannten therapeutischen Missverständnis entgegenzuwirken.[16]

Es geht jedoch nicht um eine möglichst umfangreiche Multidisziplinarität, sondern um die Art des Wissens und der Erfahrungen, die bei einem speziellen Studiendesign berührt sind. Im Sinne des Probandenschutzes und einer angemessenen Information potenzieller Versuchspersonen muss also je nach Studie im Sinne des Rechts auf Information vorab geprüft werden, welche Disziplinen- und Berufsperspektiven zu einer umfassenden Information der Versuchsperson beitragen können.

---

[16]Vgl. Zum therapeutischen Missverständnis Appelbaum und Lidz (2008); Joffe et al. (2001). Vgl. Zur vertrauensvollen Arzt-Patient-Beziehung bei Behandlungen Bobbert und Burkert (2014a). Siehe dazu auch noch weiter unten im vorliegenden Beitrag.

FEKen, die nicht permanent auf wissenschaftlich versierte Mitglieder aller relevanten medizinischen Fachbereiche zurückzugreifen können, sollten ggf. ein zweistufiges Verfahren etablieren, in dem in einem ersten Schritt externe medizinische Gutachter(innen) herangezogen werden, die den Forschungsstand kennen und die Sachverhalte fachlich beurteilen können. Im Sinn einer Ethik in den Wissenschaften (s. weiter unten) sollten sie in einem zweiten Schritt dazu aufgefordert werden, aus ihrer Sicht ethische Probleme zu benennen.

8.3.4 Informierte und freiwillige Zustimmung der Versuchsperson: Verstehen ermöglichen

8.3.4.1 Prüfung der Patienteninformation auf sachliche Richtigkeit und Verständlichkeit

Die Aufgabe, eine verständliche und umfassende Patienteninformation zum Forschungsvorhaben zu verfassen und dann den betreffenden Patienten oder Probanden entscheiden zu lassen, birgt aus psychologischer und ethischer Sicht insbesondere vier Schwierigkeiten:[17]

Zum ersten das so genannte therapeutische Missverständnis, d. h. das Phänomen, dass sich Patient(inn)en, die sich in Behandlung befinden, auch von klinischen Studien, seien es potenziell therapeutische oder aber nicht-therapeutische Studien, zuverlässig einen eigenen Nutzen versprechen – ungeachtet gegenteiliger Informationsschriften.[18] Zahlreiche empirische Studien der letzten Dekaden zeigen, dass die Mehrzahl der Patienten klinischen Studien zustimmt, ohne die Risiken und Nachteile einer Teilnahme verstanden zu haben. So konnten in einer US-amerikanischen Übersichtsstudie nur ca. 14 % der Befragten die Nachteile, die z. B. aus der Randomisierung, Placebo-Gruppen oder Doppel-Blind-Studien resultierten, wiedergeben.[19]

Zum zweiten fühlen sich Patient(inn)en durch ihre Erkrankung oft abhängig von ihren behandelnden Ärzt(inn)en und wollen diese nicht verärgern. Daher kann es ihnen schwer fallen, eine Studienanfrage abzulehnen.[20]

---

[17]Vgl. für den folgenden Abschnitt Bobbert und Werner (2014c, bes. S. 112 f); vgl. zudem Bobbert (2012b).

[18]Vgl. z. B. Appelbaum und Lidz (2008).

[19]Vgl. Lidz et al. (2004).

[20]Vgl. Doyal und Tobias (2001); Emanuel et al. (2008).

Drittens sind viele Informationsschriften, insbesondere bei Pharmastudien, sehr umfangreich – oft mehr als 20 Seiten. Da Patient(inn)en und gesunde Versuchspersonen keine medizinischen Expert(inn)en sind, fällt es ihnen schwer, medizinische und biostatistische Sachverhalte zu verstehen und auf ihre Person und Situation zu übertragen. In der Regel werden sie sich auf die mündlichen Erläuterungen der Studienleiter(innen) und Mitarbeiter(innen) verlassen. Diese haben jedoch ein Interesse daran, möglichst viele Versuchspersonen für die Studienteilnahme zu gewinnen. Empirische Studien zum Einwilligungsverhalten und Verstehen der Versuchspersonen belegen, dass eine kurze und konzise Darstellung des Studienvorhabens am ehesten geeignet ist, Versuchspersonen zu informieren, und dass detaillierte Ausführungen entscheidende Informationen eher verdecken.[21]

Viertens gibt es eine Gruppe von „Berufsversuchspersonen", die aus finanziellen Gründen häufig an nicht-therapeutischen, v. a. klinischen Studien der Phase I/II teilnehmen und damit auf Dauer ihre Gesundheit erheblich schädigen können.[22] Die jeweilige Einzelsituation betrachtend wird deren Zustimmung den Anforderungen der Freiwilligkeit und Informiertheit genügen. Gleichwohl sind strukturell gesehen finanzielle Anreize wirksam, sodass aus sozialethischer Sicht die mit der „Vermarktung" des eigenen Körpers verbundenen Zwänge kritisch zu diskutieren sind, die das medizinethische Konzept der „informierten Zustimmung" nicht erfasst.[23]

Hinzu kommen weitere Grenzen der informierten Zustimmung, u. a. zahlreiche innerpsychische Phänomene, Barrieren der rationalen Entscheidungsfindung, des Verstehens und der Kommunikation.[24]

Es besteht ein Konsens dahin gehend, dass allein die Zustimmung einer Versuchsperson eine Studie weder aus ethischer noch aus rechtlicher Sicht rechtfertigt. Gleichwohl ist die freiwillige und informierte Zustimmung einer Versuchsperson ausschlaggebend für die Durchführung einer Studie.

Jeder ausführlichen Patienteninformation ist eine Zusammenfassung voranzustellen, in der Studienziel, Vorgehen und vor allem potenzielle Belastungen

---

[21]Vgl. Fuchs et al. (2010, S. 70); Flory et al. (2008).

[22]Vgl. Levine (2008); Wertheimer (2008); Abrams (2001).

[23]Vgl. ausführlicher zur Kritik des engen medizinethischen „Informed Consent"-Konzepts Bobbert (2007).

[24]Vgl. ausführlich bereits Katz (1972, Kap. 8 f); Fuchs (2010, bes. S. 67–72).

und Risiken erläutert werden. Fachbegriffe sind dabei zu vermeiden. Den oben aufgeführten Missverständnissen ist dezidiert entgegenzuwirken, indem auf die Potenzialität des Nutzens oder den nicht-therapeutischen Charakter der Studie eingegangen wird.

In manchen FEKen wird darauf gesetzt, dass Patientenvertreter oder so genannte Laien die Verständlichkeit der Patienteninformation prüfen bzw. Verbesserungsvorschläge machen können. Gleichwohl sind in der Regel alle Mitglieder einer FEK in der Lage, eine Patienteninformationsschrift auf ihre allgemeine Verständlichkeit hin Korrektur zu lesen. Insbesondere dann, wenn von den Antragstellern verlangt wird, die für die Versuchspersonen wesentlichsten Informationen auf einer Seite darzustellen, wird fast jede lange Version verständlicher. Wissenschaftler(innen) sehen sich nicht nur in FEKen, sondern auch sonst vor diese Aufgabe gestellt, wenn sie z. B. ein „abstract" eines wissenschaftlichen Beitrags verfassen müssen.

Eine Zusammenfassung der für die Teilnahme der Versuchsperson wichtigsten Informationen wird derzeit von nur einigen FEKen eingefordert. Im Sinne der Achtung des Rechts auf informierte Zustimmung gibt es, was die Ermöglichung und Förderung des Verstehens von Versuchspersonen anbelangt, noch deutlichen Verbesserungsbedarf. Insbesondere eine Zusammenfassung, die klar Nutzen und Schaden nennt, sollte regelhaft vorangestellt werden.

8.3.4.2 Strukturierte Informationen zur Vorbildung potenzieller Versuchspersonen

In der klinischen Forschung werden nach Art und Entwicklungsstadium der Therapie gesunde Versuchspersonen oder aber Patient(inn)en herangezogen. Klinische Studien als so genannte prospektive Experimente sind zu unterscheiden von retrospektiven Studien und Beobachtungsstudien, die keine spezielle Intervention mit sich bringen. Humanexperimente stellen eine Anwendung der naturwissenschaftlichen Methode dar, um die Biologie und Psychologie des Menschen zu verstehen und Hypothesen zu testen. In vielen klinischen Studien werden Patient(inn)en um ihre Teilnahme gebeten, um die Wirksamkeit eines neuen Medikaments oder eine andere neue Behandlungsform zu prüfen. Gesunde Versuchspersonen nehmen z. B. an Phase I-Medikamentenstudien teil, in denen die Toxizität einer Substanz geprüft wird, aber auch an Studien, in denen z. B. eine Kontrollgruppe zum Vergleich der Effekte benötigt wird.

Zum Zweck hoher wissenschaftlicher Beweiskraft (Evidenz) zeichnen sich experimentelle Studien idealerweise durch eine Randomisierung, d. h. durch eine zufällige Zuordnung der Gruppen sowie durch eine Kontrollgruppe und Verblindung aus. Eine Kontroll- oder auch Placebo-Gruppe erlaubt es, die experimentell behandelten Versuchspersonen mit Personen zu vergleichen, die keine, eine bislang übliche oder aber eine Scheinbehandlung erhalten. Bei einer Verblindung weiß die Versuchsperson nicht, welche Art von Intervention sie erhält, bei einer Doppelverblindung kennt auch der Studienarzt die Gruppenzuordnung nicht.

Außerdem lässt sich in der Regel zwischen therapeutischer und nicht-therapeutischer Forschung unterscheiden: In therapeutischen Studien bzw. Studienarmen besteht die Möglichkeit, dass sich der Zustand eines Patienten verbessert. Demgegenüber besteht in so genannten nicht-therapeutischen Studien kein potenzieller Nutzen für die Studienteilnehmer, sondern nur für zukünftige Kranke oder die wissenschaftliche Erkenntnis.

All dieses Grundlagenwissen über medizinische Forschung am Menschen bringen Versuchspersonen in der Regel nicht mit. Wenn Patient(inn)en in einer Klinik oder – seltener – in einer niedergelassenen Praxis um eine Teilnahme an einem Forschungsprojekt gebeten werden, können sie sich häufig wenig Konkretes darunter vorstellen. Zwar lassen sich Randomisierung, Hypothesentestung u. a. Spezifika einer Studie an Hand des geplanten Forschungsprojekts erklären. Doch wäre es sinnvoll, dass Patient(inn)en in Universitätskliniken und akademischen Lehrkrankenhäusern, in denen häufiger an Patient(inn)en zu Forschungszwecken herangetreten wird, über den Bereich des Forschens Informationen erhalten, also „vorgebildet" werden. Filme, die gezeigt werden, oder Informationsschriften, die ausgehändigt werden, können vorbereiten und die oben genannten speziellen Aspekte von Forschungsprojekten anhand von Musterbeispielen erläutern. Im Dana Farber Cancer Institute in Boston, USA, einem renommierten Klinikum und Forschungsinstitut, sehen Patient(inn)en z. B. in den Warteräumen Kurzfilme, in denen Forschungsdesigns und Forschungsfragen vorgestellt werden.

FEKen sollten also im Sinne der Befähigung einer informierten Zustimmung für Institutionen der Gesundheitsversorgung, in denen Forschung stattfindet, Bildungseinheiten zur Verfügung stellen, die Patient(inn)en auf die Anfrage der Teilnahme an einem Forschungsprojekt vorbereiten.

8.3.5 Vorgaben zum Schutz personenbezogener Daten

Im Zusammenhang mit einer Studie werden vielfältige persönlichkeits- und krankheitsbezogene Informationen und Daten der Versuchsperson erhoben. Neben Angaben zur Person werden Informationen zum Krankheitsverlauf, zu Diagnosen, aber auch zu Lebensführung, sozialen und individuellen Charakteristika erfragt oder eigens untersucht und gespeichert. Zudem werden im Zusammenhang mit einem Forschungsprojekt häufig genetische Informationen generiert, seien es Diagnosen oder prädiktive genetische Informationen.[25]

Die Reichweite der von der Versuchsperson erbetenen informierten Zustimmung zur Erhebung oder Erweiterung personen- und krankheitsbezogener Informationen variiert je nach Forschungsprojekt. So kann von Versuchspersonen entweder die Zustimmung der Verarbeitung ihrer gesundheitsbezogenen Daten nur für das vorgelegte Studienprojekt, für Projekte zum gleichen Krankheitsbild, für medizinische Forschungsprojekte generell oder sogar für nicht-medizinische Forschung erbeten werden. Darüber hinaus kann die von der Studie vorgegebene Aufbewahrungsdauer variieren. Abgesehen von einer rechtlich vorgeschriebenen, begrenzten Aufbewahrungspflicht von Proben und Daten lassen viele Antragsteller die Frage der Aufbewahrungsdauer inzwischen offen, um möglichst lange mit den Daten und Projektergebnissen weitere Forschung betreiben zu können.

Es ist international bekannt – gleichwohl gibt es noch keine guten Lösungen –, dass sich durch die Speicherung und Verwendung von Biomaterial und Daten in Biobanken zur medizinischen Forschung weitreichende Probleme stellen.[26] Einig ist man sich darin, dass allein eine weite, unbegrenzte Zustimmung der Versuchspersonen zur Verwendung ihres Biomaterials und ihrer personenbezogenen Daten für eine verantwortliche Handhabung von Biodaten und genetischen Informationen nicht ausreicht.

Gerade weil sich die FEKen derzeit nicht auf rechtlich verbindliche Vorschriften für die genannten unterschiedlichen Varianten beziehen können, sollten sie sich zur Erhebung und Speicherung sensibler personenbezogener Daten, den

---

[25]Vgl. zur Problematik prädiktiver genetischer Informationen, zum „Informed Consent" in diesem Zusammenhang und zur Frage der Vorbildung der Versuchspersonen Bobbert (2007, 249 ff) und Bobbert (2012d). Vgl. für eine Übersicht Deutscher Ethikrat (2013). Vgl. für frühe, aber immer noch nicht gelöste Problemanzeigen in Bezug auf genetische Forschung und Biobanken Arnason (2004).

[26]Vgl. Deutscher Ethikrat (2010), (2013); vgl. Rütsche (2015, S. 384 ff, 479 ff).

Sicherungsmöglichkeiten und datenbezogenen Vorteilen und Gefahren der Versuchspersonen verhalten. Im Sinne des Schutzes der Versuchsperson und ihrer Belange, etwa des Rechts auf Nichtwissen, des Schutzes vor Diskriminierung angesichts weitreichender genetischer Informationen sollte sich eine FEK mit der Zusicherung der Antragsteller, die rechtlichen Datenschutzbedingungen einzuhalten, nicht zufrieden geben, zumal das Niveau des Datenschutzes international stark variieren kann. Aus Vorsichtsgründen sollte eine FEK im Fall sensibler (z. B. psychiatrischer, onkologischer, genetischer) Daten daher die begrenzte Aufbewahrung empfehlen und zur besonderen Absicherung der Speicherung der sensiblen Daten auffordern.

Im Interesse des Schutzes der Versuchsperson sollten FEKen strukturierte Empfehlungen zur Sicherung sensibler Daten, Hinweise auf Sicherheitslücken oder bekannte Datensicherungsprobleme erarbeiten und die Antragsteller nicht nur auf Probleme hinweisen, sondern Wert darauf legen, dass die Antragssteller plausibel darlegen, auf welche Weise sie den Schutz sensibler Daten von Versuchspersonen gewährleisten werden. Die Versuchspersonen sollte eine FEK in strukturierter Form schriftlich über potenzielle zukünftige Probleme des Umgangs mit genetischen Daten für die Betroffenen und biologisch Verwandten informieren und auch darüber, inwieweit im Falle eines internationalen Forschungsprojekts die nationalen rechtlichen Regelungen greifen.

8.3.6 Wissenschaftlich ausgewiesene Ethikexpertise sowie Kompetenz aller Mitglieder im Sinne einer Ethik in den Wissenschaften

Die Frage nach der Kompetenz der Fachperson für Ethik sowie der Kompetenz aller Kommissionsmitglieder beinhaltet letztlich auch die Frage nach dem Ethikverständnis. Zu fordern ist eine einschlägige Kompetenz des Mitglieds für philosophische/theologische Ethik. Warum Ethik keine Kompetenz ist, über die alle Mitglieder bereits kraft guten Willens verfügen, sollen die folgenden Ausführungen deutlich machen.

Ethik als Reflexionstheorie ist zu unterscheiden von Moral als dem Gegenstand ihrer Analyse und Reflexion. Moral in einem weiten Sinne umfasst alle Sitten, Konventionen, Werte und Normen, die mit den Anspruch unbedingter Gültigkeit verknüpft sind.[27] Die Ethik fragt, welche moralischen Normen,

---

[27]Vgl. zu den theoretischen Grundlagen der Ethik in der Medizin auch Bobbert (2012a, S. 163–206), außerdem Düwell (2008, S. 1–99).

Werte und Urteile berechtigterweise den Anspruch auf Gültigkeit erheben, d. h. sich mit vernünftig nachvollziehbaren Gründen ausweisen lassen. Im Zuge der Unterscheidung zwischen Ethik und Moral bestimmen sich auch der Stellenwert und die Reichweite berufsethischer Kodizes, also der verschiedenen Versionen der Deklaration von Helsinki oder des Hippokratische Eids. Kodizes oder ärztliche „ethische" Selbstverständnisse artikulieren – historisch bedingte – gesellschaftliche Moralvorstellungen von Ärzt(inn)en. Sie beanspruchen, den in einer bestimmten Zeit und Kultur geltenden Moralkonsens einer Berufsgruppe oder eines Teils der Berufsgruppe darzustellen. Bei näherem Hinsehen und bezogen auf die Frage der „demokratischen Legitimation" der Autor(inn)en berufsethischer Empfehlungen zeigt sich bereits, wie schwierig und letztlich, wie bedingt es ist, eine „Berufsmoral" zu artikulieren. Berufskodizes können zur Verständigung und Motivation eines Berufsstands nach innen sinnvoll sein, weil sie als Verhaltenskodex eine gewisse moralische Entlastung für individuelles Handeln zu bieten vermögen. Nach außen dienen sie der Information und Orientierung: Was von diesem Berufsstand erwartet werden kann, worauf er sich selbst verpflichtet hat.

Obwohl Berufskodizes nicht unmittelbar rechtlich bindend sind, üben sie Einfluss auf die Rechtsprechung aus und werden in rechtlichen Auseinandersetzungen herangezogen. Trotz dieser sinnvollen soziologischen Funktionen bleibt allerdings die Notwendigkeit bestehen, diese gruppenspezifischen moralischen Normen aus ethischer Perspektive zu befragen und argumentativ zu untermauern. Denn Berufskodizes haben aus ethischer Sicht nur relativen Stellenwert: Das Standesethos, und dazu zählt auch die Deklaration von Helsinki, kann nicht allein maßgeblich sein, weil es letztlich um grundlegende moralische Rechte und Pflichten geht.

Einem so genannten non-kognitivistischen Ethikverständnis, das ethischen Urteilen die Wahrheitsfähigkeit abspricht und letztlich auf Intuitionismus oder Pragmatismus verwiesen ist, würde es entsprechen, die moralischen Intuitionen oder anderen Zwecksetzungen aller Mitglieder zusammenzuführen und dann, da es kein allgemein verbindliches ethisch-normatives Urteil geben kann, pragmatisch die Mehrheitsmoral festzustellen. Jedoch können persönliche und kollektive moralische Intuitionen und Überzeugungen durch Sozialisation, Kultur und Vorurteile geprägt sein.

In der philosophischen/theologischen Ethik gibt es viele kognitivistische Ethik-Theorien, die beanspruchen, gute Gründe für vernünftig nachvollziehbare, verallgemeinerbare Normen zu geben und daraus praxisbezogene Urteile ableiten zu können. Da jedoch ethische Urteile, wie sie in FEKen gefragt sind, immer

„gemischte" Urteile sind, bauen sie auf Aussagen über Sachverhalte und Prognosen auf.[28] In Abhängigkeit von der Seriosität natur- oder sozialwissenschaftlicher Aussagen steht und fällt ein ethisches Urteil. Es ist eine anspruchsvolle Aufgabe, aus der Vielfalt wissenschaftlicher Ergebnisse, die von Vorannahmen, möglicherweise einem Streit von Schulen oder unterschiedlichen wissenschaftlichen Methoden geprägt sind, die für ethisch-normative Urteile relevanten Wissensgrundlagen zu erschließen. In einer FEK muss es ein gemeinsames Anliegen sein, aus dem vorhandenen Wissens- bzw. Forschungsstand den potenziellen Nutzen und die erkennbaren Risiken zu benennen und zu bewerten.

8.3.6.1 Ethikexpertise: Ethik als Teildisziplin der Philosophie oder Theologie

Geht man davon aus, dass Ethik von Moral zu unterscheiden ist und dass eine ethische Argumentation bzw. Reflexion mit philosophischen Methoden und Begriffen zu leisten ist, bedarf eine FEK einschlägiger Expertise. Angesichts der potenziellen Strittigkeit ethischer Urteile und Begründungen und angesichts des ethischen Theorienpluralismus sollten – wie in der Medizin auch – idealerweise nicht nur ein Mitglied, sondern besser zwei oder drei einschlägige Mitglieder in einer Kommission vertreten sein. Eine Alternative könnte darin bestehen, dass Mitglieder einer anderen Disziplin eine Zusatzqualifikation erwerben. Es reicht jedoch nicht aus, nimmt man die in allen Regelwerken erwartete ethische und rechtliche Beurteilung einer Studie ernst, eine nicht wissenschaftlich ausgebildete Person als Ethikmitglied zu berufen. In dieser Hinsicht sind nicht nur die Mustersatzung für Ethikkommissionen in Deutschland von 2004, sondern auch aktuelle Satzungen von FEKen zu kritisieren. Denn dort heißt es: „…ein weiteres Mitglied sollte durch wissenschaftliche *oder berufliche Erfahrung* auf dem Gebiet der Ethik in der Medizin ausgewiesen sein"[29]. Hiergegen ist einzuwenden, dass sich allein über eine Berufstätigkeit keine wissenschaftlich-ethische Kompetenz im oben beschriebenen Verständnis erwerben lässt.

Disziplinär einschlägig und zugleich auf die anwendungsbezogene Ethik ausgerichtet fordert die Satzung der Forschungsethikkommission der Universität

---

[28]Vgl. u. a. Bobbert (2015a, S. 299 f).

[29]Arbeitskreis Medizinischer Ethikkommissionen – Mitgliederversammlung, Mustersatzung für öffentlich-rechtliche Ethikkommissionen vom 20.11.2004; Satzung der Ethikkommission I der Universität Heidelberg (Ethikkommission der Medizinischen Fakultät Heidelberg) vom 01.08.2017, § 2 (1). (Hervorh. M.B.).

Münster und der Ärztekammer Westfalen-Lippe: „[…] ein weiteres Mitglied muss über eine durch einen akademischen philosophischen oder theologischen Grad ausgewiesene Qualifikation sowie über mehrjährige Erfahrung auf dem Gebiet der Ethik verfügen"[30]. Auch das Humanforschungsgesetz der Schweiz (HGF) bestimmt die Zusammensetzung mit Blick auf einen akademischen Abschluss wie folgt: „Die Ethikkommissionen müssen so zusammengesetzt sein, dass sie über die zur Wahrnehmung ihrer Aufgaben erforderlichen Fachkompetenzen und Erfahrungen verfügen. Es müssen ihnen Sachverständige verschiedener Bereiche, insbesondere der Medizin, der Ethik und des Rechts, angehören."[31]

Nur teils, so im Schweizer Humanforschungsgesetz, ist rechtlich geregelt, dass die anspruchsvolle Aufgabe ethischer Beurteilung einer angemessenen Ethik-Expertise bedarf. Weder in berufsethischen Empfehlungen noch in der Medizinethik-Literatur wird die weit verbreitete Vorstellung problematisiert, dass Ethik mehr ist als ein bloßes Zusammentragen und Abstimmen persönlicher moralischer Vorstellungen. Damit bleibt aber unklar bzw. offen, wodurch sich die ethische Bewertung einer Ethikkommission legitimiert. Aus philosophisch-ethischer Sicht muss eine Forschungsethikkommission dem Anspruch einer gut begründeten, vernünftig nachvollziehbaren ethischen Bewertung genügen, will sie sich nicht den Vorwurf der Beliebigkeit oder der Abhängigkeit von einer faktischen Gruppenmoral einhandeln.

Die Teilnahme an einer Studie wirkt sich auf Zeitgestaltung, Alltagsvollzüge, Wohlbefinden, Gesundheit und Leben der Versuchspersonen aus. Damit sind fast immer auch ethisch-normative Fragen, also moralische Rechte und Pflichten, betroffen. Somit reicht es als Begründung nicht aus, wenn sich die Mitglieder lediglich auf weit verbreitete Wertvorstellungen oder eine Mehrheitsposition beziehen und erleichtert sind, wenn sich ein faktischer Konsens abzeichnet. Aber ein Konsens kann ja nur deshalb zustande kommen, weil alle Beteiligten dieselben Wertungen bzw. Vorurteile teilen. Moralvorstellungen Einzelner oder einer Gruppe können erst auf der Grundlage einer ethischen Reflexion, d. h. unter Angabe guter Gründe allgemeine Gültigkeit beanspruchen. In einer FEK müssen daher gute Gründe für eine Entscheidung gegeben werden, die beanspruchen, für vergleichbare Fälle ebenso zu gelten. Dabei muss zugleich eine Offenheit

---

[30]Satzung der Ethik-Kommission der Ärztekammer Westfalen-Lippe und der Westfälischen Wilhelms-Universität Münster vom 24. 01.2015, § 2 (2).

[31]Bundesgesetz vom 30.09.2011 über die Forschung am Menschen (Humanforschungsgesetz HFG), Art. 53 (1).

für Gegengründe bestehen. Die „historische Vernunft" gebietet es, sich um bestmögliche Gründe und Begründungen zu bemühen und sich zugleich korrigierbar zu halten.[32] Der Begriff der historischen Vernunft ist hilfreich, da er es erlaubt, ethisch-normative Ansprüche aufrecht zu erhalten und gleichzeitig eine hermeneutische Perspektive zu bewahren.

8.3.6.2 Ethische Reflexion als interdisziplinärer Dialog

Ein aus ethischer Sicht gutes Urteil in Bezug auf ein Forschungsprojekt kann dann zustande kommen, wenn die Einschlägigkeit der ethischen Expertise gewährleistet ist und zwischen den Ethikexpert(inn)en und den Naturwissenschaftler(inne)n bzw. in der medizinischen Versorgung tätigen Ärzt(inne)n ein interdisziplinärer Dialog stattfindet.

Ein Verständnis von „Ethik in den Wissenschaften"[33] begreift ethische Reflexion als gemeinsames Anliegen aller Wissenschaftler(innen), um so Verantwortung für Erkennen und Handeln in der Forschung wahrzunehmen. Dies erfordert unter anderem, dass empirisch arbeitende Wissenschaftler(innen) aus ihrer „Weltverantwortung" heraus moralische Probleme aufzeigen und Sachwissen in die ethische Debatte einbringen.

Zur fundierten Urteilsfindung der mit der Bio-Medizin einhergehenden moralischen Fragen ist darüber hinaus ein interdisziplinärer Dialog mit der philosophischen und theologischen Ethik unabdingbar.[34] Denn eine anwendungsorientierte Ethik wie die Medizinethik bzw. Forschungsethik muss auf einer methodisch reflektierten Anwendung von Theorien, Begriffen und Normen beruhen. Außerdem ist es Aufgabe der Ethik, moralische Wertungen und vorgebrachte Argumente auf ihre Schlüssigkeit hin zu untersuchen. Des Weiteren sind die Kultur- und Sozialwissenschaften einzubeziehen, um Problemstellungen und gesellschaftliche Konsequenzen angemessen zu erfassen.

Um einen solchen interdisziplinären Dialog zu praktizieren, bedarf es einer entsprechenden Moderation, ausreichend Zeit und Bereitschaft der Mitglieder, eine interdisziplinäre Verständigung einzuüben sowie schließlich einer Gesprächskultur, die auf die Fragen und Überlegungen der jeweils anderen Disziplin eingeht. Für einen interdisziplinären Dialog zwischen Medizin und

---

[32]Vgl. Schnädelbach (1987, bes. Kap. 2).

[33]Vgl. zum Konzept einer „Ethik in den Wissenschaften" Ammicht-Quinn et al. (2015), insbesondere die Beiträge von Mieth, Wimmer, Düwell, Bobbert.

[34]Vgl. in Bezug auf „Ethik in Wissenschaften" am Beispiel ethischer Fragen der Lebertransplantation Bobbert (2014b, S. 147 f).

Ethik reicht es nicht aus, lediglich Sachwissen und moralische Positionen zusammenzutragen. Vielmehr gilt es, die für ein ethisches Urteil relevanten Sachinformationen zu analysieren und die Gesamtkonstellation, so wie sie sich in einer geplanten Studie darstellt, zu bewerten.

8.3.6.3 Eintrittsqualifikation und Fortbildungen aller Mitglieder im Sinne einer Ethik in den Wissenschaften

Ohne Eintrittsqualifikation und Fortbildung ist fraglich, inwiefern Mitglieder aus den Sozial- und Naturwissenschaften, die empirische Methoden bemühen, Kompetenzen mitbringen, die für eine ethische Reflexion erforderlich sind. Für eine ethisch-normative Beurteilung einer Studie bedarf es der Achtung grundlegender moralischer bzw. juridischer Rechte der Versuchspersonen und einer davon ausgehenden Abwägung zwischen potenziellem Nutzen und Risiken. Bei dieser Abwägung ist klar zwischen dem potenziellen Nutzen eines Patienten, der sich als Versuchsperson zur Verfügung stellt, und dem künftiger Patient(inn)en oder dem Nutzen, der in einem Wissenszuwachs besteht, zu unterscheiden. Gemäß einer „Ethik in den Wissenschaften" gilt es, gerade bei so genannten „gemischten" Urteilen[35] Wertungen und implizite ethische Vorannahmen in Sachinformationen kenntlich zu machen und diese Vorannahmen gegebenenfalls erst einmal zur Diskussion zu stellen.

Ein ethisches Urteil darf sich nicht allein aus persönlichen moralischen Überzeugungen oder Intuitionen der Mitglieder speisen, sondern es müssen allgemein nachvollziehbare Gründe genannt werden, warum eine Abwägung für oder gegen die Befürwortung einer Studie ausfällt. Eine stringente Argumentation mit guten Gründen zu entwickeln, mag in erster Linie die Aufgabe des (der) einschlägigen Ethikexpert(inn)en sein. Gleichwohl sollten die anderen Mitglieder auch in der Lage sein, Gründe und Gegengründe anzugeben und sich damit auseinanderzusetzen.

8.3.6.4 Mehrheits- oder Minderheitsvoten

Idealerweise sollte die überzeugende Kraft des besseren Arguments bzw. gute Gründe für die Gewichtung von Risiken und Nutzen ausschlaggebend für die ethische Beurteilung durch die FEK sein. Nun kann eine ethische Diskussion aus verschiedenen Gründen strittig bleiben, außerdem ist die Sitzungszeit einer Ethikkommission begrenzt. Ein Mehrheitsvotum hat angesichts eines

---

[35]Vgl. dazu u. a. Bobbert (2012a, S. 186–193); Bobbert (2015a).

Ethikdiskurses, der die Wahrheitsfähigkeit ethischer Urteile unterstellt, keine besondere Autorität. Vielmehr können ebenso die Gründe der Minderheitsposition die richtigen sein. Daher ist es zwingend, in einer Ethikkommissionssitzung Minderheitsvoten zuzulassen und diese mit ihren Gründen auch zu protokollieren: Aus ethischer Sicht entscheidend sind die Gründe, die für ein Urteil angeführt werden.

8.3.7 Ein „Begründungsprotokoll" als Ergebnis der ethischen Reflexion

Der Prozess der Entscheidungsfindung und Dokumentation in einer FEK ist nicht einheitlich geregelt. Ob ein Mehrheitsvotum oder eine Konsensentscheidung angestrebt wird, ob es die Möglichkeit eines Minderheitsvotums gibt, variiert in den Satzungen der Forschungsethikkommissionen. Auch nicht geregelt ist die Frage, in welcher Form die Diskussionsergebnisse intern festgehalten werden müssen und ob der Antragsteller oder spätere Versuchspersonen nicht auch die Möglichkeit haben sollten, die zentralen Gründe einer Befürwortung oder Ablehnung in Erfahrung zu bringen. Zum Zweck der Qualitätssicherung und Nachvollziehbarkeit ist ein „Argumentationsprotokoll" im Sinne eines Begründungsprotokolls, in dem die zentralen Gründe und Gegengründe aufgeführt werden, zu fordern. Wichtig wäre insbesondere auch, in jedem Fall der Befürwortung einer Studie die Gründe für die Annahme zu nennen, aber auch etwaige Bedenken oder Fragen, die offen geblieben sind, festzuhalten. Wenn der Antragssteller Informationen zu Sachfragen gegeben hat, die ausschlaggebend für die Entscheidung waren, sollten auch diese im „Begründungsprotokoll" aufgeführt werden. Letzteres ist deswegen wichtig, weil – vgl. weiter oben die Ausführungen zu „gemischten Urteilen" – praxisbezogene ethische Urteile stark von den Tatsachenbehauptungen abhängen. Gerade bei Studien, die ein höheres Risiko- und Belastungspotenzial für Versuchspersonen bergen, ist es erforderlich, im Protokoll die ausschlaggebenden Gründe für die Zulassung zu dokumentieren, damit belegt ist, dass die FEK ihre Aufgabe einer ethischen Abwägung von Nutzen und Risiken wahrgenommen hat und welche Gewichtungen sie vorgenommen hat.

Das Begründungsprotokoll kann am besten über die ethische Qualität der FEK Auskunft geben. Denn wenn darin jeweils die wichtigsten Gründe und Gegengründe des ethischen Urteilsfindungsprozesses aufgeführt werden, belegt dies – auch wenn man inhaltlich vielleicht Einwände gegen die Argumentation vorbringen könnte –, dass eine ethische Reflexion stattgefunden hat, die ja dezidiert Aufgabe der „Ethik"-Kommission ist. Auf diese Weise ließe sich auch dem teilweise zu hörenden Vorwurf, es handle sich eher um „Rechtsprüfungskommissionen" als um Ethik-Kommissionen, entgegentreten.

8.3.8 Verlaufs- und Ergebniskontrollen zur Sicherung guter Wissenschaft und zum Schutz der Versuchsperson

Die Forschungsethikkommissionen begutachten (in Deutschland im Fall einer Arzneimittel-, oder Medizinproduktestudie) oder beraten (in Deutschland „sonstige" bzw. „frei formulierte" Studien) lediglich vor Beginn einer Studie. Sie sind nicht mehr für Verlauf und Ergebnis des Forschungsprojekts zuständig. Zwar gibt es durchaus einige wenige Berichtspflichten des Antragstellers: Er muss schwere unerwartete Ereignisse im Bereich des Arzneimittel – und Medizinproduktegesetzes und in der Schweiz in Bezug auf alle Studien zur Forschung am Menschen von sich aus melden.[36] Doch sowohl zur Sicherung des Wohls und Schutzes der Versuchspersonen als auch zur Sicherung guter wissenschaftlicher Erkenntnisse wären aus ethischer Sicht Verlaufs- und Ergebniskontrolle erforderlich.

8.3.9 Zentrale Aspekte der Unabhängigkeit

Vielerorts wird für Mitglieder von Ethikkommissionen, aber auch für die FEK selbst Unabhängigkeit geltend gemacht in dem Sinne, dass die Mitglieder nicht an Weisungen gebunden sind, d. h. auch nicht der Weisungsbefugnis einer Behörde unterliegen. Abgesehen von einer rechtlich verbürgten Unabhängigkeit,

---

[36]Vgl. deutsches Arzneimittelgesetz, vgl. EU-Verordnung 536/2014, Abschn. 41: Der Sponsor einer Arzneimittelstudie soll „die vom Prüfer gemeldeten Informationen bewerten und Sicherheitsinformationen zu schwerwiegenden unerwünschten Ereignissen, die mutmaßliche unerwartete schwerwiegende Nebenwirkungen darstellen, der Europäischen Arzneimittel-Agentur (im Folgenden „Agentur") melden". In Bezug auf alle Arten medizinischer Forschungsprojekte vgl. Schweizer HFG Art. 46, Abs. 1 sowie die Ausführungsbestimmungen der Verordnung über klinische Versuche (KlinV), Art. 37 ff.

die die Kommission im Sinne der Garantie der Forschungsfreiheit vor staatlicher Einflussnahme schützt, ist jedoch im Satzungstext und in der Kommissionspraxis häufig nicht klar, wie Unabhängigkeit näherhin zu verstehen ist. Lange wurde die Unabhängigkeit in eine Richtung aufgefasst: Neben der rechtlich abgesicherten Weisungsunabhängigkeit der Mitglieder wurde die Unabhängigkeit im Sinne einer Selbstkontrolle verstanden, die sich gegen staatliche Einflussnahme und Einschränkungen der Forschungsfreiheit schützen wollte. Nach den Erfahrungen des Nationalsozialismus war dies eine Errungenschaft. Heute aber stehen eher die Interessen und Kompetenzen des Berufsstands in Konflikt mit den Interessen der Versuchspersonen. Außerdem wird heute davon ausgegangen, dass Mediziner(innen) nicht bereits qua Berufsstand Kompetenzen in Ethik und Recht mitbringen.

Die Forderung nach Unabhängigkeit ist eine konstitutive Voraussetzung für die Funktionsfähigkeit einer Forschungsethikkommission, deren Qualität in der Wirksamkeit des Schutzes von Versuchspersonen liegt. Daher müssen Präzisierungen in anderer Richtung getroffen werden:

8.3.9.1 Finanzielle Unabhängigkeit

Die Geschäftsstelle mit Geschäftsführer(in) und Sachbearbeiter(inne)n wird meist durch Gebühren der Antragssteller und durch ein Budget der öffentlichen Hand finanziert. Teilweise erachten es die Geschäftsstellen, die Personal, Räume und EDV finanzieren müssen, als Zeichen von Unabhängigkeit, durch die Einnahmen von Gebühren der Antragsteller kaum auf Zuschüsse der Fakultät, Universität oder Landesärztekammer angewiesen zu sein. Nun variieren die Gebührensätze z. B. für federführende Pharmastudien externer Firmen zwischen mehreren tausend Euro. Doch nur einige FEKen in Deutschland haben viele Anträge von Pharmafirmen. Dies mag seinen Grund im Standort haben, möglicherweise aber auch in einer Bewilligungspraxis, die für ihre Zurückhaltung bei Auflagen bekannt ist. Wenn die Begutachtung von Pharmastudien als Anreiz fungiert, dann kann dies die Unabhängigkeit der FEK beeinträchtigen. Ebenso kann es aber sein, dass sich eine über das Budget der Medizinischen Fakultät finanzierte FEK Anträgen der eigenen Fakultät in besonderer Weise verpflichtet weiß und hier keine Ablehnungen ausspricht. Daher könnte es von Vorteil sein, FEKen nicht unmittelbar an einer Medizinischen Fakultät angesiedelt zu lassen – trotz ihrer Genese als „kollegiale Beratungskommissionen", die sich seit den 1970er Jahren anlässlich einer neuen Version der Helsinki-Deklaration geformt haben.

Nur ein gleiches und verlässliches Finanzierungsmodell der Geschäftsstellen durch die öffentlichen Hand würde ein Konkurrieren um Studien, die hohe

Gebührenbeträge einbringen, verhindern, und Unabhängigkeit von den unmittelbaren Forschungsinteressen einer Institution wie einer Medizinischen Fakultät/ Universitätsklinik vergrößern.

8.3.9.2 Ehrenamtlichkeit und Zeitvorgaben

Großteils wird auch die Ehrenamtlichkeit – in der Schweiz der so genannte Milizcharakter – als Indiz der Unabhängigkeit gewertet. Doch hat die Ehrenamtlichkeit vor allem in FEKen mit einem hohen Antragsaufkommen Nachteile. Gerade Kliniker(innen) haben per se eine hohe Arbeitsbelastung. Wenn der Zeitaufwand der Vorbereitung und die Sitzungshäufigkeit sehr hoch sind, besteht die Gefahr, sich nicht eingehend mit allen Antragsunterlagen befassen zu können. Zugleich steht und fällt die kritische Funktion der Mitglieder mit dem Grad ihrer Vorbereitung. Auch die Teilnahme an rechtlichen und ethischen Fortbildungen, die die Ethikkommissionen manchmal anbieten, scheitert oft an berufsbedingtem Zeitmangel.

Außerdem wird eine umsichtige Begutachtung inzwischen auch durch Zeitvorgaben im Begutachtungsverfahren erschwert. So gibt es seit einigen Jahren von rechtlicher Seite zunehmend engere zeitliche Vorgaben[37] für die Bearbeitung von Anträgen durch Forschungsethikkommissionen – um Antragstellern bzw. Sponsoren Planungssicherheit und eine rasche Abwicklung des Begutachtungs- bzw. Bewilligungsverfahrens zu geben, aber auch, um den Wirtschaftsstandort zu sichern.[38] Dieses Anliegen ist zwar nachvollziehbar, und sicherlich stellten in der Vergangenheit lange Antragszeiten ohne Fristen ein Hindernis für Forschungsvorhaben und kommerzielle Sponsoren dar. Gleichwohl stellen die mittlerweile eingeführten engen Zeitvorgaben ein Problem für ehrenamtliche Mitglieder dar, die neben ihrem mehr oder weniger gut planbaren Berufsalltag Forschungsanträge innerhalb eines kleinen Zeitfensters begutachten sollen.

---

[37]Vgl. in Bezug auf Arzneimittelstudien die EU-Verordnung 536/2014, u. a. Art. 7 (2), zuvor bereits Fristen in der EU-Richtlinie 2001/20/EG. In der Schweiz liegt die maximale Bearbeitungsfrist nach Art. 45 Abs. 2 HFG bei zwei Monaten. Die Fristen für die Bewilligungserteilung im Einzelnen sind im Verordnungsrecht (KlinV) festgelegt. Die Bewilligung für ein multizentrisches Forschungsprojekt muss innerhalb von 52 Tagen vorliegen. Für monozentrische Forschungsprojekte sind 37 Tage vorgesehen.

[38]Vgl. den Beitrag von Schubinger und Driessen weiter oben im vorliegenden Band unter 3.4. Hier wird irritierenderweise als primäres Qualitätsziel des Gesetzgebers, das gleichwertig neben dem Probandenschutz gestellt wird, die Schaffung günstiger Rahmenbedingungen für den Forschungsplatz Schweiz angeführt. Die EU-Verordnung 536/2014Studien mit Arzneimitteln nennt in Abschn. 8) dieses Ziel explizit und behält wie die EU-Richtlinie 2001/20/EG die Sonderregelung einer stillschweigenden Genehmigung bei.

Nicht nur die Vorbereitungszeit ist inzwischen sehr kurz, sondern auch die Entscheidungspraxis in den Kommissionssitzungen. So sind viele FEKen dazu übergegangen, während der Sitzung ein digital visualisiertes Sitzungsprotokoll zu erstellen, dem die Mitglieder unmittelbar zustimmen bzw. parallel zum Sitzungsverlauf den Wortlaut des Protokolls mitverfolgen und etwaige Einwände vorbringen müssen. Dieses „multi-tasking" erlaubt nicht immer ein gründliches Arbeiten und eine wohlüberlegte Beschlusslage. Rechnet man die gesamte Sitzungszeit auf die Zeit pro Antrag um, so zeigt sich, dass oftmals weniger als 10 min zur Verfügung stehen. Damit ist klar, dass in relativ kurzer Zeit Entscheidungen gefällt werden und kaum Zeit für Nachfragen, Aussprache oder gar Diskussion bleibt. Selbst wenn sich die Sitzungszeit anders verteilen sollte, da bei manchen Anträgen viel Erörterungsbedarf besteht und andere eher unkompliziert sind, ist der zeitliche Rahmen für die jeweilige Entscheidungsfindung, wenn man eine ethische Reflexion anstrebt, in den Sitzungen häufig nicht ausreichend.

Insgesamt laufen kurze Fristen für Anträge und Zeitdruck in den Sitzungen selbst der Norm des Probandenschutzes, der eine verständliche Patienteninformation, wohlüberlegte Ein- und Ausschlusskriterien und eine mit guten Gründen ausweisbare Risiko-Nutzen-Abwägung erfordert, zuwider. Durch Ehrenamt und enge Zeitvorgaben sowie durch eine organisatorische Überforderung der Geschäftsstellen kann also die Unabhängigkeit bzw. Kompetenz der Begutachtung stark eingeschränkt werden.

Die zeitnahe Bearbeitung eines hohen Antragsaufkommens sollte also so organisiert werden, dass die einzelnen Sitzungsmitglieder ausreichend Zeit zur Vorbereitung haben und in einer Sitzung nicht zu viele Anträge in zu kurzer Zeit entschieden werden. Von den Geschäftsstellen der FEKen erfordert dies nicht nur großes organisatorisches Geschick. Vielmehr müssen sie auf eine große Anzahl von Mitgliedern zurückgreifen können, die für Sitzungen zur Verfügung stehen. Davon kann aber nicht immer ausgegangen werden. Insofern ist zu fragen, ob die Begutachtung durch Forschungsethikkommissionen in Zukunft weiterhin durch ehrenamtlich Tätige zu leisten ist oder ob der zunehmenden Verrechtlichung konsequenterweise auch eine Begutachtung durch hauptamtlich tätige Mitglieder entsprechen sollte.

8.3.9.3 Fragen des Mitgliederproporzes

Bislang ist das Zahlenverhältnis der Mediziner(innen) zu den Nichtmediziner(inne)n ungeregelt. Nahezu in allen Forschungsethikkommissionen setzt sich die große Mehrheit der Mitglieder aus Mediziner(inne)n zusammen. In einem Gremium, in dem viele Mitglieder selbst medizinische Forschung betreiben und der akademische Aufstieg von Forschungsergebnissen abhängt, besteht die Tendenz, eher Forschungs- als Probandeninteressen wahrzunehmen oder auch Kolleg(inn)en zumindest keine großen Hindernisse in den Weg zu legen. Solange eine Kommission nur ein bis zwei Mitglieder aus anderen Berufsgruppen hat, können diese immer überstimmt werden. Mitglieder anderer Disziplinen und Berufsgruppen als die der Medizin können in zweifacher Weise unabhängiger sein: zum einen durch die disziplinbedingt andere Perspektive, zum anderen durch die Zugehörigkeit zu einer anderen Institution und „scientific community".

Außerdem wird die Unabhängigkeit von Verfahren der Mitgliederberufung beeinflusst. Indem die Forschungsethikkommissionen ein Vorschlagsrecht haben bzw. faktisch die Mitglieder auswählen – wenngleich anderer Strukturen der Hochschulselbstverwaltung, der Körperschaften öffentlichen Rechts oder der Landesverwaltung die Ernennung bestätigen – ist eine Ethikkommission nicht gegen implizite Interessenvertretungen geschützt.

Aus Gründen des Patientenschutzes sollte die seit den 1970er Jahren entwickelte Struktur kollegialer Beratung verlassen werden und mindestens die Hälfte der Mitglieder einer Ethikkommission aus anderen Disziplinen als der Medizin stammen. Neben Volljurist(inn)en und wissenschaftlich ausgewiesenen Mitgliedern aus der Medizinethik – am besten jeweils zwei, um kontroverse Rechtsinterpretationen und die Pluralität des Diskurses in der Ethik zuverlässig abgebildet zu sehen –, sollten auch Pflegekräfte, Sozialwissenschaftler(innen) und Patientenvertreter(innen) zur Ausleuchtung der Situation des Patienten bzw. Probanden vertreten sein.

8.3.9.4 Externe Gutachten

Um den Sachverstand der in der Kommission vertretenen Mitglieder und das Disziplinspektrum nach Bedarf erweitern, aber auch, um eine „zweite" Meinung insbesondere für spezielle Risiko-Nutzen-Fragen einholen zu können, sollte eine Forschungsethikkommission die Möglichkeit haben – und in der Praxis auch ohne große Hürden nutzen, externe Gutachten einzuholen. Dies würde die Expertise und die Unparteilichkeit der Kommission erhöhen.

8.3.9.5 Befangenheitsregeln

Befangenheiten kenntlich zu machen, ist Pflicht der Kommissionsmitglieder. Wenn mögliche Befangenheiten in rechtlichen Vorgaben und Satzungen präzisiert sind, haben die Mitglieder genaue Anhaltspunkte, wann sie in den Ausstand gehen müssen. Zur Sicherung des Probandenschutzes gegenüber anderen Interessen nimmt beispielsweise das Schweizer HFG neben den Mitgliedern die Forschungsethikkommission selbst in die Pflicht: Die Kommissionen müssen

Interessenbindungen ihrer Mitglieder veröffentlichen z. B. Zugehörigkeit zu forschenden Institutionen, Forschungsförderungsorganisationen und pharmazeutischen Unternehmen.[39] Während in der Schweiz die Ausstandsregeln in der Organisationsverordnung des HFG präzisiert sind,[40] variiert in Deutschland der Grad der Präzisierung der Befangenheitsregeln je nach FEK.

In Deutschland ist der Muster-Satzung von 2004, die seither nicht aktualisiert wurde, zu entnehmen: „Von der Erörterung und Beschlussfassung ausgeschlossen sind Mitglieder, die an dem Forschungsprojekt mitwirken oder deren Interessen in einer Weise berührt sind, dass die Besorgnis der Befangenheit besteht."[41] Nun können Mitglieder Interessenskonflikte bewusster abfragen und kenntlich machen, wenn Präzisierungen angeboten werden. So enthält z. B. die Geschäftsordnung einer konkreten Ethikkommission in Deutschland folgende Regeln: Mitglieder haben unverzüglich anzuzeigen, wenn Umstände vorliegen, in denen sie kraft Gesetzes von der Mitwirkung ausgeschlossen sind oder die geeignet sind, Misstrauen gegen ihre Unparteilichkeit zu rechtfertigen. Regelmäßig zu einem Ausschluss führen insbesondere a) eigene Beteiligung an dem Verfahren, auch als Vertreter oder Bevollmächtigter oder als Gutachter, b) Verwandtschaft ersten Grades, Ehe, Lebenspartnerschaft, eheähnliche Gemeinschaft mit einem Antragsteller sowie die weiteren in § 20 VwVfG NRW genannten Angehörigenverhältnisse, c) eigene wirtschaftliche Interessen an der Entscheidung über den Antrag, oder solche unter a) aufgeführter Personen, d) dienstliche Abhängigkeit oder Betreuungsverhältnis (z. B. Lehrer-Schüler-Verhältnis bis einschließlich der Postdoc-Phase) bis drei Jahre nach Beendigung des Verhältnisses. Einer Prüfung im Einzelfall bedarf es z. B. bei a) Verwandtschaftsverhältnissen, die nicht unter Satz 2 Buchstabe a) fallen, sowie anderen persönlichen Bindungen oder Konflikten, b) wirtschaftlichen Interessen der unter a) aufgeführten Personen, c) Mitgliedschaft in einem Leitungs- oder Aufsichtsgremium der Institution, der der Antragsteller angehört, sowie Tätigkeit in anderen Gremien, z. B. in wissenschaftlichen Beiräten im weiteren Forschungsumfeld, d) derzeitige oder geplante enge wissenschaftliche Kooperation sowie zurückliegende Kooperationen innerhalb der letzten drei Jahre, z. B. gemeinsame Publikationen, e) Vorbereitung eines Antrags oder Durchführung eines Projekts mit einem nahe verwandten Forschungsthema

---

[39]Vgl. HFG, Art. 52 (2).

[40]Vgl. Art. 4 der Organisationsverordnung des HFG.

[41]Arbeitskreis Medizinischer Ethikkommissionen (2004), § 8 (2). Daran lehnen sich viele Satzungen an, z. B. die Satzung der Ethikkommission I der Universität Heidelberg (Ethikkommission der Medizinischen Fakultät Heidelberg) 2017.

(Konkurrenz), f) Beteiligung an laufenden oder innerhalb der letzten 12 Monate abgeschlossenen Berufungsverfahren als Bewerber oder internes Mitglied der Berufungskommission, g) Beteiligung an gegenseitigen Begutachtungen innerhalb der letzten 12 Monate.[42]

Der Ausstand bei Befangenheit ist eine rechtlich regelbare Voraussetzung, die durchaus sinnvoll ist. Darüber hinaus sind jedoch auch implizit wirksame Interessensvertretungen problematisch. Institutionelle Loyalität, die um möglichst viele Drittmittel und Sponsoren bemüht ist, Gruppensolidarität, verstanden als gemeinsames Interesse, möglichst unbehindert die eigenen Forschungsinteressen verfolgen zu können oder auch eine „do ut des"-Praxis innerhalb einer Medizinischen Fakultät können dazu führen, dass der Blick eines Kommissionsmitglieds auf ein Forschungsprojekt weniger kritisch ausfällt als aus ethischer Sicht zu erwarten wäre. Insofern sind sowohl die Frage der institutionellen Ansiedelung einer Ethikkommission als auch die Frage der Strukturen der Urteilsbildung wichtig.

8.3.9.6 Forschungsethikkommissionen zur Kontrolle von Interessenskonflikten

Eine weithin akzeptierte Definition des Begriffs Interessenskonflikt gibt es nicht. Als operationale Definition ließe sich ein Interessenskonflikt beispielsweise wie folgt umreißen: Er beschreibt eine Situation, in der finanzielle oder sonstige persönliche Interessen des Forschers geeignet sind, Design, Durchführung oder Publikationsinhalte der Untersuchung signifikant zu beeinflussen.[43] Die Ursachen, die einem Verlust fachlicher Objektivität zugrunde liegen können, lassen sich in Interessenskonflikte mit finanziellem Hintergrund und solche ohne finanziellen Hintergrund unterscheiden. Beide Formen können jedoch ethisch relevant sein, obwohl häufig eher den finanziellen Interessenskonflikten Aufmerksamkeit gewidmet wird.

Nicht-finanzielle Interessenskonflikte treten z. B. bei der Durchführung von Untersuchungen an eigenen Patienten auf, wobei ein Konflikt entstehen kann zwischen dem, was für die Forschung optimal wäre und dem, was aus therapeutischer Sicht das Beste für einen Patienten ist. Sowohl in der empirischen als auch der medizinethischen Literatur finden sich nur wenige Untersuchungen dazu, ob

---

[42]Geschäftsordnung der Ethik-Kommission der Ärztekammer Westfalen- Lippe und der Westfälischen Wilhelms-Universität 11/2017.

[43]Vgl. modifiziert nach Warner (2003). Vgl. zum Folgenden ausführlicher Bobbert (2004, Kap. 2).

und wie Ärzt(inn)e(n) den Rollenwechsel vom Arzt zum Forscher wahrnehmen und reflektieren. Es lässt sich allerdings das Phänomen beobachten, dass sich in der klinischen Versorgung tätige Ärzt(inn)e(n), sobald sie ein Forschungsprojekt konzipieren und dieses dann in der FEK vorstellen, primär dem Forschungsinteresse verschreiben und die Situation potenzieller Versuchspersonen – meist die eigenen Patient(inn)en – weniger im Blick haben. Hier muss die FEK als Korrektiv ihre Schutzfunktion wahrnehmen und darf gerade nicht davon ausgehen, dass ein „guter Arzt" immer auch ein vorsichtiger Forscher ist. Aus diesem Grund schlug der US-amerikanische Pädiater und Medizinethiker Steven Joffe bereits vor einer Dekade vor, die Doppelrolle zu verlassen, sich als Studienleiter ausschließlich als Forschender zu verstehen und Patient(inn)en, die um die Teilnahme an einer klinischen Studie gebeten werden, allein mit forschungsethischen Kriterien zu betrachten.[44]

Der asymmetrische Wissensstand von Arzt und Patient verleiht dem Arzt-Patient-Verhältnis eine besondere Vulnerabilität. In diesem Spannungsfeld bedingen Studieneinschlussprämien, so genannte „finder´s fees" für die Vermittlung eigener Patient(inn)en an externe Studienprotokolle eine Gefährdung der Interessen kranker Versuchspersonen. So kann es durch die Zahlung hoher Studieneinschlussprämien unter Umständen zu einer Vernachlässigung von Studieneinschlusskriterien und Fälschungen von Unterschriften auf Einverständniserklärungen kommen.[45] Potenziellen Versuchspersonen sollten daher vor Studienbeginn alle finanziellen Beziehungen zu Sponsoren offengelegt werden. Denkbar wäre auch die vertragliche Fixierung einer Verpflichtung zur Offenlegung aller eventuell bestehenden finanziellen Hintergründe eines Studienabschlusses.

8.3.9.7 Strategien des Umgangs mit Interessenskonflikten

Die Problematik der Interessenskonflikte ist vielschichtig, sodass sich für eine FEK, für die Unabhängigkeit und Unparteilichkeit wichtige Voraussetzungen sind, immer wieder Herausforderungen stellen, obwohl zahlreiche Aspekte bereits geregelt sein mögen. Aufmerksamkeit für implizite Einschränkungen, die möglicherweise lediglich durch das Antizipieren negativer Reaktionen anderer Beteiligter bestehen, gilt es wahrzunehmen und zu analysieren. Das Wissen um Mechanismen der Gefährdung von Unparteilichkeit eröffnet Ansatzpunkte

---

[44]Vgl. Joffe et al. (2008).

[45]Vgl. z. B. Borger (2001).

zur Entwicklung kommissionsinterner, berufsrechtlicher und gesetzlicher Regelungen. Die Reflexion möglicher Einschränkungen sollte daher immer wieder Thema auf der Agenda einer FEK sein.

8.3.9.8 Institutionelle Anbindung

In Deutschland kam in den vergangenen Dekaden immer wieder die Frage auf, ob die ursprüngliche Ansiedelung von Forschungsethikkommissionen an den Medizinischen Fakultäten der Universitäten beibehalten werden sollte.[46] Alternativ wurde in Deutschland an eine durchgängige Ansiedlung der Ethikkommissionen an Landesärztekammern oder eine Landesbehörde gedacht. Nur in einigen wenigen Bundesländern sind Forschungsethikkommissionen heutzutage beim Land angesiedelt. In der Schweiz sind die Ethikkommissionen – nach einigen Forschungsskandalen, die auch mit der Struktur von Ethikkommissionen in Verbindung gebracht wurden – mittlerweile Bestandteil der kantonalen Behördenstruktur.

Im Sinne des Probandenschutzes ist die faktische Unabhängigkeit der Mitglieder wichtig.[47] Für akademische Fakultätsangehörige ist die Tätigkeit in der Ethikkommission fachlich und fakultätspolitisch interessant. Da sie selbst immer wieder einmal Antragsteller sind und außerdem aus einer Gruppenloyalität heraus ungern einen Kollegenantrag ablehnen oder mit Auflagen versehen, ist die Ansiedelung der Ethikkommission an der eigenen Fakultät für die faktische Unabhängigkeit von der tragenden Institution eher ungünstig.

Für Kliniker(innen), die in der Patientenversorgung tätig sind, sich aber auch über Forschung qualifizieren wollen, fällt der Rollenkonflikt zwischen Patientenwohl und Forschungsinteressen im Selbstverständnis als Mitglied der Ethikkommission oft zugunsten der Forschungsinteressen aus. Unabhängiger im Sinne von unparteilicher sind daher tendenziell Mitglieder in Ethikkommissionen, die weniger stark als kollegiales Beratungsgremium aufgestellt sind. Andererseits – und dies lässt sich als Vorteil verbuchen – ist unter Mitgliedern aus verschiedenen medizinischen Fachbereichen aktueller und differenzierter Sachverstand vorhanden und Vertraulichkeits- bzw. Konkurrenzfragen gegenüber anderen Fakultäten und Institutionen sind leichter zu handhaben.

Ist demgegenüber die Ethikkommission an einer Behörde oder bei der Landesärztekammer angesiedelt, werden Vertraulichkeitsfragen bzw. die Wahrung

---

[46]Vgl. erstmals umfassend von Dewitz et al. (2004).

[47]Vgl. zur Problematisierung der faktischen Interessensbindung auch Virt (2013, bes. S. 254 f.).

von Forschungsgeheimnissen schwieriger. Zudem muss der jeweilige Sachverstand auf hohem Niveau von Ärzt(inn)en aus unterschiedlichen Institutionen der Krankenversorgung und Forschung gewährleistet werden.

8.3.10 Befragung der Studienleiter(innen) und Protokollierung der Antworten

In vielen FEKen gibt es die Praxis, die Studienleiter in die Sitzung einzuladen, damit die offenen Fragen der Mitglieder direkt beantwortet werden können. Teilweise findet auch zunächst in einer Sitzung eine Vorbegutachtung statt, und für die dann noch ungeklärten Fragen werden die Studienleiter(innen) zu einer nächsten Sitzung eingeladen. Es gibt kaum Sachfragen, die nicht ethisch relevant wären bzw. sich angesichts einer ethischen Norm stellen: zur Frage, warum am Menschen oder sogar an Minderjährigen geforscht werden muss, zu den potenziellen Risiken und Belastungen der Versuchspersonen, zur Weite oder Enge der Ein- und Ausschlusskriterien, zu den Abbruchskriterien o. a. Es kann auch sein, dass z. B. aus der Biometrie, Pharmakologie, Kardiologie oder Inneren Medizin die Überlegung kommt, ob zusätzliche Eingangs- oder Zwischenuntersuchungen zur Sicherung der Gesundheit der Versuchspersonen eingeplant werden können.

Teils bedarf es angesichts eines vielleicht nicht gut strukturierten Studienprotokolls oder nicht klar formulierter Hypothesen und Prüfkriterien der Aussprache mit der FEK, damit die Mitglieder sich von Ablauf und Zweck der geplanten Studie ein Bild machen können.

Bislang werden diese mündlichen Gespräche der Kommissionsmitglieder mit den Studienleiter(inne)n nicht protokolliert. Doch sowohl die ethisch relevanten Fragen der Mitglieder als auch die Antworten der Studienleiter(innen) oder ihrer Vertretungen sollten schriftlich festgehalten werden. Besonders die Zusatzinformationen, die die Studienleiter angesichts ethisch oder rechtlich relevanter Fragestellungen geben, sollten zwingend festgehalten werden. Im Anschluss an die Sitzung sollte das Gesprächsprotokoll in seinen wesentlichen Inhalten den Studienleiter(innen) zum Gegenzeichnen übersandt werden.

8.3.11 Institutionalisierung einer unabhängigen zweiten Meinung – Ombudsstelle für Versuchspersonen

Damit sich Patient(inn)en oder Versuchspersonen informiert und freiwillig für die Teilnahme an einer Studie entscheiden können, bedarf es der institutionalisierten Möglichkeit, eine zweite, unabhängige Meinung einzuholen.

Daher sollte es neben einer FEK regelhaft eine Struktur geben, in der sich – unabhängig von Forschungsinteressen – potenzielle Versuchspersonen, die als Patient(inn)en und/oder als gesunde Proband(inn)en um die Teilnahme an einer Studie gebeten wurden oder die sich auf eine Anzeige hin melden, eine zweite kompetente Meinung einholen können. Eine Ombudsstelle kann gemeinsam mit der Versuchsperson die ausgehändigten Studienunterlagen, also vor allem die Patienteninformation, durchsprechen und gemeinsam mit dem Patienten bzw. potenziellen Probanden die Vor- und Nachteile, insbesondere die Belastungen und Risiken erörtern sowie Fragen explizit machen, die die angefragte Person hat. Eine solche Ombudsstelle müsste in der Grundausstattung durch öffentliche Gelder finanziert werden. Zudem müsste gewährleistet sein, dass medizinischer Sachverstand aus unterschiedlichen Fachbereichen rasch einholbar ist. Unter Umständen wäre eine ehrenamtliche Tätigkeit von Ärzt(inn)en denkbar.

8.4 Schluss

Mitglieder einer FEK wollen ihrer Verantwortung für den Schutz der Versuchsperson gerecht werden, bewegen sich aber innerhalb gesetzter Strukturen. Rahmenbedingungen und Vorgaben können, was ethische Zielsetzungen anbelangt, für eine reflektierte Urteilsbildung hinderlich oder aber förderlich sein. Daher ist die Gestaltung der Strukturen von FEKen eine zentrale ethische Aufgabe aller Entscheidungsträger und Beteiligten.

Die vorgestellten elf Forderungen wurden unter Bezugnahme auf die Norm des Schutzes der individuellen Rechte der Versuchsperson aufgestellt. Die Forderungen stellen ein Gegengewicht dar zu Qualitätsvorstellungen von FEKen, die von unterschiedlichen impliziten Interessen gespeist werden. Im deutschen Recht, im EU-Recht und im Berufsethos, wie es die Helsinki-Deklaration fasst, ist der deontologisch begründete Schutz der Versuchsperson unstrittig. Insofern dürften die elf Forderungen große Zustimmung finden. Gleichwohl sind einige Ursachen für Dissense denkbar:

Zum ersten könnte man anführen, dass ein zu hoher Schutz von Versuchspersonen Forschungsbemühungen so stark behindert, dass weniger Forschung stattfinden kann. Dem wäre entgegen zu halten, dass dann, wenn grundlegende Rechte von Versuchspersonen berührt sind, andere Interessen nachgeordnet werden müssen. Forschende können sich im Übrigen nicht so verstehen, dass sie ohne Rücksicht auf den Schutz von Versuchspersonen ein Forschungsprojekt entwerfen, um dann von einer FEK oder der herrschenden Rechtslage eingeschränkt zu werden. Vielmehr sind Forschende als moralische Subjekte und als Bürger(innen) unseres demokratischen Staates von vornherein daran gebunden, dass der Schutz der Versuchsperson Priorität hat und die häufig beschworenen Abwägungen von Interessen zwischen Versuchspersonen und Forschungsinteressen oder Gesellschaft nicht beliebig ausfallen dürfen.

Zum zweiten könnte man die elf Forderungen hinsichtlich ihrer Problemanzeige teilen, jedoch andere Lösungswege vorschlagen. Dies wäre zu begrüßen, denn zur Entwicklung guter Lösungen sind Erfahrenheit und „Möglichkeitssinn" gefragt.

Zum dritten lässt sich fragen, welchen der elf Forderungen in erster Linie Genüge getan werden sollte, weil einige vielleicht wichtiger sein könnten als andere. Will man nicht in die Falle einer überzogenen Betonung situativer Selbstbestimmung der Versuchsperson laufen, die der Versuchsperson unter Umständen eher zum Nachteil gereicht, und nimmt man die Asymmetrie wahr, die zwischen Versuchspersonen bzw. Patient(inn)en und den medizinischen Studienleiter(inn)en besteht, dann liegt es nahe, den strukturellen Forderungen, die einer FEK ein aus fachlicher, ethischer und rechtlicher Sicht gut begründetes Urteil erleichtern, Vorrang einzuräumen.

Zum vierten könnte man anmerken, dass manche Forderungen, zumindest, was ihre Umsetzung anbelangt, teilweise gegenläufig sind. So lässt sich z. B. faktische Unabhängigkeit eher garantieren, wenn eine FEK nicht an einer Medizinischen Fakultät angesiedelt ist. Wenn eine FEK aber an anderer Stelle angesiedelt ist, wird es schwieriger, Mitglieder zu gewinnen, denen der aktuelle Stand der Forschung geläufig ist. Vielleicht müssten diesbezüglich noch weitere Strukturüberlegungen – etwa analog zu den Wahlverfahren und Gremien der Deutschen Forschungsgemeinschaft oder des Schweizer Nationalfonds – angestellt werden. Auch denkbar wäre es, dass Mitglieder der FEK eine unabhängige Urteilsbildung einüben im Sinne eines Habitus, der allerdings mittels spezieller Weiterbildungen aufzubauen wäre.

Schließlich könnte man feststellen, dass offen bleibt, ob und wenn ja, welche Forderungen verrechtlicht werden sollen. Hier lässt sich anmerken, dass um des Schutzes der Versuchsperson willen möglichst viele der Forderungen verrechtlicht werden sollten, da das Recht – anders als die Ethik mit ihrem nicht eindeutig entscheidbaren Theorienpluralismus – den Schutz grundlegender individueller Rechte der Versuchsperson garantieren kann. Ob und wenn ja, welche der elf Forderungen sich in einem national- oder unionsrechtlichen Raum verrechtlichen lassen, müsste im Einzelnen aus rechtlicher Sicht geklärt werden.

Im vergangenen Jahrzehnt wurden in Europa, in der Schweiz und in Deutschland rechtliche Regelungen eingeführt, die zu einem verhältnismäßig großen Anteil durch Harmonisierungsbemühungen, Verwaltungsanliegen und Wirtschaftsinteressen gespeist waren. Es wäre nun an der Zeit, aus der Perspektive potenzieller Versuchspersonen die rechtlichen Regelwerke und die Praxis der FEKen von Grund auf zu durchdenken.

Literatur

Abrams, L.S.M und G.A. Browning. 2001. Informed Consent, Medical Research, and Health Volunteers. In *Informed Consent in Medical Research*, hrsg. Doyal, Len und Jeffrey S. Tobias, 240–246. London. BMJ Books.

Ammicht Quinn, Regina und Thomas Potthast. 2015. Ethik in den Wissenschaften – 1 Konzept, 25 Jahre, 50 Perspektiven. Materialien zur Ethik in den Wissenschaften 10, Tübingen. IZEW.

Appelbaum, Paul S. und Charles W. Lidz. 2008. The Therapeutic Misconception. In *The Oxford Textbook of Clinical Research Ethics*, hrsg. Emanuel Ezechiel J. et al., 633–644. Oxford: Oxford University Press.

Arbeitskreis Medizinischer Ethikkommissionen. 2004. Mustersatzung für öffentlich-rechtliche Ethikkommissionen. https://www.ak-med-ethik-komm.de/docs/mustersatzung.pdf Zugegriffen: 8. August 2018.

Bobbert, Monika. 2015 (a). Urteile in der (Bio-)Medizin- und Pflegeethik sind „gemischte" Urteile. In *Ethik in den Wissenschaften – 1 Konzept, 25 Jahre, 50 Perspektiven. Materialien zur Ethik in den Wissenschaften 10*, hrsg. Ammicht Quinn, Regina, Thomas Potthast, 299–306. Tübingen: IZEW.

Bobbert, Monika. 2015 (b). Patientenschutz in der medizinischen Forschung durch Ethikkommissionen?, in: Erwachsenenbildung EB 61 (2015) 1, 19–20.

Bobbert, Monika und Gaius Burkert. 2014(a). Vertrauen zwischen Arzt und Patient und ethische Fragen der Ressourcenallokation. In *Ethik und Ökonomie in der Medizin*, hrsg. Eiff von, Wilfried, 381–404. Heidelberg: Springer.

Bobbert, Monika. 2014 (b). Ethik in den Wissenschaften – Organtransplantation. In Brücken bauen, Hrsg. Marsilius-Kolleg, 146–149. Heidelberg: Winter-Verlag.

Bobbert, Monika und Micha H. Werner. 2014 (c). Autonomie / Selbstbestimmung. In *Handbuch Ethik und Recht der Forschung am Menschen*, hrsg. Christian Lenk, Gunnar Duttge und Heiner Fangerau, 105–114. Berlin: Springer.

Bobbert, Monika. 2012 (a). Ärztliches Urteilen bei entscheidungsunfähigen Schwerkranken. Geschichte – Theorie – Ethik, Münster: mentis.

Bobbert, Monika. 2012 (b). Ethics of Clinical/Randomized Trials. In *Encyclopedia of Applied Ethics* Vol. 3, 2nd, ed. Chadwick, Ruth, 717–725. Amsterdam.

Bobbert, Monika. 2012 (c). Ethisch-philosophische Ansätze und der Beitrag der theologischen Ethik in der medizinischen Forschung am Menschen. In *Theologische Ethik im Pluralismus*, Hrsg. Hilpert, Konrad, 275–284. Fribourg i. Ue.: Academic Press.

Bobbert, Monika 2012 (d). Krankheitsbegriff und prädiktive Gentests. In *Das Gesunde, das Kranke und die Medizinethik. Moralische Implikationen des Krankheitsbegriffs*, hrsg. Rothhaar, Markus und Frewer, Andreas, 167–194. Stuttgart: Franz Steiner Verlag.

Bobbert, Monika. 2008. „Goldstandard" oder Methodenpluralität in der klinischen Forschung am Menschen. Methodische und ethische Fragen. In *Pluralität in der Medizin. Werte – Methoden – Theorien*, hrsg. Michl, Susanne, Thomas Potthast, Urban Wiesing, 433–458. Freiburg i. Br.: Alber Verlag.

Bobbert, Monika. 2007. Die Veräußerung von Körpersubstanzen, der „Informed Consent" und ethisch relevante Charakteristika der Handlungskontexte. In *Kommerzialisierung des menschlichen Körpers*, hrsg. Taupitz, Jochen, 235–256. Berlin/Heidelberg: Springer.

Bobbert, Monika, Uwe Brückner, Hans Lilie. 2004. Patienten- und Probandenschutz in der medizinischen Forschung. Interdisziplinäres Gutachten für die Enquete-Kommission „Ethik und Recht der modernen Medizin" des Deutschen Bundestages. Internet-Publikation im Archiv des Deutschen Bundestags: http://webarchiv.bundestag.de/cgi/show.php?fileToLoad=116&id=1040 Zugegriffen: 8. August 2018.

Boer, Gerard J. and Håkan Widner. 2002. Clinical Neurotransplantation: Core Assessment Protocol rather than Sham Surgery as Control, in: Brain Res Bull, 58: 547–553.

Borger, Julian. 2001. Volunteers or Victims? Concern Grows over Control of Drug Trials, in: The Guardian 2/14/2001.

Bundesversammlung der Schweizerischen Eidgenossenschaft. 2011. Bundesgesetz über die Forschung am Menschen (Humanforschungsgesetz, HFG). https://www.admin.ch/opc/de/classified-compilation/20061313/index.html Zugegriffen: 8. August 2018.

Deutscher Ethikrat. 2013. Die Zukunft der genetischen Diagnostik – von der Forschung in die klinische Anwendung. Stellungnahme. Berlin.

Deutscher Ethikrat. 2010. Humanbiobanken für die Forschung. Stellungnahme. Berlin.

Dewitz von, Christian, Friedrich Luft, Christian Pestalozza. 2004. Ethikkommissionen in der medizinischen Forschung – Gutachten im Auftrag der Bundesrepublik Deutschland für die Enquête-Kommission „Ethik und Recht der modernen Medizin" des deutschen Bundestages, 15. Legislaturperiode.

Doyal, Len and Jeffrey S. Tobias. 2001. Informed Consent in Medical Research, London: BMJ Books.

Düwell, Marcus. 2008. Bioethik. Methoden, Theorien und Bereiche. Stuttgart: Metzler.

Emanuel, Ezekiel J., David Wendler, Christine Grady, Robert A. Crouch, Reidar K. Lie, Franklin G. Miller. 2008. The Oxford Textbook of Clinical Research Ethics. Oxford: Oxford University Press.

Ethik-Kommission der Ärztekammer Westfalen-Lippe und der Westfälischen Wilhelms-Universität. 2017. Geschäftsordnung der Ethik-Kommission der Ärztekammer Westfalen-Lippe und der Westfälischen Wilhelms-Universität. https://www.medizin.uni-muenster.de/fileadmin/einrichtung/ethikkommission/Gesetze/Gesch%C3%A4ftsordnung_idF_der_MV_vom_24-11-2017.pdf Zugegriffen: 8. August 2018.

Fateh-Moghadan, Bijan und Gina Atzeni. 2009. Ethisch vertretbar im Sinne des Gesetzes – Zum Verhältnis von Ethik und Recht am Beispiel von Forschungs-Ethikkommissionen. In *Legitimation ethischer Entscheidungen im Recht – Interdisziplinäre Untersuchungen*, hrsg. Vöneky, Silja, Cornelia Hagedorn, Miriam Clados, Jelena von Achenbach, 115–144. Berlin/Heidelberg: Springer.

Flory, James H., David Wendler, Ezechiel J. Emanuel. 2008. Empirical Issues on Informed Consent for Research. In *The Oxford Textbook of Clinical Research Ethics*, hrsg. Emanuel, Ezekiel J., David Wendler, Christine Grady, Robert A. Crouch, Reidar K. Lie, Franklin G. Miller, 645–660. Oxford: Oxford University Press.

Fuchs, Michael. 2010. Forschungsethik. Eine Einführung, Stuttgart: Metzler: bes. 67–81.

Hees Katharina and Meinhard Kieser. 2017. Blinded Sample Size Recalculation in Clinical Trials Incorporating Historical Data, in: Contemporary Clinical Trials 63: 2–7. https://doi.org/10.1016/j.cct.2017.07.013.

Joffe, Steven, Francis E. Cook, Paul D. Cleary, Jeffrey W. Clark, Jane C. Weeks. 2001. Quality of Informed Consent in Cancer Clinical Trials: a Crosssectional Survey, in: The Lancet, 358 (2001) 24, 1772–1777.

Joffe, Steven and Franklin G. Miller, Bench to Bedside: Mapping the Moral Terrain of Clinical Research, in: Hastings Center Report, Volume 38, Number 2, March-April 2008, S. 30–42.

Karavas, Vagias. 2018. Körperverfassungsrecht. Einwurf eines inklusiven Biomedizinrechts, Zürich: Dike.

Katz, Jay. 1972. Experimentation with Human Beings, Hartford: Connetticut Printers.

Kieser Meinhard, Marietta Kirchner, Eva Dölger, Heiko Götte. 2018. Optimal Planning of Phase II/III Programs for Clinical Trials with Multiple Endpoints, in: Pharmaceutical Statistics.

Krisam Johannes, Meinhard Kieser. 2017. Optimal Interim Decision Rules Based on a Binary Surrogate Outcome for Adaptive Biomarker-Based Trials in Oncology, in: Statistics in Biopharmaceutical Research 9/4: 321–332.

Kunz Cornelia .U, James M.S. Wason, Meinhard Kieser. 2017. Two-Stage Phase II Oncology Designs Using Short-Term Endpoints for Early Stopping, in: Statistical Methods in Medical Research 26/4: 1671–1683. https://doi.org/10.1177/0962280215585819.

Kunzmann Kevin, Laura Benner, Meinhard Kieser. 2017. Point Estimation in Adaptive Enrichment Designs, in: Statistics in Medicine 36/25: 3935–3947.

Levine, Carol. 2008. Research Involving Economically Disadvantaged Participants. In *The Oxford Textbook of Clinical Research Ethics*, hrsg. Emanuel, Ezekiel J., David Wendler, Christine Grady, Robert A. Crouch, Reidar K. Lie, Franklin G. Miller, 431–436. Oxford: Oxford University Press.

Lidz, Charles W., Paul S. Appelbaum, Thomas Grisso, Michelle Renaud. 2004. Therapeutic Misconception and the Appreciation of Risks in Clinical Trials, in: Social Science & Medicine 58/9: 1689–1697.

London Alex J., Joseph B. Kadane. 2002. Placebos that Harm: Sham Surgery Controls in Clinical Trials, in: Stat Methods Med Res, 11: 413–423.

Miller, Franklin. G. 2004. Sham Surgery. An Ethical Analysis, in: Sci Eng Ethics 10: 157–166.

Rauch, Geraldine. 2017. Why Statistics Matters. The Empirical Impact of Biometrical Issues in Clinical Trials. In *Ethics and Oncology. New Issues of Therapy, Care, and Research*, hrsg. Bobbert, Monika, Beate Herrmann, Wolfgang U. Eckart, 145–153. Freiburg/Br.: Alber.

Rütsche, Bernhard. 2015. Stämpflis Handkommentar zum Humanforschungsgesetz, Bern: Stämpfli Verlag.

Sauerland, Stefan et al. 2003. Praktische Anwendung der EbM in der Chirurgie – Evidenz und Erfahrung, in: Z Ärztl Fortb Qualitätssich 97: 271–277.

Albin, Roger L. 2002. Sham Surgery Controls: Intracerebral Grafting of Fetal Tissue for Parkinson's Disease and Proposed Criteria for Use of Sham Surgery Controls, in: Journal of Medical Ethics 28(5): 322–325.

Schnädelbach, Herbert. 1987. Vernunft und Geschichte. Vorträge und Abhandlungen (Suhrkamp Taschenbuch Wissenschaft, Bd. 683).Frankfurt/M.: Suhrkamp.

Seiler, Christoph. M. et al. 2004. Plädoyer für mehr evidenzbasierte Chirurgie, in: Dt. Ärzteblatt 101: A338–344.

Seiler, Christoph. M. (1999), Evidence-based Medicine in der Chirurgie in: Deutsche Gesellschaft für Chirurgie – Mitteilungen 4: 241–242.

Senat der Universität Heidelberg. 2017. Satzung der Ethikkommission I der

Universität Heidelberg (Ethikkommission der Medizinischen Fakultät Heidelberg). http://www.medizinische-fakultaet-hd.uni-heidelberg.de/fileadmin/ethikkommission/2017/Satzung.pdf. Zugegriffen: 04.08.2018

Spranger, Tade Matthias. 2010. Recht und Bioethik. Verweisungszusammenhänge bei der Normierung der Lebenswissenschaften. Tübingen: Mohr Siebeck.

Virt, Günter. 2013. Zur Ethik der Ethikkommissionen. In *Verantwortung und Integrität heute*, hrsg. Jochen Sautermeister, 246–257. Freiburg: Herder.

Vöneky, Silja. 2010. Recht, Moral und Ethik. Grundlagen und Grenzen demokratischer Legitimation für Ethikgremien. Tübingen: Mohr Siebeck.

Vöneky, Silja. 2008. Ethikkommissionen zur Beurteilung ärztlicher Versuche an Sterbenden. In *Ambulante Palliativmedizin als Bedingung einer ars moriendi*, hrsg. Anderheiden, Michael u. a., 165–186. Tübingen: Mohr Siebeck.

Vöneky, Silja, Cornelia Hagedorn, Miriam Clados, Jelena von Achenbach. 2009. Legitimation ethischer Entscheidungen im Recht – Interdisziplinäre Untersuchungen. Berlin/Heidelberg: Springer.

Vrhovac, Bozidar. 2004. Placebo and the Helsinki Declaration. What to Do?, in: Sci Eng Ethics 10: 81–93.

Warner, Teddy D., John P. Bluck. 2003. What do we Really Know about Conflicts of Interest in Biomedical Research?, in: Psychopharmacology 171 (2003), 36–46.

World Medical Association (WMA) (2013) Declaration of Helsinki: Ethical Principles for Medical Research Involving Human Subjects. JAMA 310(20): 2191–2194.

Wertheimer, Alan. 2008. Exploitation in Clinical Research. In *The Oxford Textbook of Clinical Research Ethics,* hrsg. Emanuel, Ezekiel J., David Wendler, Christine Grady, Robert A. Crouch, Reidar K. Lie, Franklin G. Miller, 201–210. Oxford: Oxford University Press.